国家社科基金
GUOJIA SHEKE JIJIN HOUQI ZIZHU XIANGMU
后期资助项目

"在－世界－之中－存在"的时间

海德格尔对康德时间学说的现象学解释研究

The Time "Being-in-the-World"
A Research on
Heidegger's phenomenological Interpretation of
Kant's Theory of Time

潘兆云　著

九 州 出 版 社
JIUZHOUPRESS | 全国百佳图书出版单位

图书在版编目（CIP）数据

"在—世界—之中—存在"的时间：海德格尔对康德时间学说的现象学解释研究 / 潘兆云著. -- 北京：九州出版社，2018.10

ISBN 978-7-5108-7529-8

Ⅰ．①在… Ⅱ．①潘… Ⅲ．①海德格尔(Heidegger, Martin 1889-1976)—现象学—研究 Ⅳ．①B516.54 ②B81-06

中国版本图书馆CIP数据核字(2018)第235545号

"在—世界—之中—存在"的时间：
海德格尔对康德时间学说的现象学解释研究

作　者	潘兆云　著
出版发行	九州出版社
地　址	北京市西城区阜外大街甲 35 号 (100037)
发行电话	(010)68992190/3/5/6
网　址	www.jiuzhoupress.com
电子信箱	jiuzhou@jiuzhoupress.com
印　刷	三河市九洲财鑫印刷有限公司
开　本	787 毫米×1092 毫米　16 开
印　张	15.25
字　数	260 千字
版　次	2018 年 11 月第 1 版
印　次	2018 年 11 月第 1 次印刷
书　号	ISBN 978-7-5108-7529-8
定　价	48.00 元

国家社科基金后期资助项目
出版说明

    后期资助项目是国家社科基金设立的一类重要项目,旨在鼓励广大社科研究者潜心治学,支持基础研究多出优秀成果。它是经过严格评审,从接近完成的科研成果中遴选立项的。为扩大后期资助项目的影响,更好地推动学术发展,促进成果转化,全国哲学社会科学工作办公室按照"统一设计、统一标识、统一版式、形成系列"的总体要求,组织出版国家社科基金后期资助项目成果。

全国哲学社会科学工作办公室

序 言

作为 20 世纪最重要的哲学家之一的海德格尔，在他的哲思之路上，十分注重与以往的哲学家进行思想上的"对话"。他经常创造性地解读这些哲学家们的作品。柏拉图、亚里士多德、康德、黑格尔和尼采都曾经以这种方式成为他的"对话者"和"解释对象"。在海德格尔对以往的哲学作品进行解释的过程中，他对康德的解释无疑在其中占有着一个重要而突出的地位。尤其当我们把目光锁定在从他 1927 年发表《存在与时间》之后到 1930 年做《论真理的本质》的演讲之前的这段时期，情况就更是如此了。在这段时期内，以《康德与形而上学疑难》为核心，海德格尔对康德哲学进行了大量的解释。之所以如此，是因为他对康德哲学尤其是康德时间学说的现象学解释承担了两个任务，一方面是要通过对康德哲学，尤其是《纯粹理性批判》的现象学解释表明，他自己的《存在与时间》从事的是一项存在论研究，而不是致力于打造某种哲学人类学。康德的《纯粹理性批判》就是《存在与时间》的"历史性导论"。另一方面是要通过对康德哲学尤其是康德时间学说的现象学解释，为完成《存在与时间》中的未竟计划——解构存在论历史做准备。因此，他以《康德书》为核心而对康德哲学进行的现象学解释，与《存在与时间》之间就形成了"解释学循环"。然而，尽管海德格尔通过《康德书》为完成解构存在论历史的计划做了准备，但却没能催生出更进一步的、更成熟的作品。他的思想反而在发表《康德书》不久之后发生了从前期到后期的"转向"。本文认为，海德格尔思想的这种转向与他对康德哲学的现象学解释有着密切的关系。因此，本文致力于解决两方面的问题：一方面在于呈现前期海德格尔以《康德书》为核心而对康德哲学尤其是康德的时间学说展开的现象学解释的具体思路和步骤；另一方面在于评估他的这种工作对他思想发生转向的影响。

海德格尔把自己在这个阶段中对康德的解释称为现象学的，因此，我们将在第一章中研究海德格尔的现象学方法。指出他的现象学方法不同于胡塞尔的现象学方法之处在于，从他1919—1923年真正取得哲学突破的早期弗莱堡讲座时期，就已经对胡塞尔的现象学进行了解释学的转换。因此海德格尔的现象学从他哲学的真正"起源"处就已经是一种"解释学的现象学"了，但它实质上和《存在与时间》中对此在进行的生存—存在论分析是一体的。就它作为一种方法而言，海德格尔指出，这种方法包含三个环节：现象学的还原、现象学的建构和现象学的解构。

借助于他的现象学方法，海德格尔将康德哲学，尤其是《纯粹理性批判》看作是一次为形而上学奠基的尝试。在这种意义上，在传统哲学眼中本来是认识论上的哥白尼革命，在海德格尔这里便变成了存在论上的革命。从而，问题便不再是对象怎样符合主体的先天认识形式，而是存在者如何存在的问题。先天综合判断如何可能的问题便变成了存在论知识如何可能的问题。海德格尔指出，在康德哲学那里，之所以有感性和知性、直观和概念之分，主要原因在于人是有限的，人的有限性是存在结构上的有限性。因此人的直观是有限的直观，无法在直观活动中创生作为对象的存在者，人的知识的形成有赖于事先便已存在了的存在者，人需要在与存在者打交道的过程中才能让存在者显现。人的直观是一种对前来遭遇的存在者的领受性的直观，知性和概念的作用都仰仗于这种领受性的直观。海德格尔认为，直观和知性是人类知识的二重元素。纯粹直观和纯粹思维便是人类的纯粹知识的二重元素，它们具有本质上的统一性。纯粹直观有两种，即时间和空间，时间在这二者中又具有优先地位。这是我们第二章的研究内容。

然而，进一步地，感性和知性的沟通如何可能呢？海德格尔尤其注重康德《纯粹理性批判》的第一版。在这第一版中，康德指出，感性和知性的沟通之所以可能，是因为在二者之间还有第三种能力，即先验想象力。想象力一方面将感性直观接受的杂多带给知性范畴，另一方面将知性范畴带向感性杂多，从而形成经验现象，先验图型在这个过程中起到了巨大作用。海德格尔抓住了此点，他认为，当康德走到这一步的时候，其实已经踏上了通往《存在与时间》的道路了，并因此是向着他的基始存在论走得最近的一人。在海德格尔的现象学视角中，康德的超越论想象力是感性和知性的共同根柢，它形象（bilden）出了源初的时间。并且它就是这种源初的时间。恰恰是通过这种源初的时间，纯粹综合得以将纯粹直观和纯粹思维"契合"（fuegen）起来。也恰恰是在超越论想象力和纯粹综合的活动中，超越被形象了出来。因此，超越论想象力及其产生的源初的时间就蕴含了巨大的力量。但海德格尔指出，这种力量对于康德来说是陌生的。

于是，超越论想象力在康德面前便成了一道"深渊"，康德在这道深渊前"退缩"了。海德格尔指出，造成康德退缩的，除了超越论想象力和源初的时间让他惊扰不安之外，在康德那里还有一些根本性的、视角上的缺陷，它们共同使他无法向前突破进入现象学的境域。海德格尔指出，从现象学的角度看，康德哲学的视角缺陷有如下几点：1. 康德始终从笛卡尔哲学的立场上去思考"我"，从而把"我"领会为一种主体意义上的实体。而没能从"生存"的角度去理解"我"。2. 康德没有意识到主体的主体性所具有的超越性。在海德格尔看来，超越内在于此在的存在之中。而此在的超越总是向着世界的超越。3. 康德不仅忽略了此在的超越本性，还忽略了世界现象。他没有认识到人的存在是"在—世界—之中—存在"。因此便没能把握到人的存在即此在的生存—存在论建制。4. 与前述三点相关，康德依然从近代哲学的立场上去理解时间，因此便把时间理解成是一种均匀流逝的、前后相继的线性时间，没有认识到本真的时间是"绽出"的。因此，这就决定了康德无法正确地理解超越论的想象力。不过，在海德格尔看来，尽管康德在超越论想象力这道"深渊"面前退缩了。但在他的哲学中依然充分展示出了人类此在的有限性、超越性和时间性。因此，康德始终是向着《存在与时间》走得最近的一人。也恰恰在这种意义上，海德格尔认为，康德的《纯粹理性批判》是《存在与时间》的"历史性的导论"。这是我们第三章和第四章的研究内容。

既然海德格尔以《康德书》为核心而对康德哲学的现象学阐释一方面阐明了他的《存在与时间》并不是一种哲学人类学，另一方面阐明了康德哲学是《存在与时间》的"历史性导论"，那么，如果我们依循此思路做一番复返，从这一"历史性导论"出发，在康德退缩处向前推进一步，不就可以走向《存在与时间》了吗？因此，本研究第五章就尝试指出从《纯粹理性批判》走向《存在与时间》的具体路径。

然而，海德格尔之所以要去对康德哲学尤其是康德的时间学说进行现象学解释，从历史发生学的角度来看，阐明它作为《存在与时间》的"历史性导论"是他的一个目的，但他更主要的目的是为了完成《存在与时间》中所公告的解构存在论历史的计划，因此他以《康德书》为核心而对康德哲学进行的现象学解释工作毋宁是要为完成《存在与时间》中的未竟计划做准备。更明确地说，他要为完成从时间到存在的思路做准备。然而，他的这种准备工作却并未能催生出更进一步的作品。在《康德书》出版后不久，他的思想却悄悄地发生了转向：不再走从存在到此在，再由此在到时间，最后由时间到存在的道路了，毋宁要思得更为源始些而开始去追思作为存有（Seyn）的本有（Ereignis）和存有之真理。我们认为，他思想上的这种转向和他对康德哲学的现象学解释密切相关。海德格尔在《康德书》中遇到了两项难题，一个是由作为超越的"让对象化"活动揭示出来的"虚无"（das Nichts）问题，另一个则是由超越论幻相揭示出来的超越论的非真理的问题。对"无"和"超越论的非真理"的思索，把海德格尔带到了一个陌生的思想领地。随着对它们的深入思考，海德格尔思想便发生了转向。这将是本文在第六章中的研究内容。

　　就海德格尔在《康德书》中对康德哲学的解释最终都是为了走到作为超越论的想象力的源初的时间这里而言，他以《康德书》为核心而对康德哲学进行的现象学解释就都属于对康德的时间理论的广义解释。同时，在海德格尔看来，由于康德本人哲学工作中的不足，没能从生存—存在论上理解主体的主体性，没能把握此在的时间性、有限性和超越性，忽视了世界现象，也没有从绽出的意义上把握时间，所以康德终究没能走到前期海德格尔的哲学那里，因此在海德格尔看来，真正的时间是时间性的到时，而时间性是此在存在的意义，此在存在的基本建制是"在—世界—之中—存在"，所以在这种意义上来看，康德对时间的理解如果不是从认识论上着眼，而是从存在论上着眼，并且如果真切地理解了此在的"在—世界—之中—存在"这一根本的生存论建制的话，也就可以走向海德格尔的《存在与时间》了。因此在这种意义上，本研究将标题拟定为《"在—世界—之中—存在"的时间——海德格尔对康德时间学说的现象学解释研究》。

作　者

2018 年 8 月 12 日

目 录

导　论

　　海德格尔，这位 20 世纪最重要的哲学家之一，在他终其一生的思想中，都十分注重与以往的哲学家进行"思想上的对话"，这种对话主要表现在他对哲学史上流传下来的哲学作品进行了创造性的解读。他之所以会如此做，主要原因在于他认为哲学是历史性的，他的这一思想从 1919 年在弗莱堡大学的战时补救学期开设的讲座课程"哲学观念与世界观问题"中就展现了出来，中经《存在与时间》中对此在的历史性的分析以及解构存在论历史的设想，直接抵达后期的存在历史思想。按此理解，哲学研究便总要与以往的哲学家和哲学作品进行对话，以求将真正有待思的东西带入思想本身的自发运作之中。以这种方式成为他的"对话者"的哲学家有阿那克西曼德、赫拉克利特、柏拉图、亚里士多德、康德、谢林、黑格尔以及尼采等人。

　　在海德格尔对以往的哲学家和他们的哲学作品进行解释的过程中，他对康德的解释无疑在其中占有着一个重要而突出的位置，尤其是当我们把目光集中于 1927 年他出版《存在与时间》之后到 1930 年发表《论真理的本质》的公开演讲[①]之前的这段时间的话，康德解释在他思想中的重要地位和意义便越发地明显了。这是为何呢？

　　众所周知，海德格尔在发表《存在与时间》之前相当长的一段时期内，并没有发表大部头的著作，甚至公开出版的有影响力的论文也不多，然而

[①]　海德格尔在 1930 年秋天，于不来梅首次作了《论真理的本质》的公开演讲，之后又多次做了同名演讲。但《论真理的本质》作为出版物正式发表却是在 1943 年。参见海德格尔著，孙周兴译，《路标》，北京：商务印书馆，2011 年，第 565 页。（在文本中第一次出现的引用文献会标示出该书完整的出版信息，当该书再次出现时则只标作者、书名和引用页码，特此说明。）

却仅凭授课内容便声誉在外,有了哲学王国"隐秘的国王"的称号①。直到1927年出版《存在与时间》之后才终于真正地为自己正了名,将这项"王冠"扶正。然而,他出版的《存在与时间》与他公布的计划比起来,不过只完成了三分之一而已。但即使是这样,他的《存在与时间》依然产生了巨大的影响。不过,就在大家正翘首以盼他能将计划中的《存在与时间》出齐的时候,他却没这么做,而是在参加完达沃斯论坛之后,出版了《康德与形而上学疑难》②,亦即他的《康德书》③。如果仅从表面现象来看,《康德书》与他的《存在与时间》中的计划似乎没什么必然的关联。然而,情况果真如此吗?海德格尔为什么要在出版《存在与时间》之后去解释康德,为什么要出版《康德书》?而在出版完《康德书》之后不久的1930年,以演讲《论真理的本质》的发布为标志,海德格尔的思想转向了后期。那么,海德格尔对康德哲学的解释与他本人思想的转向有关联吗?如果有关联,这又是一种怎样的关联?这些问题就是本文的研究内容。为了更清楚地展现我们的问题来源和研究主题,我们不妨首先跟随海德格尔去往达沃斯论坛,看一看在那里究竟发生了什么。

---

① 关于早期海德格尔作为"隐秘国王的传闻"(the rumor of the hidden King),见阿伦特为海德格尔80寿辰而写的庆贺文章《马丁·海德格尔80岁了》,Hannah Arendt, "Martin Heidegger at Eighty", Michael Murray ed, *Heidegger and Modern Philosophy*, New Haven: Yale University Press, 1978, p.293;中文版见汉娜·阿伦特,《马丁·海德格尔80岁了》,载于(德)贡特·奈斯克、埃米尔·克特琳编著,陈春文译,《回答——马丁·海德格尔说话了》,南京:江苏教育出版社(凤凰传媒出版集团),2005年,第197页;John van Buren 更是以《青年海德格尔——隐秘国王的传闻》为题写了一本关于海德格尔思想发展的著作。John van Buren, *The Yong Heidegger ——Rumor of the Hidden King*, Blooming and Indianapolis, Indiana University Press, 1994.

② 关于海德格尔的 *Kant und Das Problem der Metaphysik* 一书,王庆节教授将其书名翻译成"康德与形而上学疑难",我们认为,这种考虑有着充分的理由,因为德语中的 Problem 和英文中的 problem 都指很难解决或者说很难找到唯一答案的"问题",就"形而上学"探讨的是没有确定的、唯一的答案的终极问题这种意义上而言,将 Problem 翻译成"疑难"是有道理的。同时,更为关键的是海德格尔在此书中将形而上学本身作为一个难题,探讨其可能性的依据,所以本文采取此译,而并未选取"康德与形而上学问题"这一之前在汉语学术界流传甚广的译法。

③ 《康德书》(*Kantbuch*) 这种提法来自海德格尔本人。参见,Heidegger, *Kant und das Problem der Metaphysik*, Frankfurt am Main, Vittorio Klostermann, 1998.Vorwort zur vierten Auflage(第四版序言)。本文接下来也会用《康德书》来指代他的 *Kant und das Problem der Metaphysik*,特此说明。

0.1 海德格尔与卡西尔的达沃斯论辩

1929 年 3 月 17 日至 4 月 6 日，海德格尔在瑞士的达沃斯参加了一门由瑞士、法国和德国政府共同资助的国际高校周活动——达沃斯论坛，并在这个活动中与德国当时著名的康德专家卡西尔共同主持了一门共七讲的研讨课，其中前六讲由卡西尔和海德格尔各讲三讲，卡西尔的三场报告分别处理的问题是空间、语言和死亡，而海德格尔的三场报告的主题是"康德的《纯粹理性批判》与形而上学的一次奠基任务"。最后一讲则由海德格尔和卡西尔围绕康德哲学进行辩论，这就是著名的"达沃斯论辩"[①]。此外，卡西尔还专门讲了一堂名叫"舍勒哲学中的精神与生命"的课。

0.1.1 卡西尔的思想背景与新康德主义的衰落

卡西尔是著名的康德专家，出身于新康德主义马堡学派，是十卷本的康德全集的主编，在 1918 年出版了颇有影响的《康德的生平与著作》一书，在 1923 年和 1925 年出版了《符号形式的哲学》的前两卷，在 1929

---

① 关于达沃斯论坛的一般情况，参见：(德) 安东尼娅·格鲁嫩贝格著，陈春文译，《阿伦特与海德格尔——爱和思的故事》，北京：商务印书馆，2010 年，第 125—136 页；(美) 迈克尔·弗里德曼著，张卜天译、南星校，《分道而行：卡尔纳普、卡西尔和海德格尔》，北京：北京大学出版社，2010 年，第 1—5 页；(德) 吕迪格尔·萨福兰斯基著，靳希平译，《海德格尔传》，北京：商务印书馆，1999 年，第 251—257 页；孙冠臣，《海德格尔的康德解释研究》，北京：中国社会科学出版社，2008 年，第 240—244 页。M.Heidegger, *Kant und Das Problem der Metaphysik*, Vittoriof Klostermannn Frankfurt am Main, 1998, XV；海德格尔著，王庆节译，《康德与形而上学疑难》，上海：上海译文出版社，2011，第四版序言；Peter E. Gordon, *Continental Divide ——Heidegger, Cassirer, Davos*, Harvard University Press, 2010.

年也就是参加达沃斯高校周活动的同年出版了这本书的第三卷①。虽然在参加达沃斯论坛时卡西尔已从新康德主义的背景中脱身出来，正在致力于构建一种符号—文化哲学，但我们仍不妨将其看作新康德主义对康德哲学的阐释进路的代表，虽然他自己并不认同"新康德主义"这个概念的提法，他也不认同人们把他归入一个学派性的新康德主义阵营的看法。为了避免人们对他的误解，他在与海德格尔的达沃斯论辩开篇伊始就对"新康德主义"这个概念提出了质疑，给出了自己的看法："人们不可对'新康德主义'这一概念进行实质上的规定，而应该对它进行功能上的规定。它所涉及的并不是一种教条式的学说体系的哲学流派，而是一个提出问题的方向。"②

虽然卡西尔本人对"新康德主义"作为一个哲学流派的看法提出了质疑，但在当时的哲学圈子中，人们依然把卡西尔看作是新康德主义的代表。卡西尔本人对派系性的标签化的抗议在人们看来不过代表了新康德主义阵营内部对自己的哲学目标、方法和路径的不同看法而已，就有如新康德主义区分为以柯亨与那托普为代表的马堡学派和以文德尔班与李凯尔特为代表的西南—巴登学派一样。卡西尔虽然出身新康德主义的马堡学派，但他20年代的工作已经超越了新康德主义的视界，即使退一步在新康德主义阈限内来看的话，他的工作也与马堡学派的柯亨等人的工作产生了巨大的不同、拉开了距离。

如果根据弗里德曼教授援引的 Krois 的研究成果来看，这两位教授甚至都认为"符号形式的哲学代表着（卡西尔）与马堡学派新康德主义的至

---

① 卡西尔（1874—1945），曾在柏林大学跟随著名的文化哲学家、社会学家齐美尔（1858—1918）学习，并在齐美尔的推荐下阅读了新康德主义尤其是马堡学派的柯亨的作品，后进入马堡大学跟随柯亨学习。1899 年取得博士学位后于 1903 年回到柏林大学，1906、1907、1920、1940 年出版《近代哲学和科学中的认识问题》的一、二、三、四卷，1906 年获得柏林大学无薪讲师的教职。1918 年出版《康德的生平与著作》，这也是他主编的十卷本康德著作全集的导论。1919 年成为汉堡大学教授。1923 年出版《符号形式的哲学》第一卷，主要讨论语言，1925 年出版《符号形式的哲学》第二卷，主要讨论神话思想，1929 年出版《符号形式的哲学》第三卷，主要讨论知识现象学。1930 年任汉堡大学校长。1933 年纳粹上台后流亡海外，于 1945 年客死美国。卡西尔的主要作品还有《神话思维的概念形式》(1922)、《启蒙运动的哲学》(1932)、《文化科学的逻辑》(1942)、《人论》(1944)、《符号·神话·文化》(1935—1945 年的论文集，1979 年出版）等。参见：(美) 迈克尔·弗里德曼，《分道而行：卡尔纳普、卡西尔和海德格尔》，第 80—82 页；(德) 卡西尔著，甘阳译，《人论》，北京：西苑出版社，2003，译序，第 1 页；(德) 卡西尔著，关子尹译，《人文科学的逻辑》，上海：上海译文出版社，2005 年，译序，第 1 页。

② M.Heidegger, *Kant und Das Problem der Metaphysik*, S.274.；海德格尔，《康德与形而上学疑难》，第 262 页。

关重要的决裂"。① 海德格尔本人也清楚地看到了这一点。但他对卡西尔的工作的看法与弗里德曼和 Krois 比起来更偏向于保守一些，他不认为卡西尔的符号哲学与新康德主义马堡学派的工作是全然断裂的，在 1927 年《马堡菲利普大学 1527—1927》所收录的《自 1866 年以来的哲学教席的历史》（*Zur Geschichte des philosophischen Lehrstuhles seit 1866*）（马堡大学）一文中，海德格尔明确地将卡西尔（连同哈特曼）的工作看作是"马堡学派"的发展和更新。不过，他也明确地点出了卡西尔的独到之处是在"当 A·高蓝特（A.Goerland，汉堡大学教授）和 W·金克尔（W.Kinkel，吉森大学教授）主要还是坚守那些由柯亨确立下来的立场时，卡西尔多年来一直力求在新康德主义的提问基地上，筹划一种一般的'文化哲学'"。② 海德格尔的这种看法代表了当时哲学界对卡西尔的一般认识。

在 20 世纪 20 年代，新康德主义学派 ③ 的创始人们、西南—巴登学派的文德尔班（1848—1915）和马堡学派的柯亨（1842—1918）都已经去世了。新康德主义的第二代代表人物那托普（1854—1924）于 1922 年退休，李凯尔特（1863—1936）也在 1916 年因继承文德尔班的教席之故转去海德堡大学，他自己在弗莱堡大学的哲学教席则由胡塞尔接替。随着胡塞尔的到来，弗莱堡大学迅速地接替了哥廷根大学而变成了现象学运动的中心之一，与之同步的是新康德主义弗莱堡学派的式微。西南学派只留下年迈的李凯尔特在海德堡大学苦苦支撑。④ 随着一战的爆发，残酷的战争经验和非正常的生活经验促进了尼采、叔本华和克尔凯郭尔等人的非理性哲学的传播，雅斯贝尔斯的生存哲学在这时也崭露头角，弗洛伊德的精神分析

① 弗里德曼，《分道而行——马尔库塞、卡西尔与海德格尔》，第 91 页。

② 海德格尔，《康德与形而上学疑难》，附录 VI，第 296 页；M.Heidegger, *Kant und das Problem der Metaphysik*, S.309.

③ 李普曼（Otto Liebmann, 1840—1912）和朗格（Friedrich Albert Lange, 1828—1875）是新康德主义的先驱，正是前者在面对新黑格尔主义的回潮，在面对科学实证主义、马克思主义以及克尔凯郭尔—叔本华的唯意志主义哲学盛行的局面和情况下，在《康德及其模仿者》中提出了"回到康德去"（Zurueck zu Kant）的口号。朗格的主要代表作为《唯物主义史》。

④ 当李凯尔特转到海德堡大学的时候，在海德堡任教的还有马克思·舍勒，格奥尔格·齐美尔，恩斯特·布洛赫和格奥尔格·卢卡奇。马克思·韦伯也在这里教书。正是在韦伯的帮助和支持下，出身于医学专业的雅斯贝尔斯 1913 年在海德堡大学哲学系的心理学专业获得了大学任教资格。但雅斯贝尔斯要转进哲学领域的尝试受到了李凯尔特不遗余力的反对和阻挠，但纵然如此，雅斯贝尔斯还是在 1922 年获得了海德堡大学哲学系的第二把交椅。相关情况参见格鲁嫩贝格，《阿伦特与海德格尔——爱与思的故事》，第 10—16 页。由此可见，李凯尔特转去海德堡大学后，他的新康德主义在哲学系范围内也面临着来自各位哲学家的强力挑战。

学说开始产生很大的影响，而以狄尔泰①、奥伊肯和法国的柏格森为代表的生命哲学思潮也迅速流行起来。以胡塞尔、马克思·舍勒等人为代表的现象学运动②的影响同期也日益壮大并产生了较大的影响，吸引了大批学生的兴趣。而与此同时，新康德主义西南学派的第三代代表人物、李凯尔

---

① 虽然狄尔泰（1833—1911）一生大部分时间都生活在 19 世纪，但就他的哲学和思想而言，无疑更符合 20 世纪的时代精神，在这种意义上，狄尔泰是一位 20 世纪的哲学家。

② 1900—1901 年胡塞尔出版了两卷本的《逻辑研究》，一方面终结了当时哲学界中盛行的心理主义。另一方面开创了现象学运动。"现象学运动"这个词最初来自于慕尼黑大学的多贝尔特（Johannes Daubert）。在《逻辑研究》出版后，多贝尔特在 1902 年骑着自行车从慕尼黑来到哥廷根和胡塞尔长谈 12 个小时，之后就成了现象学的捍卫者和传播者，他的学习小组用"现象学运动"作为描述自己小组的活动的词。舍勒也在 1901 年与胡塞尔有了第一次接触，这样现象学作为一个哲学运动就登上了哲学舞台，分别以胡塞尔为核心形成了哥廷根现象学小组和以马克思·舍勒与普凡德尔（Alexander Pfaender）为核心形成了慕尼黑现象学小组。1913 年胡塞尔与普凡德尔、舍勒、盖格（Moritz Geiger）和莱纳赫（Adolf Reinach）一起创办了《哲学与现象学研究年鉴》。1916 年胡塞尔来到弗莱堡大学，从此弗莱堡大学成为了现象学运动的中心，1918—1919 年创办了弗莱堡现象学协会。爱迪·斯泰因（1916）、海德格尔（1919）、兰德格雷贝（1923—1930）、欧根·芬克（1928）先后成为了胡塞尔的学术助手。在弗莱堡大学工作期间，从 1916 年开始到 20 年代末他退休，有一大批人跟随胡塞尔学习过，比如勒维特、英伽登（Roman Ingarden）、古尔维奇（Aron Gurwitsch）、莱纳赫（Hans Reinach）、马尔库塞夫妇、霍克海默、汉斯·约纳斯、伊曼努尔·列维纳斯等人。因此现象学运动的兴起在某种意义上也加速了新康德主义弗莱堡学派的衰落。

特最为钟爱也具有巨大的发展空间的任教于海德堡大学的拉斯克 [1] 在一战中不幸牺牲了。这些因素都加速了新康德主义西南学派的衰落。而对于新康德主义的马堡学派来说，他们不仅和西南学派面对着同样的学术环境，而且自从海德格尔 1923 年去到马堡之后，随着他一起到来的还有他的解释学的现象学，亦即生存—存在论。随着海德格尔在马堡大学影响日益扩大的是尼古拉·哈特曼的地位和影响的日益下降，后来他更是在两年后转到了科隆大学 [2]。

---

① 拉斯克（Emil Lask,1875~1915），新康德主义西南学派的第三代也是最后一代代表人物，他的思想倾向于综合李凯尔特的新康德主义哲学和胡塞尔的现象学哲学。他的哲学工作对海德格尔产生了较大的影响，海德格尔将自己的任教资格论文《约翰·邓·司各特的范畴学说和意义理论》题献给了拉斯克。根据海德格尔的回忆，他在大学时期参加的李凯尔特的讨论班上就已经接触到了拉斯克的《哲学逻辑与范畴学说：对于逻辑形式的主要领域之研究》和《判断学说》。参见海德格尔，《我进入现象学之路》，载于海德格尔著，陈小文、孙周兴译，《面向思的事情》，北京：商务印书馆，2010 年，第 91—92 页。根据张祥龙教授的研究，拉斯克受胡塞尔的"范畴直观"的影响比较大。提出了"完全投入的经验"（Hingabe）、"反思范畴"和"范畴的投入经验"等概念。参见张祥龙，《海德格尔传》，石家庄：河北人民出版社，1998 年，第 39 页；张祥龙，《海德格尔思想与中国天道——终极视域的开启与交融》，北京：三联书店，1996 年，第 9 页；张祥龙，《朝向事情本身——现象学导论七讲》，北京：团结出版社，2003 年，第 210 页、第 216—219 页。正是在这些范畴和思想的帮助下，海德格尔于 1919 年前后提出"形式指引"的哲学方法并关注"实际的生命经验"，海德格尔的工作从拉斯克处受益良多。甚至在张祥龙教授看来，"在某种程度上，海德格尔是通过拉斯克而理解胡塞尔或现象学的。"参见张祥龙，《海德格尔思想与中国天道——终极视域的开启与交融》，第 9 页。但是这种说法尚不够全面，海德格尔还借助了狄尔泰、施莱尔马赫和克尔凯郭尔去理解胡塞尔。参见萨福兰斯基，《海德格尔传》，第 118—119 页。海德格尔自己也的确承认他从拉斯克处受益颇多："埃米尔·拉斯克（Emil Lask），我个人从他的研究工作中受益很大，他在 1915 年 5 月牺牲于加里西亚（Galicia）的战争中。"Heidegger, *Phenomenology and Transcendental Philosophy of Value*，载于 M.Heidegger, *Towards the Definition of Philosophy*, trans by Ted Sadler, The Athlone Press, London and New Brunswick, NJ, 2000. p.151. 拉斯克在李凯尔特的心目中也占有重要的位置，李凯尔特曾经向参加自己讲座和讨论班的海德格尔推荐过拉斯克的书，而且李凯尔特在自己的《认识的对象》的第三版（1915）序言中向拉斯克表达了敬意并将该书献给他。参见弗里德曼，《分道而行——卡尔纳普、卡西尔与海德格尔》，第 33 页脚注 1，第 36 页。海德格尔本人也充分注意到了这一点："海因里希·李凯尔特所讨论的是他的学生埃米尔·拉斯克（Emil Lask）的两部著作，这个学生在 1915 年作为一个普通士兵战死在加利西亚前线。李凯尔特在同年出版的他的《认识的对象——先验哲学导论》第三版完全改写本的献辞中写道：'献给我亲爱的朋友'，这一献辞标明这位学生对老师的促进。埃米尔·拉斯克的那两部著作是《哲学逻辑和范畴学说：对于逻辑形式的主要领域之研究》（1911 年）和《判断学说》（1912 年），这两本书都非常清楚地显示了胡塞尔的《逻辑研究》对他的影响。"海德格尔，《我进入现象学之路》，载于《面向思的事情》，第 92 页。

② 伽达默尔曾经在回忆录中鲜活地描述了哈特曼的学生是怎样一群一群地跑去海德格尔那里听课的。参见伽达默尔著，陈春文译，《哲学生涯》，北京：商务印书馆，2003，第 15 页；萨福兰斯基，《海德格尔传》，第 179 页。

在新康德主义学派的影响日益衰落的大背景下，时任汉堡大学教授的卡西尔的影响却蒸蒸日上。因此，当卡西尔出现在达沃斯论坛和出席达沃斯论辩会的时候，人们更愿意忽略他已经逐渐地走出新康德主义的事实，而把他当作已经没落了的新康德主义马堡学派的代言人，或者至少也是新康德主义的已经更新了的第三代代表。

0.1.2 海德格尔的思想背景与达沃斯论辩

对于论辩的另一方来说，海德格尔当时已经出版了自己的扛鼎之作《存在 ① 与时间》（1927），并因该书于 1927 年 10 月 19 日在马堡大学

---

① 关于西方哲学中以系词 to be 为核心的一组词，比如 εἶναι，ειμι，τὸ ὄν，οὐσία，*esse*，*sum*，sein，Sein，to be，being，Being 的翻译，目前国内主要有"是"，"存在"和"有"三种译名。关于这三种译法何者更接近 τὸ ὄν 和 εἶναι 的本意，学界目前主要存在以下几种观点：1. 以聂敏里教授为代表的一些学者认为无论是"存在"、"是"还是"有"，若深入到 τὸ ὄν 和 εἶναι 的本意之中来看的话，这几种译法都是内在相通的。因而在深入了解及认识 τὸ ὄν 和 εἶναι 的本意的情况下没有必要对其不同的翻译深究差别。详情见聂敏里，《论巴门尼德的"存在"》，《中国人民大学学报》，2002 年第一期，第 45—52 页。2. 以陈康、汪子嵩、王太庆、王路为代表的一些学者从 εἶναι 作为系词用法的角度出发认为用"是"及以是作为词根的一组词来翻译 τὸ ὄν 和 εἶναι 更贴切。详情见王太庆，《我们怎样认识西方人的"是"？》，《学人》第四辑，以及宋继杰主编的《Being 与西方哲学传统》一书中所收录的汪子嵩、王太庆、王路的相关文章：汪子嵩、王太庆，《关于"存在"和"是"》，宋继杰主编，《Being 与西方哲学传统》（上），保定：河北大学出版社，2002 年，第 12—47 页；王太庆，《我们怎样认识西方人的"是"》，宋继杰主编，《Being 与西方哲学传统》（上），第 55—70 页；王路，《对希腊文动词"*einai*"的理解》，宋继杰主编，《Being 与西方哲学传统》（上），第 182—211 页。3. 以赵敦华教授为代表的一些学者主张按照约定俗成的原则可以在不同场合分用"是"、"在"、"有"来翻译 τὸ ὄν 和 εἶναι。详情请见赵敦华的《西方哲学简史》的序言部分或《Being 与西方哲学传统》中所收录的赵先生的相关文章：赵敦华，《"是"、"在"、"有"的形而上学之辨》，宋继杰主编，《Being 与西方哲学传统》（上），第 104—128 页。事实上，在我们看来，这种翻译上的困难并非源于我们汉语结构中没有系词"是"及其同源词根的动名词的问题所带来的，实质上的问题毋宁说来源于 to be 这个词在印欧语系中的特殊用法。在印欧语系之中，它自身就具有"是"、"存在"和"有"的三种用法和含义，无论断定哪个用法是最为根本的，实质上都将有所遗漏。此外，如果我们以"是"和"是者"来对译 to be 和 Being，又有些不符合汉语的表达习惯。因此，本文采取约定俗成的原则将 Sein 和 sein 译为"存在"。

评上正教授，这位自 1915 年以来就没发表过大部头著作 ①、多年来却仅凭自己的授课技艺而在学生圈中早已名声在外的"隐秘王国的国王"也因此书的出版将自己的冠冕扶正。在这届达沃斯论坛召开之前的 1928 年 2 月，他又刚刚在胡塞尔的大力支持下回到弗莱堡大学接任因胡塞尔退休而空出来的哲学教授席位。毫无疑问，海德格尔在当时是哲学新生代的代表，承载着新的时代精神，他的哲学表现出了不同于学院派哲学的，具有强韧的生命力、冲击力和革新精神的新的哲学风格。他出版的《存在与时间》宣告了一种综合了尼采、克尔凯郭尔和狄尔泰的生命哲学，胡塞尔的现象学，亚里士多德的存在论，陀思妥耶夫斯基、特拉克尔和里尔克等人的生存体验描述以及从施莱尔马赫、路德为起点经奥古斯丁追溯到保罗的基督教原始信仰经验在内的生存—存在论哲学的诞生。这种哲学无疑与新康德主义存在着对峙、背反与争执的纠缠关系。一方面，海德格尔出身于新康德主义的弗莱堡学派的学术氛围中，他不仅从李凯尔特以及其高足拉斯克那里受益良多，同时他从弗莱堡大学的各位师长和朋友那里也赢得了自己的哲学和人生的"起源"，这些人物

① 因为发表作品少，海德格尔在自己的求职路上遭遇了不少麻烦。在取得弗莱堡大学的任教资格之后，海德格尔没能如愿获得因施耐德的离去而留下的天主教哲学教席，这个位置在 1916 年 7 月被授予了来自明斯特的正教授约瑟夫·盖泽尔。见：萨福兰斯基，《海德格尔传》，第 99 页。1920 年，海德格尔本有希望到马堡大学接替转到耶拿大学的冯特所留下的编外教授职位，但因为发表作品太少而没能如愿以偿，这个职位被哈特曼得到。直到 1923 年 6 月 18 日，在胡塞尔的大力举荐和他提交的《那托普报告》即《对亚里士多德的现象学解释——解释学处境的显示》的双重作用下，他才终于得到了马堡大学的编外教授职位，但却享有正教授的待遇和权力。见：萨福兰斯基，《海德格尔传》，第 173—174 页。但《那托普报告》在当时并未公开发表，伽达默尔正是通过与那托普的关系私下读到了这篇文章后受到巨大震撼，先是跑去弗莱堡大学后又跟随海德格尔回到了马堡大学。伽达默尔，《哲学生涯》，第 17、23、26 页；（日）高田珠树，刘文柱译，《海德格尔：存在的历史》（现代思想的冒险家们系列丛书），石家庄：河北教育出版社，2001 年，第 131 页。然而，自他来到马堡大学后，也一直未发表过专著，同样也是因为发表作品太少的缘故，教育部 1926 年 1 月 27 日拒绝了马堡大学对由海德格尔接替转去科隆大学任教的哈特曼的教授职位的申请。即使在海德格尔提交了《存在与时间》的清样，并在马堡大学 1926 年 6 月 18 日继续写信申请的情况下还是被教育部驳回。只是后来当《存在与时间》于 1927 年公开发表并引起强烈反响后，教育部才终于在 1927 年 10 月 19 日授予了海德格尔教授职位。见：萨福兰斯基，《海德格尔传》，第 196 页。由此我们可以看到长时间未发表作品给海德格尔带来的麻烦，他在这些年中的声誉只是通过自己的授课活动赢得并依靠学生们的口耳相传才得到广泛传播。当他来到马堡大学之后，短短的时间之内就吸引了伽达默尔、约纳斯、阿伦特等人。

有：他的博士导师、天主教哲学教授阿图尔·施耐德①、天主教历史学家

---

① 有人认为海德格尔的博士论文指导教师是李凯尔特，其实不然。海德格尔于 1912 年转
入哲学系后隶属于第二讲座，负责人是天主教哲学家阿图尔·施耐德（Arhur Schneider,
1876—1945）。当时李凯尔特主持的是第一讲座。第一讲座的研究内容是一般哲学，在
内容、范围和方法上并没有特别的规定。而第二讲座的内容是天主教哲学，内容包括
亚里士多德哲学、中世纪经院哲学特别是托马斯·阿奎那的哲学等内容。当海德格尔在
1913 年以《心理主义中的判断理论》在弗莱堡大学获得博士学位时，论文指导教师是施
耐德。但他在 1913 年夏天离开了弗莱堡大学去到斯特拉斯堡帝国大学执教。李凯尔特
则是海德格尔 1915 年春提交的高校任教资格论文《约翰·邓·司各特的范畴学说和意义
理论》的接收者。但根据萨福兰斯基的记载，李凯尔特并没有认真对待海德格尔的这篇
论文，因为他认为海德格尔的天主教信仰和天主教哲学的研究背景使得海德格尔不太可
靠，同样的担忧我们后来在胡塞尔那里也可以看到，1917 年，狄尔泰的女婿米施由马堡
大学转到哥廷根大学后在马堡大学留下了编外教授的席位，那托普一直想把这个位置办
成中世纪哲学讲座。由于马堡大学的新教氛围和那托普的新教信仰，他于 1917 年 10 月
上旬第一次向同为新教徒的胡塞尔征求关于海德格尔的意见时，胡塞尔也因为海德格尔
的天主教出身和天主教信仰而写了偏保守的意见。除了信仰方面的原因之外，李凯尔特
也即将转去海德堡大学接替文德尔班的教席，这也牵扯了他不少精力。由此，李凯尔特
将海德格尔的这篇任教资格论文交给了克雷伯斯来评阅，但后者却恰恰是海德格尔的好
朋友。在克雷伯斯的日记中这样写道："在审读论文时，我一直让海德格尔坐在一旁，以
便随时就其中的难题进行讨论。"1915 年 7 月 27 日，海德格尔以"历史科学中的时间
概念"为题发表了就职演讲，从此正式成为了弗莱堡大学哲学系的无薪讲师。当然，读
大学时的海德格尔也在 1911—1913 年间参加了李凯尔特的讲座和讨论班，并且正是在
李凯尔特的推荐下，海德格尔读了拉斯克的作品。见萨福兰斯基，《海德格尔传》，第
93—94 页；（日）高田珠树，《海德格尔：存在的历史》，第 55 页，第 87 页；（美）科克
尔曼斯著，陈小文、李超杰、刘宗坤译，《海德格尔的〈存在与时间〉》，北京：商务印
书馆，1996 年，第 8 页。张祥龙教授在《海德格尔传》中也专门提到："施耐德离去后，
海德格尔转由里凯尔特教授指导，但他的真正'保护人'是好友拉斯洛斯基过去的导师、
历史教授芬克。芬克是位国际知名的学者，在哲学系有很大的发言权。"张祥龙，《海德
格尔传》，第 42 页。海德格尔参加的李凯尔特的课程情况：1912 年夏季学期参与了 2 小
时的讲座课程"认识论与形而上学导论"，讨论班："判断理论中的认识论练习"；1912—
1913 年冬季学期参与了讨论班"主体理论研讨班"；1913 年夏季学期参与了 4 小时的讲
座课"逻辑学（理论哲学基础）"，讨论课"与亨利·柏格森著作相关的形而上学"；1913
年取得博士学位后他继续在 1913 年—1915 年参加芬克和李凯尔特的讲座以为教职论文
的撰写做准备，1913—1914 年冬季学期参加了李凯尔特 4 小时的讲座课程"从康德到
尼采的德国哲学——'当前'问题的历史性导论"，"历史哲学讨论班——文化科学的方
法论"，1914 年夏季学期参加了李凯尔特的认识论讨论班，1914—1915 年冬季学期参加
了"有关黑格尔的哲学分类学"讨论班；1915 年夏季学期参加了讨论课"洛采的《逻辑
学》"并于 7 月 10 日在这个讨论班上做了《问题与判断》的演讲。见 Heidegger, edited
by Theodore Kisiel and Thomas Sheehan, *Becoming Heidegger –On the Trail of His Early
Occasional Writings, 1910—1927*, Northwestern University Press, Evanston, Illinois, 2007,
xxxviii~xl。海德格尔参加的施耐德的课程的情况：1911—1912 年冬季学期，4 小时的讲
座课程"逻辑学与认识论"以及讨论课"斯宾诺莎的伦理学"；1912—1913 年冬季学期：
4 小时的"哲学史概论"和"知识理论"讨论班，1913 年 7 月在施耐德的指导下完成博
士论文。见 Heidegger, edited by Theodore Kisiel and Thomas Sheehan, *Becoming Heidegger
–On the Trail of His Early Occasional Writings, 1910—1927*, xxxviii, xxxix。

海因里希·芬克①、神学教授卡尔·布莱格、现象学家胡塞尔，还有他的好友恩斯特·拉维洛夫斯基。对于自己的哲学工作的来源、地位、意义以及与新康德主义的关系，海德格尔本人有着十分清醒的认识：

> 一直到了柯亨的著作《康德的经验理论》（1871），正在起端的对康德的重新本己化过程（Wiederaneignung）才第一次击中了那科学性的要害，这就从肯定和否定两个方面规定了后来出现的各式各样的新康德主义。在同一时间内，还出现了两部著作，狄尔泰的《施莱尔马赫的生活》第一卷（1870）和布伦塔诺的《经验观点的心理学》第一卷（1874），这两部著作已经有了置身于更新康德之外的倾向。它们后来成了狄尔泰的以此在历史性的疑难为指向的生命哲学的起点和成了发展由胡塞尔所奠定了基础的现象学研究的推动力。在这两个今天在体系上已经开始走向融合的方向上，正在出现克服新康德主义的苗头，而其方式就是，从它们出发，对"马堡学派"进行深化和重组。②

走在融合狄尔泰的生命哲学和胡塞尔现象学方向上，并能克服新康德主义的，无疑就是海德格尔本人的生存—存在论哲学。虽然此话出自海德格尔本人的描述，但这并非他自己的自吹自擂或者妄自尊大。理查德·沃林教授在谈到20年代初海德格尔在青年学子心目中的形象时，他的研究为我们提供了一个佐证："海德格尔的弟子们……他们感到，他的令人耳目一新的'生存'哲学结束了占据主导地位的德国学院哲学——新康德主义、新黑格尔主义和实证主义——的陈腐学究习气。"③

于是，通过我们对达沃斯论辩当事人双方的背景介绍，便得以知晓：

---

① 无论是海德格尔的天主教神学生时期还是他的哲学、数学与自然科学学生时期乃至做任教资格论文时期，海德格尔都有上芬克的课。他参加芬克的课程的情况：1911年夏季学期：4小时的"文艺复兴时代（晚期中世纪史）"；1913年夏季学期：4小时的讲座课程"文艺复兴时代（晚期中世纪史）"；1913—1914年冬季学期：4小时的讲座课程"宗教改革的起因"、4小时的讲座课程"中世纪世界观及其精神文化的历史"以及与该讲座课程配套的高级研讨班；1914年夏季学期：4小时的讲座课程"历史研究导论"、2小时的讲座课程"德国教会制度史"以及与该讲座课程配套的高级研讨班；1914—1915年冬季学期：4小时的讲座课程"中世纪政治史概览"、3小时的讲座课程"起源的记录，尤其指涉从6世纪到三十年战争期间的德意志"以及与讲座课程配套的高级研讨班。见 Heidegger, edited by Theodore Kisiel and Thomas Sheehan, *Becoming Heidegger –On the Trail of His Early Occasional Writings, 1910—1927*, xxxvii~xl.

② 海德格尔，《康德与形而上学疑难》，附录 VI，第250页。

③ （美）理查德·沃林著，张国清、王大林译，《海德格尔的弟子：阿伦特、勒维特、约纳斯和马尔库塞》，南京：江苏教育出版社，2005年，第8页。译名稍有改动。

由于海德格尔与卡西尔的哲学背景和哲学观念的这种差异，二人的达沃斯论辩便成为一个著名的哲学事件。这一哲学事件不仅标志着新老两代哲学家在哲学观念上的碰撞，更意味着两个不同时代的时代精神的碰撞。具体表现出来就是海德格尔对康德解释的生存—存在论进路与新康德主义对康德解释的先验逻辑进路（马堡学派）——具体而微地则是与卡西尔的符号—文化哲学进路——的碰撞①。因此达沃斯论辩也便成了哲学界中里程碑

①　新康德主义区分为马堡学派的先验逻辑进路和西南学派的文化价值进路。对于达沃斯论辩来说，更鲜明体现的是海德格尔与马堡学派对康德解释进路的区别。而对于海德格尔对西南学派的康德解释进路的看法，他本人曾经在 1919 年夏季学期专门开设了"现象学与先验价值哲学"的讲座课程，主要梳理了新康德主义的西南学派所推崇的作为文化哲学的价值哲学是如何从 19 世纪晚期的文化概念一步步走向新康德主义的西南学派的价值哲学的。在海德格尔看来，在这个过程中，洛采起到了重要的作用（后来在 1925—1926 年冬季学期的讲座"逻辑学——关于真理之追问"中海德格尔又对洛采的思想进行了详细的讨论）。而文德尔班则首先为先验价值哲学奠定了基础，他将康德哲学中的真理解读成价值，从而将价值哲学变成了批判的文化哲学。李凯尔特则进一步地发展了这种文化哲学和价值哲学，他试图捍卫具有历史性特征的人文学科的独立性，试图建立属于人文学科的独特的方法论。在梳理完新康德主义弗莱堡学派的这一历史起源和各位哲学家的主要观点之后，海德格尔对其进行了批判，他认为李凯尔特的主观性方法（subjective method）进路无法真正地在真（truth）和价值（value）之间建立联系。参见，M.Heidegger, *Towards the Definition of Philosophy*, 第二部分,《现象学与先验价值哲学》。不过，海德格尔在 1919 年战时补救学期所开设的课程"哲学观念与世界观问题"中对西南学派的批判则更为直接，他指出，哲学要追求"作为源初科学"的目标，但新康德主义的批判的价值哲学并不能完成这样的任务，因为它们将自己的标准置放在"理念"上以提供价值和有效性。但价值与有效性的问题并不只是理论化思维的产物，并不是逻辑推演的结果，因为有效性是由一个主体来赋予的，赋予价值是一种行为，而这种行为和主体的体验结构关联在一起。因此，要追求源初科学的哲学需要对体验本身进行分析。他通过"问题体验"和"讲台体验"来对体验结构进行分析，通过前者，他把"东西"区分为前理论的前世界的东西、前理论的世界性质的东西、理论的对象性的形式逻辑的东西、理论的客体性质的东西。Heidegger, *Towards the Definition of Philosophy*, pp.97–99, p.186；海德格尔,《形式显示的现象学——海德格尔早期弗莱堡文选》, 第 18 页。在他看来，前理论的东西要比理论的东西更为源始，而它就是人的实际生命体验，在海德格尔看来，生命体验是一个无限流动的整体，理论化的方式是无法把握它的，因为理论化的方式必然要运用概念，但概念是使生命停滞的形式，因此就不可能真正地把握生命；通过后者，经由 讲台体验分析而得到了周围世界，海德格尔指出，人首先是生活在一个周围世界中的，在周围世界中生活对于人来说，处处都是有意义的，一切都是世界性的。体验并非对象化的"过程"，而是发生事件（Er-eignis）。当生命体验发生时，它并非实物性、客观化的存在者，它自有自己的明证性，这种明证性只对"我"和"我的体验"来说有效，在生命体验的过程中，同时也是有效性生效的过程。一门科学唯有在此基础上才能建立起来。因为科学要有具体的、确定的对象，所以，一门关于体验的科学就把体验的非客体化性质消解掉了，因为它采取了理论的方式来处理体验，于是这个过程也就是去生命化的过程，同时也去除掉了体验本身的体验特征和发生事件特征，只有到了这一层面时，才有了价值哲学，新康德主义西南学派的目的论的批判方法才能生效。对于具有前理论特征的实际生命经验或者说实际生命体验，只能采取现象学的方式来把握，但这种现象学并非胡塞尔意义上的先验现象学，而是一种"解释学直观"（Hermeneutical intuition），Heidegger, *Towards the Definition of Philosophy*, p.98，在这种意义上，他构建了"现象学的解释学"，这个词汇在《现象学与先验价值哲学》中首次出现，Heidegger, *Towardsthe Definition of Philosophy*, p.112。于是，海德格尔在对新康德主义西南学派的批判的过程中，逐渐地走上了自己通往《存在与时间》的道路。

式的事件，参与者都以能够作为该事件的见证人而感到欢欣鼓舞并庆幸不已。在达沃斯这座"魔山"之上，人们的人生之心境情调如何呢？萨福兰斯基在《海德格尔传》中援引了受海德格尔之邀以学生身份出席了此次会议的博尔诺在回忆录中的描述："二位哲学家的这次会面给人的印象是'惊心动魄的'。与会者都有一种'雄壮之感'，都觉得自己好像是'一个伟大历史性的时刻的参与者'，与歌德在《法兰西的战争》中所说的一样：'在这里，在今天，世界历史上一个新的欧洲诞生了'——这里当然是哲学的历史——'你们可以骄傲地说，你们当时也在场'。"[1] 列维纳斯同样报告道："作为年轻的大学生，人们会有这样的印象，见证了世界的创造，也见证了世界的终结。"[2] 因此，这样的大事件吸引了学术界和年轻人关注的目光就自然在情理之中了。安东尼娅·格鲁嫩贝格教授在自己的研究中援引了佩措尔德先生在《卡西尔》一书中列出的出席了达沃斯论坛、后来成为著名思想家的部分学生的名字，其中有："（法国大学生）伊曼努尔·列维纳斯，列翁·布隆什维奇和让·卡瓦雷；德国方面海德格尔在马堡和弗莱堡时期的一些学生也尾随他而来，这里面有奥托·弗里德里希·博尔诺、约阿希姆·里特尔，但也有阿尔弗雷德·佐恩－雷特尔、欧根·芬克、赫尔伯特·马尔库塞、列奥·施特劳斯。"[3]

在这次会议结束后，海德格尔用四个月的时间写成了《康德与形而上学疑难》一书，史称《康德书》，并于1929年公开出版。如果仅就表面形式而言，《康德书》似乎是本偶然之作，甚或是本应景之作。似乎是海德格尔因为参加了达沃斯论坛、参与了与卡西尔的论辩而引发了自己对康德的兴趣与灵感，从而在下山之后需要对自己在山上的偶发之想尽快地做些总结，否则，拖时间长了仿若就会中断了自己的思路，于是不得不急急忙忙地把这本书写下来似的。对于当时的哲学界和思想界来说，其实大家正翘首以盼的是这位年轻的哲学家能将《存在与时间》中已经预告然而尚未付梓的其余内容出齐。思想界中"隐秘的国王"虽然因这本书而将自己的哲学王冠扶正，然而已经出版的《存在与时间》毕竟是本未竟之作。可是让大家意想不到的是，海德格尔在写完《存在与时间》的第一部分之后却悄无声息了，直到1929年出版了这本《康德与形而上学疑难》。

---

[1] 萨福兰斯基，《海德格尔传》，第253页。
[2] 格鲁嫩贝格，《阿伦特与海德格尔——爱与思的故事》，第133页。
[3] 同上，第130页。

0.2 海德格尔的康德解读概况

然而，《康德书》真的仅仅是本应景之作吗？它真的仅仅是海德格尔在构思由《存在与时间》所开敞出来的追问存在之意义这条道路上的一个"岔路"或者"歧路"吗？它真的仅仅是海德格尔因为应邀参加了达沃斯论坛，所以才心血来潮迸发灵感写下的偶然之作吗？

答案当然是否定的。海德格尔的《康德书》乃至于他的康德解释当然并非即兴之作，毋宁是内蕴于他的哲思道路并因其自身的思想逻辑的演变而具有其内在必然性，是他思想道路上的一座"路标"。要想清楚地解答这个问题，我们需要将海德格尔的《康德书》乃至于他的康德解释还原到他的哲学脉络甚至他的生活境域之中并从这一解释学处境出发对之加以解释。这就需要我们从海德格尔的哲学自身内部的运思道路出发去理解他对康德解释的必然性。同时也要注意到从他的哲学外部即他的生活情境和思想处境中去考察和理解他的康德解释与同时代的诸种哲学理论，尤其是与新康德主义的康德解释的关系。实际上，这两方面是一体两面、互释互文的关系。我们接下来就尝试对海德格尔的康德解释的这内外两方面的基本情形做一简短介绍，从而进一步厘清本文的问题由来并阐明本研究所关注的问题的着眼点和出发点。

0.2.1 达沃斯论坛之外的海德格尔、卡西尔与新康德主义

具体到海德格尔与卡西尔的达沃斯论辩，他们二人并非在 1929 年才首次"遭遇"和"交锋"，事实上，他们之间的思想交流和争论是个长期的过程，这次论辩只是他们思想交锋上的一个集中体现而已。早在 1923 年 12 月，海德格尔就曾经在康德学会汉堡分会发表过题目为"现象学研究的任务与方法"的演讲，并在这个演讲上与卡西尔有过辩论。按照海德格尔本人的论述，他在该讲座上已经大致把在《存在与时间》中呈现出的生存—存在论分析工作端呈出来了，而他与卡西尔的 1923 年辩论已经表明"在要求进行生存论分析工作这一点上，我们的意见是一致的"[①]。

---

① 海德格尔著，陈嘉映、王庆节合译，熊伟校对，陈嘉映修订，《存在与时间》，北京：三联书店，2006 年，第 60 页注 1。以后引用此书将会简称《存在与时间》（修订译本）。根据比梅尔教授的报告，海德格尔在 1923 年曾应舍勒的邀请在科隆康德学会做了《此在与真理》的演讲。（德）比梅尔著，刘鑫、刘英译，《海德格尔》，北京：商务印书馆，1996 年，第 168 页。

1925 年，卡西尔出版了他的《符号形式的哲学》第二卷，主要讨论"神话思维"。海德格尔从这本书一出版就十分关注并将其纳入自己的思想诘问和思想脉络之中。一方面指出卡西尔的工作重新将神话的此在纳入哲学思考的意义，但另一方面则指出了卡西尔通过对《纯粹理性批判》的"建筑术"的解读并不足以为他的工作奠定基础或敞露源头，要想真正解决这一问题还需要引入现象学的视角。[1][2] 海德格尔还专门为这本书写了一篇书评，于 1928 年发表于《德国文学报》第 21 期上（后收录为《康德书》附录 II）。而在卡西尔一方，根据弗里德曼教授的考证，"卡西尔在《符号形式的哲学》第三卷的五个脚注中对海德格尔表示赞许（Cassirer,1929b, pp.149n,163n,167n,173n,188n,173n,189n,193n,200n,218n）"。[3] 在 1928 年，卡西尔在一直书写却从未出版过的《符号形式的哲学》第四卷的草稿中对《存在与时间》进行了讨论。[4] 这些构成了二人达沃斯论辩的前史。他们二人的思想碰撞在达沃斯论坛上达到了一个高潮。而高潮远非终结，他们的思想碰撞又从达沃斯的山上延续了下来。海德格尔对卡西尔 1929 年出版的《符号形式的哲学》第三卷同样给予了关注，保持着探究和评论的兴趣。弗里德曼教授援引了 Krois 教授书中引用的卡西尔的信，在这封信中卡西尔写道："（海德格尔）向我承认，一段时间以来，他一直在思考如何对我的第三卷作出评论，但暂时不知道如何掌握它。"[5] 而另外，卡西尔在 1931 年也给海德格尔 1929 年出版的《康德书》写了书评[6]，海德格尔针对这篇书评亦写下了自己的答辩意见，现收为《康德书》的附录 V。在这之后，卡西尔又在海德格尔的陪伴下造访了弗莱堡并做了学术报告。直到

---

[1] 海德格尔，《存在与时间》（修订译本），第 60 页，小注 1。值得我们注意的是，海德格尔的《存在与时间》的前身分别是 1924 年于马堡神学家协会上发表的"时间概念"的演讲和 1925 年夏季学期开设的"时间概念史导论"的讲座课程。《存在与时间》虽然出版于 1927 年，但其写作时间大致在 1925 年末—1926 年春，这对于理解我们本文的工作十分重要。

[2] 但其实，海德格尔不仅对卡西尔 1925 年出版的《符号形式的哲学》的第二卷比较关注，对于他 1923 年出版的第一卷也保持了高度的关注，在 1925 年夏季学期在马堡大学的讲座课程"时间概念史导论"中他对卡西尔的工作进行了述评，并提出了自己的批评意见。详情见海德格尔著，欧东明译，《时间概念史导论》，北京：商务印书馆，2009 年，第 280—281 页。

[3] 弗里德曼，《分道而行：卡尔纳普、卡西尔和海德格尔》，第 6 页。

[4] 同上，第 6 页，脚注 9。

[5] 同上，第 6 页，脚注 9。

[6] 弗里德曼教授在他的《分道而行——卡尔纳普、卡西尔与海德格尔》中还尤其报告道："卡西尔在发表《符号形式的哲学》第三卷前补充了五个与海德格尔《存在与时间》有关的脚注。"他的《符号形式的哲学》第三卷与海德格尔的《康德书》一样也出版于 1929 年。弗里德曼，《分道而行——卡尔纳普、卡西尔与海德格尔》，第 127 页。

纳粹上台卡西尔离开德国之前，海德格尔与卡西尔都保持了良好的私人关系。即使卡西尔流亡海外，他也对海德格尔保持了关注，他知晓海德格尔1933年出任弗莱堡大学校长一事。

如果我们扩大视野，不仅仅将卡西尔看作一个符号—文化哲学家，而是将他放到新康德主义大阵营中去看的话，那么我们就可以看到海德格尔与新康德主义思想相对峙、背反、竞争的大方向。从人生经历之实情来看，海德格尔的哲学出身浸染了新康德主义弗莱堡学派的气息，他参加过李凯尔特的讲座、仔细研读过拉斯克的作品，但需要提请我们注意的是，海德格尔在弗莱堡大学哲学系学习时归属于施耐德和芬克所在的官教合办的天主教哲学第二讲座。1919年开设"哲学观念与世界观问题"的讲座让他真正走上自己的哲学道路，归功于天主教哲学研究出身和他丰富的思想来源[①]，他的视野已经超越了新康德主义西南学派在"历史"与"科学体系"之间进行区分的方法论，也超越了他们建立在意识的基本行为和准则基础上的批判的价值哲学。这些批判的价值哲学作为"科学的哲学"内在地总是倾向于构建一种"世界观哲学"。但在海德格尔看来，真正的哲学，区别于各种各样的世界观。他对哲学的新看法也是建立在对新康德主义西南学派尤其是文德尔班、李凯尔特的哲学的批判性省思的基础上的。

0.2.2 海德格尔的哲学突破与《存在与时间》

自1907年在高中时期读到格略博神父赠送的布伦塔诺的博士论文《论存在在亚里士多德那里的多重意义》开始，海德格尔就一直在关注"存在"及存在的意义问题。他在20世纪20年代初通过自己的研究工作发现，作为存在以及其他范畴的根基的，不是严酷的、死板的逻辑形式，而是源初的实际的生命经验。在1920—1921年开设的讲座课程"宗教现象学导论"中，海德格尔通过对保罗书信中所呈现的对上帝"再临"（παρουσία）的"时机化时间"（καῖρος）的分析进而对基督教原始的信仰经验进行描述，从而将人的实际生命经验变成"作为源初科学的哲学"的主要研究对象，同时他又通过将亚里士多德的οὐσία解读为"在场"（das Anwesen）或"在场者"（das Anwesende）引入了一种"解释学处境"。他这个时期的这

---

① 海德格尔的思想来源至少包括：亚里士多德为代表的古希腊存在论；保罗、奥古斯丁、阿奎那、路德为代表的神学；胡塞尔的现象学；克尔凯郭尔、尼采、陀思妥耶夫斯基、里尔克、特拉克尔对生存体验的分析；狄尔泰、柏格森的生命哲学；谢林和黑格尔的唯心论和思辨神学；狄尔泰和施莱尔马赫的解释学以及肇始于赫尔德和洪堡，中经兰克、德罗伊森，经由文德尔班、李凯尔特等人而流传下来的德国历史主义。

些工作其实是想通过此举达到深入实际生命经验当场发生之源初境遇并将通达此境遇的方法和道路保留下来的目的：我们如何能当场抓住活生生的实际生命经验并能将它如其自身所是地、原原本本地传达出来而不至于将其理论化、客观化而去生命化。然而，这样的实际生命经验毕竟是源发性的，是前理论、前世界性的。要想合体地保有这样的实际生命经验必须避免理论化、客观化的哲思态度。于是，海德格尔就必须发现一种适当的哲学方法，一方面这种方法要来自于生成着的人类的实际生命经验，同时另一方面又能将这种实际生命经验的源发性、生成性保存并传达出来，与此同时却又不至于将其理论化、客观化、普遍化。

基于这种对哲学的理解，海德格尔在这个时期给自己的哲学重新确立了方向，哲学不应该是学院式的、古板的理论和逻辑推演。否则，如果"只有在远离意义丰富的生活素材的地方，哲学思考才有炫耀自己的机会"的话，"这将是一个缺憾"。① 真正的哲学要立足于人的源初的实际的生命经验的"实际性"之中，并将这种生命经验之实际性所具有的时间性和历史性、多变性和异质性保存下来，这样的哲学"更精确说来是作为源初科学的哲学"②。

在对源初的实际的生命经验进行具体的描述和探索过程中，他依赖于胡塞尔的现象学和狄尔泰的生命哲学与解释学，一方面实现了对胡塞尔的现象学的解释学转换，另一方面也实现了对施莱尔马赫、狄尔泰等人的解释学的现象学转换，在这种现象学与解释学的相互转换、相互改变的过程中，海德格尔形成了自己的"现象学的解释学"③。

① 这是拉斯克的看法，也为海德格尔所继承。萨福兰斯基，《海德格尔传》，第 84 页。

② M.Heidegger, *Towards the Definition of Philosophy*, trans by Ted Sadler, The Athlone Press London and New Brunswick, NJ.2000,p.10.

③ 海德格尔在 1919 年暑季学期于弗莱堡大学开设的讲座课程"现象学与先验价值哲学"中使用了这个词，也是到目前为止在他出版的著作中第一次使用这个表述。Martin Heidegger, *Towards the Definition of Philosophy*, trans by Ted Sadler, The Athlone Press,2000, p.112. 后来，在他后期文本《从一次关于语言的对话而来——在一位日本人与一位探问者之间》中，当回顾他的早期思想之路时，日本学者手冢富雄说："在我们看来，九鬼伯爵没有能够对这些词语作出令人满意的解说，无论是在词义方面，还是在您谈到解释学的现象学时所采用的意思方面。九鬼只是不断地强调，解释学的现象学这个名称标志着现象学的一个新维度。"在这里，海德格尔对"解释学的现象学"这个提法并没予以更正，说明他当初可能也是用过这个词的，即使他本人没有用过这个词，但也是认可这个提法的。海德格尔著，孙周兴译，《从一次关于语言的对话而来——在一位日本人与一位探问者之间》，载于海德格尔著，孙周兴译，《在通向语言的途中》，北京：商务印书馆，2004 年，第 94 页。另外，这个文本其实并非对一次对话的真实记录，而是海德格尔自己的虚构性陈述，传达的是他自己的思想。参见马琳，《海德格尔论东西方对话》，北京：中国人民大学出版社，2010 年，第 225 页。

在运用这种方法，遵循现象学的还原、建构和解构三个方向去把握实际生命经验，并运用形式显示的方法将其展现出来，以逼问存在及存在意义时，上述的实际的生命经验逐渐转变成了在存在论层次上（ontologische）和存在者层次上（ontisch）均具有优先性地位的此在（Dasein）①。通过对此在的生存—存在论分析，海德格尔力求在《存在与时间》中将"存在问题"梳理清楚，而其途径则是"……对时间进行阐释，表明任何一种存在之理解都必须以时间为其视野"②。以此为目标，海德格尔在《存在与时间》中提出了自己工作的计划：首先对此在的生存论结构进行澄清，并在此基础上展现此在的时间性作为追问存在问题及存在的意义问题的背景和视野。其次，以此时间性理解去建立时间与存在之间的关系。第三，在前面两部分内容的基础上对存在论历史进行解构。因为外在的职称评定压力和由之带来的撰写上的时间压力，海德格尔在1927年出版《存在与时

---

① 对于 Dasein 的译名问题，目前国内学术界主要有三种译法，一是陈嘉映教授为代表的"此在"译法；一是张祥龙教授为代表的"缘在"译法；一是熊伟教授和王庆节教授为代表的"亲在"译法。这三种译法既各有所长，也有所缺："缘在"充分揭示出了 Dasein 是"存在在此存在出来的境遇"中的境遇感和处境感，将 Dasein 处身其中并牵带出的因缘世界这层含义表达了出来，但"缘在"这个译名在张祥龙教授那里是以"缘"作为译名词根的一组译名中的一个，除了"缘在"（Dasein），他还有"缘"（Da），"缘构发生"（Ereignis），缘构（ereignen），在缘（Da-sein），同缘在（Mitdasein），缘在的真态的（eigentlich）等一组译词。因此，"缘在"这种译法的缺陷也是很明显的：如果接受这种译法就意味着要接受他的这一组译名。这颇有难度。其次，"缘"来自于佛学，若从缘起缘灭之意来思考，似乎其含义要比 Dasein 更为空灵虚幻一些，若望文生义地对该词加以理解的话则恐怕使读者无法体会到海德格尔在使用 Dasein 时想通过它与 sein 的牵连而传达出的意思；"此在"的译法优点是比较简洁清楚，是一种直译。但其也有缺陷，最直接的就是读者无法看到 Dasein 与"人"的生存之间的关系。"亲在"虽然很好地揭示了这个译法与人，特别是与人的生存之间的关系。但"亲在"的译名更多地有一种再解释和再阐发的意味在其中，有过多的意译成分。因此这三种译法各有优缺点。恐怕如果将这三种译法的长处结合到一起就能真正生动而传神地将 Dasein 的韵味传达出来了，但在目前情况下，本文采取思维经济原则取 Dasein 的直接译法，即"此在"的译名。关于这三种译法各自的优缺点的说明和辨析，参见：海德格尔，《存在与时间》（修订译本），第498—501页；陈嘉映，《也谈海德格尔哲学的翻译》，载于《中国现象学与哲学评论》（第二辑），第290—293页；张祥龙，《海德格尔传》，第154页；张祥龙，《从现象学到孔夫子》，北京：商务印书馆，2001年，69—93页；张祥龙，《Dasein 的含义与译名——理解海德格〈存在与时间〉的线索》，载于《普门学报》第七期，2002年1月，第93—117页；王庆节，《亲在与中国情怀——怀念熊伟教授》，载于熊伟，《自由的真谛——熊伟文选》，北京：中央编译出版社，1997年，第397—399页；王庆节，《亲临存在与存在的亲临——试论海德格尔思想道路的出发点》，载于王庆节，《解释学、海德格尔与儒道今释》，北京：中国人民大学出版社，2009年，第88—91页。

② 海德格尔，《存在与时间》（修订译本），第1、46页。

间》时只完成了这三部分之中的前两部分①,而第三部分则终其一生也没能完成，或者至少没能按照他在《存在与时间》中所预告的那种面貌完成。

0.2.3 海德格尔的康德解读概况

就在大家翘首以盼海德格尔这位"来自德国的大师"将《存在与时间》中宣告的计划完成的时候，海德格尔却没能让大家如愿以偿。

他在《存在与时间》出版之后转到阐释康德哲学，尤其是阐释康德的《纯粹理性批判》，他于 1929 年在与卡西尔的达沃斯论辩之后出版了《康德与形而上学疑难》，我们认为，这并非海德格尔的即兴之举，而毋宁是他思想发展之必然结果。为什么这样呢？

海德格尔的《存在与时间》完成于 1926 年 4 月，并于 1927 年正式出版。如果按照他自己的预告，在完成了现存版本的《存在与时间》的任务之后，他本该对存在论历史进行解构。而在存在论的历史上，他要解构的第一位哲学家就是康德。在 1925 年开始筹划并写作《存在与时间》后到1930 年发布《论真理的本质》的演讲标志其思想发生"转向"以来的这段时间，海德格尔依次开设了如下讲座课程：

1925 年夏季学期：时间概念史导论

1925—1926 年冬季学期：逻辑学：关于真理之追问

1926 年夏季学期：古代哲学的基本概念

1926—1927 年冬季学期：从阿奎那到康德的哲学史

1927 年夏季学期：现象学的基本问题

1927—1928 年冬季学期：对康德的《纯粹理性批判》的现象学解释

1928 年夏季学期，以莱布尼茨为起点的逻辑学的形而上学初始根据

1928—1929 年冬季学期：哲学导论

1929 年夏季学期：德国的唯心论（费希特，黑格尔，谢林）与当代哲学问题

1929—1930 年冬季学期：形而上学的基本概念：世界、有限性和孤寂性

---

① 于 1927 年马堡大学夏季学期的讲课稿《现象学的基本问题》中，海德格尔在第一个脚注中宣告，这本书是《存在与时间》第一部第三篇"时间与存在"的修订稿。（德）海德格尔著，丁耘译，《现象学之基本问题》，上海：上海译文出版社，2008 年，第 2 页。

根据这个列表，我们可以看到，海德格尔在 1925 年夏季学期开设了讲座课程"时间概念史导论"（GA20），我们可以将这门讲座课程中的内容看作是《存在与时间》的草稿。① 在接下来的 1925—1926 年冬季学期，海德格尔开设了"逻辑学：关于真理之追问"（GA21）的讲座课程。根据高田珠树的记载，海德格尔在这门课程中本来要讲授的是"计划中的研究亚里士多德的真理概念，但在授课过程中逐渐转到了对康德的多样性时间概念的讨论"。② 确切地说，是对康德哲学中的先验感性论、先验图型和经验类比进行了研究。也恰恰是在这个讲座时期，海德格尔对康德有了真正的、属于自己的理解，它与新康德主义对康德的理解拉开了距离。在 1925 年 12 月 10 日给雅斯贝尔斯的信③ 中海德格尔说，"最好的地方是我

---

① 1924 年，海德格尔在马堡康德协会上做了《时间概念》的演讲。《存在与时间》中的基本思路在此讲座中基本得到了勾画。因此也有人将《时间概念》看作《存在与时间》的第一稿，将《时间概念史导论》看作《存在与时间》的第二稿。

② 高田珠树，《海德格尔：存在的历史》，第 140 页。

③ 海德格尔与雅斯贝尔斯的相遇与交往在某种意义上对于二人的思想发展都意义重大。二人初次相遇是在 1920 年 4 月 28 日胡塞尔的家中，那时大家正在庆祝胡塞尔的 61 岁生日。雅斯贝尔斯比海德格尔年长 9 岁，这年海德格尔 31 岁，雅斯贝尔斯 40 岁。雅斯贝尔斯本不是哲学出身，而是学医学精神病学出身，因 1913 年出版的《心理病理学》而获得自己的声誉。后来，以 1919 年出版的《世界观的心理学》为标志，雅斯贝尔斯从心理学转向哲学，海德格尔曾经花两年的时间为雅斯贝尔斯的这篇文章写书评，并两易其稿，在和雅斯贝尔斯交流意见后，因为雅斯贝尔斯对这篇文章的态度不是很积极，海德格尔将这篇文章扣下没发表，后来收入《路标》一书中。海德格尔和雅斯贝尔斯当时是因为反学院哲学和关注实际的生命经验的共同旨趣而走到一起并从此开始了两人终生的交往的。但他们二人的关系可以以 1933 年为界分成两段，前半部分对于二人来说都是十分美妙的，海德格尔更是在 1925 年将阿伦特推荐到雅斯贝尔斯那里去读博士学位。但 1933 年无论因为什么原因，海德格尔当上了纳粹校长，因为雅斯贝尔斯的夫人是犹太人的缘故，二人的交往也冷淡了下来，于是二人频繁的通信在 1933 年之后中断了两年，在 1935 年和 1936 年又谨慎地相互交换了几封信之后双方的通信中断了 6 年之久，直到 1942 雅斯贝尔斯才又给海德格尔写了一封信，之后又是长达 6 年的时间，二人通信中断。其中，在 1945 年海德格尔接受清除纳粹委员会的审查时曾经拜托雅斯贝尔斯为他写一份鉴定，但结果是宽厚的雅斯贝尔斯写的鉴定对海德格尔十分不利。在 1948 年 3 月 1 日和 1949 年 6 月 2 日雅斯贝尔斯又给海德格尔两封信之后，双方才又开始恢复了通信，这种通信关系一直持续到了 1963 年。*The Heidegger—Jaspers Correspondence (1920—1963),* edited by Walter iemel and Hans Sancer, trans by Gary E.Aylesworth, Humanity Books, 59 John Glenn Drive, New York, 2003. 萨福兰斯基的《海德格尔传》中也对海德格尔与雅斯贝尔斯的交往历程做了很好的描述；格鲁嫩贝格教授在《阿伦特与海德格尔——爱与思的故事》中也曾对海德格尔、雅斯贝尔斯与阿伦特三人之间在思想和生活上交流的故事给予了精彩的说明。

最近开始真正地喜欢上康德了"，①在 1926 年 12 月 26 日给雅斯贝尔斯的信中海德格尔继续写道："当我在我的工作过程中思考我本来如何理解康德（即如何学会爱上康德）时，时下所谓的康德主义者全然敌视的东西完全与我无关。"②而恰恰是在此讲座课程期间，马堡大学哲学系的系主任走进了他的办公室，告诉海德格尔必须要出版点儿什么了。③于是，在这个讲座课程结束后，海德格尔暂时中止了自己在这个讲座中的思路，回到托特瑙山上的小屋中写出了《存在与时间》。接下来，在 1927 年夏季学期的讲座课程"现象学的基本问题"（GA24）中——海德格尔将此书看作是《存在与时间》中第一部第三篇的修正稿——海德格尔从康德的论题"存在不是实在的谓词"入手，区分了 resextensa（有广延的东西）和 rescogitans（能思想的东西），并进而引出了在存在与存在者之间的存在论差异，指出时间性对于理解存在论差异乃至存在问题的重要地位。在这个讲座课程中，海德格尔对康德的解读主要涉及康德《上帝证明的根据》一文中的思想、《纯粹理性批判》中有关"上帝证明不可能"的部分，以及《道德形而上学》中有关"尊严"的部分。在接下来的 1927—1928 年冬季学期，海德格尔专门开设了"对康德的《纯粹理性批判》的现象学解释"（GA25）的讲座课程，在这门课程中，海德格尔集中精力研究了《纯粹理性批判》中的先验感性论以及先验分析论中的第一卷即概念分析，并提出了《纯粹理性批判》实乃一次康德为形而上学奠定基础的尝试工作。这次讲座中所展示的内容就成了海德格尔 1928 年 9 月在里加（Riga）的赫尔德学院发表的"康德与形而上学问题"演讲、1929 年的达沃斯论坛讲座以及与卡西尔的达沃斯论辩的主要内容。后来出版的《康德与形而上学疑难》（GA3）也是在这个讲座课程及随后的这些演讲的基础上写成的。在 1928 年夏季学期，海德格尔开设了"以莱布尼茨为起点的逻辑学的形而上学初始根据"（GA26）的讲座课程，在这门课程中（10 到 13 节），海德格尔以"超越"问题为线索对康德的"超越"思想进行了解读，尝试从康德的超越论题走向时间性。在 1928—1929 年冬季学期的讲座课程"哲学导论"（GA27）中（34 节），海德格尔对康德《纯粹理性批判》中的"世界概念"（Weltbegriff）进行了解读。

---

① *The Heidegger—Jaspers Correspondence (1920—1963)*, 2003, p.61.

② Ibid, p.73.

③ "正是在此讲座课程期间，哲学系的系主任走进了海德格尔的办公室并告诉他，'你现在必须出版点儿东西了。你有合适的手稿吗？'" Heidegger, *Logic: The Question of Truth*, trans by Thomas Sheehan, Bloomington and Indianapolis: Indiana University Press, 2010, translator's Forward.

除了对《纯粹理性批判》感兴趣之外，海德格尔对康德的道德哲学也保有了一定的兴趣，在1930年夏季学期开设的讲座课程"论人的自由的本质——哲学导论"（GA31）中，海德格尔对康德《纯粹理性批判》的先验辩证论部分中的第三种二律背反做了解释。并且同时也讨论了《道德形而上学》中的有关问题，于此将康德哲学中的"自由"问题纳入了自己的思索范围之中。除此之外，在1935年夏季学期开设了"形而上学导论"（GA40）的课程之后，他于1935—1936年的冬季学期开设了以"形而上学的基本问题"为标题但实际上讲授的是"物的追问——康德关于先验原理的学说"（GA41）的讲座课程。根据这个课程的讲课稿，海德格尔出版了《物的追问——康德关于先验原理的学说》一书。除了这些专著之外，海德格尔还于1963年出版了《康德的存在问题》[①]一文，收录于《路标》之中。

在上述提及的海德格尔解读康德哲学的作品中，《对康德的〈纯粹理性批判〉的现象学解释》、《康德与形而上学疑难》、《物的追问——康德关于先验原理的学说》和《康德的存在问题》这四部作品是专门用来讨论和阐释康德哲学的。《逻辑学：关于真理之追问》、《现象学的基本问题》、《以莱布尼茨为起点的逻辑学的形而上学初始根据》、《哲学导论》和《论人的自由的本质——哲学导论》则只是辟出专门章节来讨论康德哲学。[②]其中，《康德与形而上学疑难》被称作海德格尔的"第一康德书"，《物的追问》被称作海德格尔的"第二康德书"。

除了这些比较集中地讨论康德哲学的作品外，海德格尔还在不同时期的不同作品中提及或讨论康德的思想。比如1919年战时补救学期的讲座课程"哲学观念与世界观问题"[③]、1919年暑季学期的讲座课程"现象学与

---

① 海德格尔这篇文章的原型是1961年5月17日于基尔做的同名演讲，后于1962年首次发表在艾里克·武尔夫六十寿辰的纪念文集《生存与秩序》中，作为单行本则是在1963年出版，后收录于《路标》一书中。参见海德格尔，《路标》，第568页；（法）阿尔弗雷德·登克尔、（德）汉斯－赫尔穆特·甘德、（德）霍尔格·察博罗夫斯基主编，靳希平等译，《海德格尔与其思想的开端》（海德格尔年鉴·第一卷），北京：商务印书馆，2009年，第608页。

② 关于海德格尔解读康德的作品，靳希平教授在《海德格尔的康德解读初探》一文中做了很好的综述。见靳希平，《海德格尔的康德解读初探》，载于孙周兴、陈家琪主编，《德意志思想评论》（第一卷），上海：同济大学出版社，2003年，第39—60页。此外，Daniel O. Dahlstrom在他的《海德格尔在马堡的康德课程》一文中也大致介绍了海德格尔解读康德作品的情况。Daniel O. Dahlstrom, *Heidegger's Kant—Courses at Marburg*, 载于Theodore Kisiel 和 John van Buren 主编, *Reading Heidegger from the Start*, State University of New York Press, 1994, pp.293–294.

③ Heidegger, *Towards the Definition of Philosophy*, p.7, p.11, p.14, p.16, p.25, p.30, p.65, p.67, p.89.

先验价值哲学"①、1920 年暑季学期的讲座课程"直观与表达的现象学"②、1920—1921 年冬季学期的讲座课程"宗教现象学导论"③、1921—1922 年冬季学期的讲座课程"对亚里士多德的现象学解释：现象学研究导论"④、1923 年暑季学期的讲座课程"存在论：实际性的解释学"⑤、1924 年的演讲《时间概念》⑥，1925 年的暑季学期的讲座"时间概念史导论"⑦、1927 年出版的著作《存在与时间》⑧、1929 年为庆贺胡塞尔七十寿辰而作的文章《论根据的本质》⑨，以及后期的《从一次关于语言的对话而来——在一位日本人与一位探问者之间》⑩、《哲学论稿》⑪ 等。

在上述已经发表的作品之外，海德格尔还曾经开设过许多关于康德哲学的研讨课和讲座，目前，有关这些研讨课的记录尚未出版。这些研讨课跨越了他哲学和人生的不同时期，分别是：1915—1916 年冬季学期的讨论课"关于康德的'未来形而上学导论'"，1916 年暑季学期的一个讲座"康德与 19 世纪德国哲学"，1923 年暑季学期与埃宾豪斯（Ebbinghaus）一起开设的高级研究班"关于康德《纯然理性界限内的宗教》的神学基础"，1925—1926 年冬季学期的初级现象学练习的讨论课"康德的《纯粹理性批判》"，1927 年 1 月 26 日在科隆康德协会地方小组前的演讲"康德的图式学说与存在意义的追问"，1927 年 12 月 1 日在波恩康德协会地方小组的演讲"康德与形而上学问题"，1927 年 12 月 5 日—9 日，在科隆与马克

① Ibid, p.104,p.109,pp.113 – 114, pp.120 – 124, p.131, p.144, p.148.

② Heidegger, *Phenomenology of Intuition and Expression*, trans by Tracy Colony, Continuum International Publishing Group, 2010, p.2, p.52, pp.90 – 92, p.145, p.151.

③ Heidegger, *The Phenomenology of Religious Life,* trans by Matthias Fritsch and Jennifer Anna Gosetti–Ferencei, Indiana University Press, 2004, p.12, p.17,p.39.

④ Heidegger, *Phenomenological Interpretations of Aristotle———Initiation into Phenomeno-logical Research*, trans by Richard Rojcewicz, Bloomington & Indianapolis, Indiana University Press, 2001, p.5.p.7,p.11,p.18, p.73.

⑤ 海德格尔，何卫平译，《存在论：实际性的解释学》，北京：人民出版社，2009 年，第 26 页，第 33 页，第 73 页。

⑥ 海德格尔，孙周兴编译，《海德格尔选集》，上海：上海三联书店，1996 年，第 18 页。

⑦ 海德格尔，欧东明译，《时间概念史导论》，北京：商务印书馆，2009 年，第 74 页，第 92 页，第 96 页，第 122 页，第 310 页，第 323 页，第 355 页。

⑧ 海德格尔，《存在与时间》（修订译本），第 13 页，第 27—31 页，第 127 页，第 169 页，第 234 页，第 247 页，第 258 页，第 235 页，第 363—366 页，第 482 页。

⑨ 海德格尔，《海德格尔选集》，第 167 页。

⑩ 载于《在通向语言的途中》，参见海德格尔，孙周兴译，《在通向语言的途中》，北京，商务印书馆，1997 年，第 96 页、第 107—108 页。

⑪ 海德格尔，孙周兴译，《哲学论稿——从本有而来》，北京：商务印书馆，2012 年，第 58 页，第 77 页，第 102 页，第 183 页，第 188 页，第 211 页，第 218 页，第 265—266 页，第 295 页，第 330—333 页，第 358 页，第 472 页，第 494 页。

思·舍勒一起开设的讲座"康德的图式论与存在的意义问题",1928年中旬在里加的赫尔德协会假期高校培训班中做了"关于康德与形而上学"的系列演讲,1928—1929年冬季学期的讨论课"现象学初级练习:康德《道德形而上学基础》"和"现象学高级练习:存在论原理与范畴问题",1930年暑季学期的讨论课"初级,康德《判断力批判》选讲",1931年暑季学期的讨论课"初级练习,康德《论形而上学的进步》",1931—1932年冬季学期的讨论课"关于康德'本真的形而上学'的练习(先验辩证法与《实践理性批判》)",1934年暑季学期的讨论课"初级练习,出自康德《纯粹理性批判》的精选部分",1936年暑季学期的讨论课"给中高级学生的练习:关于康德的《判断力批判》",1941年暑季学期的讨论课"初级练习,康德的《未来形而上学导论》",1942年暑季学期的讨论课"初级练习,康德的《论形而上学的进步》"。

由此可见,海德格尔的《康德书》乃至于他的康德解释并非他偶然的即兴之作,毋宁是内化于他的思想理路之中,且符合于他的哲思进路之内在必然性。在上述作品中,既有海德格尔专门解读和解释康德思想的作品,也有在处理其他哲学问题时偶或提及康德哲学的作品。其中既有他早期开设的讲座课程,也有他晚年开设的讨论课。海德格尔对康德思想的解读几乎贯穿了他的终生。根据海德格尔思想的变化,我们也可以将他对康德思想的解读作品相应地划分为三个不同时期。我们把他1925年的讲座课程"时间概念史导论"之前的时期界定为解读康德思想的第一个时期。在这一时期内,虽然从1919年开始,海德格尔逐渐走上了自己的哲学道路,但此时依然没能将康德思想纳入自己草创出的新的哲学的视野之内。当1925年开始准备"逻辑学:关于真理之追问"时,他开始用一种新的眼光即现象学的眼光去重新阅读和解释康德,此时也是他准备《存在与时间》的阶段。我们将从1925年开始直到30年代初这段时期,界定为海德格尔解读康德思想的第二阶段。我们将此阶段称为海德格尔解读康德的现象学阶段。接下来,海德格尔在30年代后思想发生了"转向",开始从"存在历史"的角度去追问存在意义,他也不再特别地强调自己的工作是"现象学的",与此相应,我们将这最后一个阶段称作海德格尔解读康德思想的第三阶段。值得注意的是,我们这种划分并不意味着在这三个阶段之间是截然分裂的,那不符合实情。在海德格尔那里,这三个阶段毋宁内在统一于他的存在追思之路。我们只是为了更方便地去呈现海德格尔的思想变化才做此区分。

在海德格尔对康德思想进行解读的这三个阶段中,《存在与时间》、达沃斯辩论以及康德书的构思和写作都发生在第二阶段，即他对康德哲学的现象学解读阶段。我们也对这一段时期的海德格尔的康德解释最感兴趣。

0.3 本研究的问题来源

那么，海德格尔在《存在与时间》的准备阶段为什么要在《逻辑学：关 于真理之追问》中去解读康德？在完成《存在与时间》之后又为什么要去解 释康德？即为什么海德格尔要对康德哲学进行现象学的解读和解释？这种解读与解释在他的思想发展过程中有着怎样的定位？起着怎样的作用？

0.3.1 海德格尔的康德解释在其思想中的位置

众所周知，与胡塞尔不同，海德格尔在他一生的思想历程中尤其看重对哲学史上一些比较重要的哲学作品进行解读，尤其看重与那些重要的哲学家进行对话。但海德格尔绝非哲学史家，他对以往的作品进行解读，目的绝非要如实、准确地传达出以往的作品及其作者的真实思想，毋宁要为自己的思想服务。在这种意义上，以往哲学作品的解读当然被纳入了他自己的思想轨道，臣服于他自己的哲思之路。这颇有些"六经注我"的味道。海德格尔本质上是位哲学家和思想家。他会按照自己的理解和领悟去阐释那些哲学家的哲学理论，其目的是期许能说出该哲学家欲说但尚未说出的思想。他对以往哲学家的哲学理论的阐释寻求的毋宁是"……思想者之间所要进行的一场思想对话……"，[①] 但这样做往往会破坏历史语文学的解释规则。然而，在海德格尔看来，若为思想计，不必墨守历史语文学的解释规则之成规。这是因为，即使他的解释原则与历史语文学的解释规则相比存在"错失"，但"从错失中，运思者学得更为恒久"。[②] 在这种意义上，他继承的是施莱尔马赫和狄尔泰等人的浪漫主义解释学的原则，而不是古典解释学的原则。

以 这 种 方 式 成 为 海 德 格 尔 的 对 话 对 象 和 解 释 对 象 的

---

① 海德格尔，《康德与形而上学疑难》，第二版序言。
② 同上。

哲学家有：亚里士多德①、柏拉图②、康德、谢林、黑格

---

① 标志着海德格尔真正地走上自己的生存—存在论哲学道路的是 1919 年在战时紧急学期
上开设的"哲学观念与世界观问题"。在这之后，海德格尔曾分别在 1921 年夏季学期
开设"关于亚里士多德《论灵魂》的现象学实验课程"（GA60）的研讨班；1921—1922
冬季学期开设讲座课程"对亚里士多德的现象学解释——现象学研究导论"（GA61）；
1922 年夏季学期开设讲座课程"对亚里士多德关于存在论和逻辑学的有关论文的现
象学解释"（GA62）；在 1922 年 10 月份，他向马堡大学哲学系提交的"那托普报告"
（Natorp–Bericht）（其全称是"对亚里士多德的现象学阐释——解释学处境的显示"，因
为其是为应聘马堡大学的副教授一职而提交给那托普的，所以学界简称其为"那托普
报告"，它第一次发表于《狄尔泰年鉴》第六卷上，目前也有孙周兴教授的译本）也是
对亚里士多德的解释著作；1922—1923 年冬季学期开设"对亚里士多德的现象学解释"
（GA62）（围绕《尼各马可伦理学》VI，《论动物》和《形而上学》VII）的研讨班；1923
年暑季学期开设讨论课"初级现象学练习：亚里士多德《尼各马可伦理学》"；1923—
1924 年冬季学期开设讨论课"高级现象学练习：亚里士多德《物理学》B"；1924 年夏
季学期开设"亚里士多德哲学的基本概念"的讲座课程（GA18）、开设了讨论课"高级
研究班：亚里士多德与经院哲学，托马斯的 De ente et essential(《论存在与本质》)，卡
耶坦的 De nominum analogia（《论名称的类比》)"，1924 年 12 月 1 日—8 日，在多地
做了以《根据亚里士多德的此在与真在而对〈尼各马可伦理学〉第 VI 卷的解释》的演
讲；在 1924—1925 年冬季学期中开设的有关柏拉图《智者篇》的课程中也用了相当大
的篇幅来探讨亚里士多德《尼各马可伦理学》中的内容；1927 年暑季学期开设了讨论
课"高级讨论班：亚里士多德存在论与黑格尔的逻辑学"；1928 年夏季学期开设讨论课
"关于亚里士多德《物理学》卷 III 的现象学练习"；1929 年夏季学期开设了高级讨论
班"与亚里士多德的 De anima（《论灵魂》)、De animalium motione（《论动物运动》）与
De animalium incessu（《论动物前进》）相关的生命的本质"；1931 年夏季学期开设讲座
课程"亚里士多德：《形而上学》第九卷第 1—3 章"（GA33）；1940 年第一个三分之一学
年开设讨论班"关于形而上学基本概念的工作共同体（亚里士多德，《物理学》B1)"；
1942—1943 年冬季学期开设讨论班"亚里士多德《形而上学》Q10 和 E4"；1944 年夏
季学期开设讨论班"高级练习：亚里士多德《形而上学》g 卷"；1951 年夏季学期开设讨
论班"阅读练习，亚里士多德《物理学》B1 和 g1—3"；1951—1952 年冬季学期开设讨
论班"亚里士多德 G 和《形而上学》q10"。除了这些比较集中的处理亚里士多德哲学的
讲座和研讨班，他还在很多其他的课程中提及亚里士多德，比如他 1927 年的课程"现
象学的基本问题"中就也有讨论亚里士多德哲学。

② 海德格尔曾经在 1924—1925 年冬季学期开设讲座课程"柏拉图的智者"（GA19）；
1930—1931 年冬季学期和萨德瓦尔特一起开设了高级讨论班"柏拉图的《巴门尼德》"，
并且这个讨论班延续到了 1931 年夏季学期；1931—1932 年冬季学期开设讲座课程"论
真理的本质——关于柏拉图的洞穴比喻和《泰阿泰德》篇"（GA34），同时，肇始于该
讲座课程，海德格尔后来写成了《柏拉图的真理学说》一文，该文曾在 1947 年与《关
于人道主义的书信》一道出版，后收录于《路标》中；1933 年夏季学期开设讨论班"关
于柏拉图的《斐德罗》，中级"。

尔①、尼采②以及巴门尼德和赫拉克利特等前苏格拉底时期的哲学家③。既然海德格尔解释过这么多哲学家的作品，为什么偏偏我们选取海德格尔的康德解释作为我们关注的重心和焦点呢？这主要是因为在我们看来，康德解读在海德格尔思想发展中占有特殊重要的地位和角色。我们这么说当然并不意味着海德格尔对其他哲学家的解释不重要，恰恰相反，与其他哲学家的对话在海德格尔的思想发展过程中亦占据相当重要的位置，比如，正是通过阅读 1907 年格略博神父赠送的布伦塔诺的博士论文——《论存在在亚里士多德那里的多重含义》、通过对亚里士多德哲学中的"存在"问题

---

① 海德格尔曾经在 1929 年夏季学期开设"德国的唯心论（费希特，黑格尔，谢林）与当代哲学问题"的讲座课程（GA28）；1930—1931 年冬季学期开设"黑格尔的精神现象学"的讲座课程（GA32）；1936 年夏季学期开设"谢林关于人类自由的本质"的讲座课程（GA42）；1941 年第一个三分之一学年开设"谢林：关于他对人的自由的本质的探讨的重新解释"的讲座课程（GA49）。海德格尔也曾开设过若干围绕黑格尔哲学的讨论班：1925—1926 年冬季学期的"高级讨论班：现象学练习（黑格尔《逻辑学》第一卷）"；1929 年夏季学期，与讲座课程"德国唯心论与当代哲学问题"配套的讨论课"与主讲座相关的唯心论语实在论初级练习（黑格尔《精神现象学》导言）"；1934 年夏季学期的"关于黑格尔的高级学习小组：耶拿时期的实在哲学（1805/1806）"；1934—1935 年冬季学期的"初级练习：黑格尔《论国家》"，"高级练习：继续黑格尔《精神现象学》"，这个讨论班一直延伸到 1935 年夏季学期；1942 年夏季学期的高级讨论"黑格尔的《精神现象学》"，在这一学期写了《黑格尔〈精神现象学〉导论解释》的文章，收于 GA68。这个讨论班一直延续到 1942—1943 年冬季学期，在冬季学期中，海德格尔做了《黑格尔的经验概念》的演讲，后收录于《林中路》；1943 年夏季学期开设了讨论班"高级练习：黑格尔《精神现象学》B，自我意识"；1955—1956 年冬季学期开设讨论班"黑格尔的逻辑学：本质学说"；1956—1957 年冬季学期开设讨论班"黑格尔的《逻辑学》（论开端）"；1958 年 3 月 20 日在普罗旺斯的"新学院"大厅做了《黑格尔与希腊人》的演讲，后又于 1958 年 7 月 26 日在海德堡科学院全体会议上做了同名演讲。首次出版于 1960 年伽达默尔的 60 寿辰纪念文集《新思想中希腊人的在场》，后收录于《路标》（1967）中。

② 1935 年之后，海德格尔多次以尼采作为自己的阐释主题，开设了一系列有关尼采的讲座课程。这些课程分别是：1936—1937 年冬季学期的"尼采：作为艺术的强力意志"（GA43）；1937 年夏季学期的"尼采在西方思想中的形而上学上的基本位置：相同者的永恒轮回"（GA44）；1938—1939 年冬季学期的"尼采的第二个不合时宜的考察"（GA46）；1939 年夏季学期的"尼采关于作为认识的强力意志的学说"（GA47）；1940 年第二个三分之一学年的"尼采：欧洲虚无主义"（GA48）

③ 1932 年夏季学期，海德格尔开设了讲座课程"西方哲学的开端：阿那克西曼德和巴门尼德"（GA35）；1942—1943 年冬季学期，他开设了讲座课程"巴门尼德"（GA54）；1943 年夏季学期开设了讲座课程"西方思想的开端：赫拉克利特"、1944 年夏季学期开设了讲座课程"逻辑学：赫拉克利特的逻各斯学说"（GA55）。

的关注才使得海德格尔走上日后追问"存在"的意义的哲学道路；正是早期通过对亚里士多德哲学的解释才使海德格尔发展出了"解释学处境"；正是通过对亚里士多德和柏拉图的解释才使得海德格尔赢获了对"真理"问题的新理解；正是通过对尼采的解释才使得海德格尔认真思考并面对现代西方世界的虚无主义的危机问题……

我们之所以挑选出他对康德的现象学解释，是因为它恰好事关如下两方面的重要问题：一是海德格尔对康德的现象学解释，一方面是接续《存在与时间》并完成它已然宣告的解构存在论历史的计划的重要组成部分，另一方面却也恰恰是因此工作而终结了他在《存在与时间》中已然宣告的通过对在存在论层次上（ontologisch）和存在者层次上（ontisch）均具有优先地位的此在（Dasein）的生存—存在论分析工作而探究存在的意义的思路。在 30 年代也就是海德格尔的思想发生了"转向"后，海德格尔不再将时间看作理解存在和存在的意义问题的超越的视野，也不再在自己的研究中特别声称自己的工作是"现象学的"，而转向去追问作为本有（Ereignis）的存有（Seyn）和存在之真理问题。与此相关的是，在解读康德的过程中，海德格尔的思想发生了变化，以 1929 年 7 月 24 日弗莱堡大学就职报告《什么是形而上学》（作于 1928 年，出版于 1929 年）和《论根据的本质》（作于 1928 年）为标志，海德格尔提出了对于形而上学具有根本提示性意义的"无"的存在可能性问题。与此同时，进一步地，在1930 年发表了《论真理的本质》的演讲之后，海德格尔的思想更是以此为标志发生了转向，由"海德格尔 I"转向了"海德格尔 II"，当然，正如晚年海德格尔在他本人回给理查森的信中所写的那样，在海德格尔 I 和海德格尔 II 之间并非是全然断裂的，相反毋宁"只有从在海德格尔 I 那里思出的东西出发才能最切近地通达在海德格尔 II 那里有待思的东西。但海德格尔 I 又只有包含在海德格尔 II 中，才能成为可能"。[1] 海德格尔对自己哲思道路的这种自我评价提示给我们的正如他自己所描述的，"道路，而非著作"（Wege,nicht Werke）[2]。无论是"海德格尔 I"还是"海德格尔 II"，揭示出来的都是对"存在"及存在的意义的追问，虽然追问方式不尽相同，但这二者之间并没有正确与错误、优越与低劣的区别，毋宁它们都是在走向揭示"存在"的意义的"林中路"（Holzwege）上。"林中有路。这些路

---

① 海德格尔著，王炜译、熊伟校，《给理查森的信》，载于孙周兴选编，《海德格尔选集》（下），上海：上海三联书店，1996 年，第 1278 页。

② Heidegger, *Fruehe Schriften*,Frankfurt am Main,Vittorio Klostermann,1978,S.437.

多半突然断绝在杳无人迹处。"① 但在这里,"海德格尔 I"和"海德格尔 II"之间并非是两条全然不同、毫无关联的道路,情况恰恰相反,在"海德格尔 I"所提示出的思路上遭遇了困难,那已经思索出的东西并未能真正地通达"存在"和"存在的意义",恰恰是这个已经思索出的内容自身的困难逼迫海德格尔走向"海德格尔 II",走向"海德格尔 II"的哲思内容和哲思之路。而反过来,"海德格尔 II"毋宁说要比"海德格尔 I"更为源始,在某种意义上说,"海德格尔 I"要在"海德格尔 II"之中寻找自己的源头,唯有这样,"海德格尔 I"的思路"才能成为可能"。由此可见,在海德格尔的前期思想和后期思想之间的差别并非如其表面上所昭示出的那么大,二者之间也并不是全然断裂甚至决然不同的两种思考路径。如果没有"海德格尔 I"的话,那么"海德格尔 II"将是无从着手、无法通达的。"在关于转向的思中,《存在与时间》的提问却以一种决定性的方式得到了完善和补充(er-gaenzt)。"② 反之,有了"海德格尔 II"之后也不意味着就可以不要"海德格尔 I",也不意味着"海德格尔 I"是错的。在海德格尔 1957年的《存在与时间》的第七未修订版的序言中他自己写下了这样的一句话:"如果说询问存在的问题触动了我们的此在,那么,甚至在今天,这条道路也仍是必需的。"③ 因此,"海德格尔 I"和"海德格尔 II"是一个整体,唯有将"海德格尔 I"和"海德格尔 II"同时纳入视野,才会从整体上把握海德格尔运思之路的全貌,才能让视野中的"海德格尔 I"与"海德格尔 II"互为补充。"唯有统观全体的人才能补充。"④

那么,"海德格尔 I"的思路是怎样的?它发生了何种困难?又和我们关注的他的康德解释有何关系?这些问题就构成了本研究的问题来源。也是本研究的立足点和选题的原因所在。

0.3.2 形而上学、基始存在论与存在论题

众所周知,海德格尔终其一生都在追索的是"存在"和"存在的意义"问题。尽管按他切入这个问题的具体路径的不同可以区分出"海德格尔 I"和"海德格尔 II",然而正如我们上文所说的,在他的前后期思想之间并非是全然断裂的、毋宁是内在统一的。"存在"(Sein)问题是形而上学的

---

① 海德格尔著,孙周兴译,《林中路》,上海:上海译文出版社,2004 年,卷首页。
② 海德格尔著,王炜译、熊伟校,《给理查森的信》,载于孙周兴选编,《海德格尔选集》(下),第 1277 页。
③ 孙周兴选编,《海德格尔选集》(下),第 1277 页。
④ 同上,第 1277 页。

根本问题，而形而上学问题又是西方哲学的根本问题。在西方哲学的传统中，在宽泛的意义上来说，"形而上学"（Metaphysics）的意义大体上是可以等同于"本体论"（Ontology）[①] 的意义的。但如果再进一步作出区分的话，Metaphysics 处理的对象则要比 Ontology 处理的对象要更多一些。

概而言之，Metaphysics 肇始于巴门尼德对 τὸ ὄν 的追问，而成熟于亚里士多德哲学之中。但事实上，Metaphysics 这个词本身并不是亚里士多德的发明，它来自于公元 1 世纪、亚里士多德手稿的整理者安德罗尼柯（Andronicus of Rhodes）[②]。其希腊原文 τὰ μετὰ τὰ φυσίκα 字面意本来是指"那些物理学之后的卷章"之意，但安德罗尼柯在编辑亚里士多德的著作时将那些叫作 τὰ μετὰ τὰ φυσίκα 的篇章放在《物理学》之后

---

① 对于 ontology（Ontologie）的汉译，通常有"本体论"和"存在论"两种，当然最近也有一些学者比如孙周兴教授将其翻译成"存在学"。但是为了尽可能地避免混淆和误解，对于通行的译名，在没有存在根本性的谬误或者不至于影响汉语读者对该词的理解的前提下，本文将采取约定俗 成的原则尽可能地采用汉语学界通行的译名。关于 ontology，汉语学界通常为了区分海德格尔对该词的用法和以往的哲学传统对该词的用法的差异而将传统哲学中的 ontology 翻译成"本体论"，将海德格尔处的 ontology 翻译成"存在论"，本文也将承接此种用法和理解。这种翻译的根据在于，海德格尔处的 ontology 是要恢复其作为一门对"存在"进行追问的学问的源初意义，但以往的 ontology 恰恰遗忘了存在本身，而变成了对某种存在者也就是"实体"的追问。不过需要我们注意的是，"本体论"这个译名并非完美的，它也是有问题的，正如张志伟教授指出的，这个译名很容易让汉语读 者望文生义，认为它是研究"本体"的学说。但实际上，在西方哲学史中，传统意义上的 ontology 是研究 substance 的学问，substance（实体）和 accident（偶性）是一对概念，二者对应的拉丁词分别是 *substantia* 和 *accidens*，而这两个拉丁词又可以追溯到古希腊语的 οὐσία 和 συμβεβηκός。但"本体"（*noumema*）这个概念在哲学上出现的时期则要晚得多，直到康德哲学中才作为专门的哲学术语出现，在康德的《纯粹理性批判》中，与 *noumena*（本体）相对应的概念是 *phenomena*（现象）。相关情况参见张志伟主编，《形而上学读本》，北京：中国人民大学出版社，2010 年，第 4 页；张志伟，《〈纯粹理性批判〉中的本体概念》，《中山大学学报》（社会科学版），2005 年 6 月，第 61—67 页。

② 公元前 323 年，亚历山大大帝去世，因为雅典广泛兴起的反马其顿的浪潮，作为亚历山大大帝老师的亚里士多德也受到牵连，于是他远走自己母亲的故乡卡尔塞斯，并不幸地在公元前 322 年去世。他去世后手稿交由亚里士多德在吕克昂学园的继承人同时也是他的图书馆继承人的特奥弗拉斯托斯（Theophrastos）保管，在他大约于公元前 285 年前后去世之后，这些文稿被交给了他的侄子奈琉斯（Neleus）保管，奈琉斯最后将这些手稿带到了位居于小亚细亚的斯凯帕西斯（Scepsis），之后这些文稿被埋在了一个地窖里，直到公元 1 世纪被发现后交由安德罗尼柯来加以整理。相关情况参见 Georgios Anagnostopoulos, "Aristotle's Worksandthe Development of His thought", 载于 *A Companion to Aristotle* (Blackwell Companion to Philosophy), edited by Georgios Anagnostopoulos, Blackwell Publishing Ltd, 2009, p.15. 汪子嵩、范明生、陈村富、姚介厚，《希腊哲学史 3》，北京：人民出版社，2003 年，第 31—32 页，第 39—40 页；赵敦华，《西方哲学通史——古代中世纪部分》，北京：北京大学出版社，1996 年，第 168 页；余纪元，《亚里士多德伦理学》，北京：中国人民大学出版社，2011 年，第 4 页。

并非偶意为之，毋宁是有其深刻的考虑在其中的：τὰ μετὰ τὰ φυσίκα 与 τὰ φυσίκα 之间并不是像柏拉图的"理念"（ἰδέα,εἶδος）和"现象"之间一样的分离关系，毋宁前者就寓于后者之中并在后者之中寻得问题意识和研究起点。亚里士多德哲学具有的"拯救现象"的特征就使得他的哲学一方面区别于柏拉图和巴门尼德，另一方面区别于赫拉克利特。

亚里士多德的哲思追求的是那真实的东西。而真实的东西在他看来是知识（ἐπιστήμη）。① 他将知识区分成三种：理论知识、实践知识和创制知识。其中理论知识的研究对象是那不变的东西，包括自然哲学、数学和第一哲学。他这方面的著作包括《物理学》、《论灵魂》、《论天》和《形而上学》等；实践知识的研究对象是那可变的与人类事务相关的东西，其内容主要包括伦理学、政治学和家政学，他这方面的著作有《尼各马可伦理学》、《欧台谟伦理学》、《大伦理学》和《政治学》等；而创制知识的研究对象则是与人类有关的技术性的实用性知识，其内容主要包括《修辞学》和《诗学》。此外，亚里士多德还有六卷研究逻辑学的著作，将其整合起来也就构成了《工具论》。这三种知识的地位和作用是不同的：理论知识因为其研究对象是确定不变的，因而这种知识是严格的、必然的知识；实践知识因为其研究对象和人相关，而人及人类事务变动不居，所以实践知识只是"大致如此的知识"② ；创制知识则是为了创造或制作某个东西或对象的，因此，无论是模仿性的创制知识还是实用性的创制知识，都具有某种实用性。

如上所述，亚里士多德对知识体系的划分是依照其知识的对象的不同所带来的该知识自身的确定性程度的差异而进行的。其中，"形而上学"归属于理论知识，亚里士多德也将其称作"第一哲学"。作为第一哲学的形而上学③，研究的内容就是"存在"（τὸ ὄν）。引导亚里士多德思考的主导问题是"存在是什么"或者说"作为存在者的存在者是什么"。而这个问题其实又可以区分为如下两个问题，即"什么存在"（τὸ τί ἐστίν）与"如何存在"（ὅτι ἐστίν）。然而，由于亚里士

---

① ἐπιστήμη 这个词既可以翻译成"科学"，也可以翻译成"知识"。

② 《尼各马可伦理学》1094b19 – 28、1104a3 – 10。Aristotle, *Nicomachean Ethics*, trans by Terence Irwin,second edition, Indianapolis: Hackett Publishing Company, 1999, pp.2 – 3, pp.19 – 20; 亚里士多德著，廖申白译，《尼各马可伦理学》，北京：商务印书馆，2010 年，第 7 页，第 38 页。

③ 我们在此需要注意，尽管亚里士多德那里的第一哲学是形而上学，因为他的第一哲学就是本体论（或存在论），从广义上来说就可以等同于形而上学，但严格地说，他的形而上学与他的本体论并不完全等同，因为在亚里士多德那里形而上学的内容也包括研究终极原因和第一原则的神学，因此内容要比本体论更为宽泛些。

多德认为存在不可定义，所以对存在的研究只能通过研究存在的存在方式来实现。他在《形而上学》第五卷中区分出了四种意义上的"存在"："作为范畴的存在"（τὸ ὂν τῶν κατηγοριῶν）亦即"作为自身的存在"（τὸ ὂν ἡ ὄν）、"作为偶性的存在"（τὸ ὂν κατὰ συμβεβηκός）、"作为真的存在"（τὸ ὂν ὡς ἀληθές）与"作为潜能与现实的存在"（τὸ ὂν δυνάμει-ἐνεργεία）。[①] 在这四种"存在"之中，真正值得研究和关注的是第一种"作为范畴的存在"和第四种"作为潜能与现实的存在"。这是因为"作为偶性的存在"由于其存在方式以这样或那样的方式要依赖于"作为自身的存在"，所以不是最真实的存在。而"作为真的存在"由于它只和命题的肯定与否定有关，因而是逻辑学的研究内容。"作为潜能与现实的存在"因为关涉到事物的生成和变化，所以更多地倾向于是《物理学》的研究内容。因此只有"作为自身的存在"才是形而上学真正的研究内容，他认为这种作为自身的存在的存在方式是范畴，"就本身而言者是指范畴类型所表示的那些；因为有多少种方式陈述，'存在'就有多少种意义"[②]。在亚里士多德看来，最基本的范畴有十个，其中有一个不依赖于其他九个范畴而相反其他九个范畴要依赖于它，它不述说任何其他范畴而相反可以被其他范畴述说，这个范畴最为根本也最为重要，它就是"实

① 《形而上学》1017a9 – 1017b10。Aristotle, *The complete Works of Aristotle*, editedby Jonathan Barnes, the revised Oxford translation, volume two, Princeton University Press, 1985, p.1606；亚里士多德著，苗力田译，《形而上学》，载于苗力田主编《亚里士多德全集》（第七卷），北京：中国人民大学出版社，1993年，第121—122页；亚里士多德，《形而上学》第五卷第7节，聂敏里译，载于张志伟主编，《形而上学读本》，第54—55页。然而，亚里士多德本人并没直接运用这样的表述，他在《形而上学》第五卷第七节中对这几个词的相应表述分别是，"存在一方面就偶性而言，一方面就自身而言"（1017a7）、"就本身而言者是指范畴类型所表示的那些"（1017a25）、"'存在'和'是'还表示真，而'不存在'表示不真而是假的，对于肯定和否定也是一样"（1017a31）、"'存在'还表示上述例子中有些是就潜能而言的，有些是现实而言的。"（1017b1~3）聂敏里译，载于张志伟主编，《形而上学读本》，第54—55页。

② 《形而上学》1017a25，聂敏里译，见张志伟主编，《形而上学读本》，55页。

体"(οὐσία)。① 这样，亚里士多德也就将追问 τὸ ὄν 的问题转化为了有关 οὐσία 的问题。οὐσία 这个词是从古希腊语中动词不定式 εἶναι 的现在分词的阴性形式 οὐσά 转化而来，而 ὄν 则是 εἶναι 的现在分词的中性形式。因此 οὐσία 和 τὸ ὄν 归根到底都和 εἶναι 有关。

这就是亚里士多德的第一哲学也就是他的形而上学的研究内容。因此他也时常将自己的第一哲学称为研究有关"τὸ ὄν ἧ ὄν"(being *qua* being)

① 关于 οὐσία，目前汉语学界主要有三种译名，其一为"本体"，其二为"实体"，其三为"本是"。第一种译法以汪子嵩先生为代表。参见汪子嵩，《亚里士多德关于本体的学说》，北京：人民出版社，1997 年。第二种译法是汉语学界的通常译法。第三种译法以余纪元先生为代表。参见余纪元，《亚里士多德论 on》，载于《哲学研究》1995 年第 4 期，第 63—73 页，亦见于宋继杰主编，《Being 与西方哲学传统》(上)，保定：河北大学出版社，2002 年，第 212—229 页。鉴于"本体"的译名有可能引起读者的误解和望文生义，而"本是"的译名又并非常见，"实体"的译名又广为流传，并且其并非彻底错译，所以本文采取约定俗成的原则依然采取"实体"的译名。但"实体"这一译名的确也有自身的缺陷，值得我们注意。亚里士多德处的 οὐσία 本意是用来研究什么存在与如何存在的问题。无论是他区分的第一实体还是第二实体都既不"实"，也没有可见的"体"，因此对译于作为真正的存在的 οὐσία 的确并非最好的选择。但这种缺憾也并非为汉语学界所独有，毋宁说对 οὐσία 的这种误解源远流长，在 οὐσία 拉丁化的过程中，主要有两个拉丁译名，即 *essentia* 和 *substantia*。余纪元教授指出，"拉丁文译者在译 οὐσία 这个词时，力图反映它与 'to be' 的衍生关系，便根据拉丁文阴性分词发明了 *essentia* 一词，昆蒂良、塞纳卡等人都是这样译的。波埃修斯在评注亚里士多德逻辑著作时，根据 οὐσία 的意思 (οὐσία 在逻辑中意思为主项或主体、载体)，以 *substantia* (站在下面) 一词译之，不过他在神学著作中仍用 'essentia' 翻译。但由于波埃修斯的逻辑注释在中世纪十分有影响，逐渐地，*substantia* 便成为 οὐσία 一词的主要译法。"见余纪元，《亚里士多德论 on》，载于宋继杰主编，《Being 与西方哲学传统》(上)，第 221 页。但从这两个拉丁译词来说，如果对二者进行比较，οὐσία 的意思其实更接近于 *essentia*，而非 *substantia*。这两个拉丁词在进一步现代化时就相应地变成了 essence 和 substance。然而，若严格来说，亚里士多德那里更接近于这个 *substantia* 的是 ὑποκείμενον，不过这两个词也有区别，前者的本意是"站在下面的东西"，而后者的本意是"躺在下面的东西"。ὑποκείμενον 在拉丁化的过程中变成了 *subiectum* (基础、基底)。*subiectum* 后来在近代哲学中逐渐演变成了 subject (主体)。此外，近代哲学中尤其是洛克意义上的 substance 与亚里士多德的 οὐσία 的含义也早已相去甚远。因此，将 οὐσία 翻译成"实体"也实非最佳选择。进一步而言，更值得我们注意的是，无论将 οὐσία 翻译成"本体"也好、"实体"也好，还是"本是"也好，海德格尔恐怕都难以认可，在他看来，在将 οὐσία 拉丁化为 essentia 和 substantia 的这个过程中已经存在了误译和缺失。而 substance (实体) 的译法更明显是近代哲学的产物，于是他将我们通常译作"实体"的 οὐσία 翻译成"在场"(das Anwesen)，而将通常被译作"主体"的 ὑποκείμενον 翻译成"已经呈放出来的东西"。参见海德格尔著，孙周兴译，《尼采》(下)，北京：商务印书馆，2002 年，第 1041 页；通过这种翻译，他就将在传统形而上学和认识论中已经被实体化和主体化了的 οὐσία 和 ὑποκείμενον 从其在哲学史上传承下来的含义中解放了出来，而力图恢复其在他看来的源始的、动态的含义。这一过程其实很好地展现了海德格尔的现象学方法中的解构这一环节。不过，如果我们观察一下西方哲学史的话，会发现一个很有意思的现象，那就是"实体"和"主体"到黑格尔那里又走向了合流，黑格尔更是在《精神现象学》中提出了"实体即主体"的思想。

的问题。由于这个问题所具有的独特的穷根究底性，因此也可以被认为是研究关于第一原则或有关终极原因（根据）的学问，这也就和亚里士多德的"神学"的研究内容关联在了一起。虽然亚里士多德的"神学"和基督教为上帝信仰进行辩护的神学并不相同，但因为其共有的终极性关怀而有关联起来的可能。于是，当进入到中世纪之后，形而上学的内容被进一步细化，C. 沃尔夫（Christian Wolff）对其加以总结，"把形而上学分成四部分：本体论（关于是或存在的一般理论）、理性神学（关于上帝）、理性心理学（关于灵魂）以及理性宇宙论（关于世界）。"① 这种对形而上学的划分也为康德所继承。

但事实上，Ontology 这个词并非自古就有，而是直到 17 世纪时才出现。"人们公认本体论（ontologia）一词是由 17 世纪德国经院哲学家郭克兰钮（R.Goclenues, 1547—1628 年）在《哲学辞典》（*Lexicon Philosopicum*, 1613, 第 16 页）中最早使用的，创造了这个概念作为形而上学的同义语。"② 郭克兰钮发明 ontology 这个词是用它来专指一门研究 τò ὄν（存在）的学问或学科（–logy）。尽管如此，不过事实上郭克兰钮可能并不是第一个专门使用 *ontologia* 这个词的人，"在一位不知名的作者 JacobLorhard(1561~1609)1606 年出版的 *Ogdoas Scholastica* 一书中，已经使用了 *ontologia*。"③ 由此，在一种宽泛的意义上来说，形而上学（Metaphysics）与本体论（Ontology）是同一的，但若从严格的意义上来说，后者包含在前者之中。

从宽泛的意义上来说，无论是形而上学问题，还是本体论问题，一言以蔽之就是在追问"存在"问题。而海德格尔的问题之所在也是这个存在问题。在海德格尔看来，传统形而上学和本体论虽然打着追问"存在"的名义运思，但是却遗忘了存在问题。而这也就是说，遗忘了形而上学是否可能的问题。

这个问题可以分解成两个方面，一方面是形而上学的内容问题，另一方面是探求形而上学问题的方法问题。形而上学的内容很简单，就是存在问题。但探求这个存在问题的方法却是可以变更的。采取不同的发问视角和研究方法就会探求到不同的内容。这是因为在这些不同的视角内部已经

---

① 尼古拉斯·布宁、余纪元编著，《西方哲学英汉对照辞典》，北京：人民出版社，2001 年，第 615 页，"形而上学"条目。

② Eisler Rudolf, *Worterbuch der philosophischen Begriffe*, Berlin1929.zweiter Band,S.344，转引自张志伟、冯俊、李秋零、欧阳谦，《西方哲学问题研究》，北京：中国人民大学出版社，1999 年，第 13 页。

③ 张志伟主编，《形而上学读本》，2010 年，第 4 页。

有一种视角上的"先行之取向"。海德格尔之所以说以往的哲学遗忘了存在问题，是因为以往的哲学都将存在变成了存在者而固化了存在，他们没能认识到在"存在"与"存在者"之间有着存在论差异。因而，以往的那些研究虽然名义上是在追问"存在"，但最后却都变成了对"存在者"的探究。所以，重新唤起存在问题一方面就是要针对存在本身进行发问，将"存在"的原本内容如其自身所是地纳入发问的问题域之中，并将它的内容和意义重新召唤出来，另一方面则需要提出与之相适应的方法。

这就要求：首先，重提存在和存在的意义问题并找到合适的发问角度。其次，找到探究存在问题的合适的方法，从而保证运用这种方法去探究"存在"问题时能如其所是地通达存在，能如其所是地把握存在并如其所是地将其传达出来。

在海德格尔看来，存在不等于存在者，不能对存在进行属加种差式的概念化定义，不能对其采取认识论式的研究方式，不能因为人们貌似都对存在有所领会、貌似都能对存在有所言说而就放弃了对存在的探究。否则，人们就会放任存在不经追问，貌似对"存在"具有真知而实际却一无所知。就会出现像柏拉图在《智者篇》中所指出的情况："当你们用到'是'或'存在'这样的词，显然你们早就很熟悉这些词的意思，不过，虽然我们也曾以为自己是懂得的，现在却感到困惑不安。"①

那么，海德格尔的思想与以往的哲学相比，具有哪些不同点呢？他追索存在问题的思路又有什么独到之处呢？海德格尔的前期代表作《存在与时间》的思路是这样的，"其初步目标则是对时间进行阐释，表明任何一种存在之理解都必须以时间为其视野。"②具体来说，他首先指出在"存在"与"存在者"之间有着"存在论差异"，存在不等于存在者。将对存在的追问当作对存在者的追问来思考和探究的话，其结果就是将存在变成了"实体"而遗忘了存在本身。继而指出在"存在论层次上"和"存在者层次上"对于理解"存在"及存在的意义问题具有优先地位的是此在，然后他通过对此在的生存—存在论分析清理出时间和时间性。一旦赢获了此目标之后，也就可以显示："一切存在论问题的中心提法都植根于正确看出了的和正确解说了的时间现象以及它如何植根于这种时间现象。"③当此目标达成之后，海德格尔再试图从时间（Zeit）和时间性 (zeitlichkeit) 出发重新对存在进行解说和界定。这种解说和界定被海德格尔称为"时间状

---

① 海德格尔，《存在与时间》（修订译本），第1页。
② 同上，第1页。
③ 同上，第22页。

态上的"（temporal）规定。"我们从时间出发来规定存在的源始意义或存在的诸性质与诸样式的源始意义，我们就把这些规定称为时间状态上的（temporal）规定。"① 当把这种时间状态上的规定清理清楚之后，存在的意义自然也就得到了彰显，至少为它的彰显提供出了一个基地或者说清理出了一个场域。

0.3.3 海德格尔的现象学的解释学与存在论历史的解构

但是，事情到此并未结束，海德格尔接下来要以此为工具去"解构"（Destrucktion）② 存在论的历史。他的这一想法有着深刻的思想依据。我们

---

① 同上，第22页。

② Destruktion 这个词，王庆节教授在他的译著《康德与形而上学疑难》中将其翻译成"拆建"，这是很有道理的。因为海德格尔在运用 Destrucktion 这个词的时候，并非像后现代主义的解构主义者们那般只强调它的破坏性的一面。海德格尔在使用它时同时要强调建设性的一面，即要将既往的哲学概念和哲学体系打破之后，把被它们固化了的东西松动、释放出来，让它们从其源头处重新涌动、生长出来。但我们认为用"拆建"来翻译 Destrucktion 尚有一些不太确切之处。理由如下：1. 海德格尔在《现象学的基本问题》中明确地说现象学的方法有三重环节：现象学还原，现象学建构和现象学的 Destruktion，他认为这三个环节是彼此相互贯通，你中有我，我中有你的，它们之间在实行时并不像某种机械程序那般前后相继的运行关系，而是同时进行的，在还原中有 Destruktion，同时在 Destruktion 的时候有建构。在这种意义上，"拆建"用来形容作为这三重环节所组成的整体的现象学方法似乎更为确切些。如果用这个词来只对应 Destruktion 这个环节则有可能让人们误解现象学的 Destruktion 与现象学的其他两重环节的关系。2. 另外，"拆建"这个词也有可能会让人们对海德格尔解读康德的意图产生误解。因为这里面的"建"总是和"拆"对应的，他要拆的是以往哲学中的理论体系，概念化的表达方式和话语方式。但与此同时，他并没有要"建"出来另一种规范性的、体系性的、理论化的存在论。在某种意义上，他要做的就是要敞露存在论的源头，然后试图描述和展示从这个源头中能如其所是地生发出来什么样的东西。事实上，在海德格尔看来，哲学和思想是历史性的，而不是体系性的。3. 如果跳出《康德书》的视野，而从海德格尔哲学的整体来看，尤其是从他的早期思想来看，把 Destruktion 这个词翻译成"拆建"也有不太确切之处。Destruktion 这个词在他的哲学中很早就出现了。譬如他在 1919—1921 年间写成的《评卡尔·雅斯贝尔斯〈世界观的心理学〉》中就多次出现过这个词。而且这个词在这篇书评中占有重要地位，Destruktion 的方法是他早期弗莱堡讲座中（1919—1923）取得哲学突破的重要因素之一。见海德格尔，《评卡尔·雅斯贝尔斯〈世界观的心理学〉》，载于海德格尔著，孙周兴译，《路标》，商务印书馆，2011 年，第 6 页，第 40 页。当海德格尔在早期弗莱堡讲座时期中（包括对雅斯贝尔斯《世界观的心理学》的书评）运用 Destruktion 的时候，他的本意是说要把以往的理论体系、概念体系及其背后的思维方式打破，从而把被它们板结了、固化了、去生命化了的源始生命体验重新释放出来。在《存在与时间》他也坚持这样的看法，"我们把这个任务了解为：以存在问题为线索，把古代存在论传下来的内容解构成一些原始经验——那些最初的、以后一直起着主导作用的存在规定就是从这些源始经验获得的。"见海德格尔，《存在与时间》（修订译本），第 26 页。所以如果我们从海德格尔哲学的整体来看，把 Destruktion 翻译成"解构"要更为合适些。

不妨从海德格尔与胡塞尔的哲学观的差别入手去理解这个问题。海德格尔与胡塞尔的区别在于，胡塞尔要建立"作为严格科学的哲学"（*Philosophie als strenge Wissenschaft*）①，而海德格尔却要建立"作为源初科学的哲学"（*Philosophie als Urwissenschaft*）②。*strenge Wissenschaft* 与 *Urwissenschaft* 之间的共同点都是要"回到事情本身"（zu den Sachen selbst）③，都是要回到哲学的"源头"并对该源头进行清理，从而为建立一种科学的哲学提供坚实可信的基础，这样，在 19 世纪末 20 世纪初德国哲学界中盛行的自然主义、心理主义和历史主义就成了二者共同的敌人。

　　胡塞尔的兴趣之所在是建立一门"严格科学的哲学"，要想建立一门科学的哲学，就要能够做到在基础、方法和主导问题上都获得科学性。于是，胡塞尔通过现象学还原的方式将有关哲学的一切既得之见都"悬搁"掉，直到获得"起源的明晰性"。这种明晰性意味着"彻底的无前提性"，当对"起源"的澄清与说明达到了无需借助其他观念、思想等手段为中介而能直接向人们的意识显现出来，达到这样的状态也就获得了起源的无前提性和"明晰性"。为了获得这种明晰性，需要被悬搁掉的内容有：首先，所有私人的观点、立场和看法亦即个人的各种世界观；其次，我们既有的理论以及从传统中流传下来的种种理论，这是因为"我们不接受任何现有的东西，不承认任何传统的东西为开端④；最后，我们关于世界的"自然态度"。通过这样的现象学还原，胡塞尔最终把他的哲学的起点或者说基点置放在了直观上，但这种直观并非是感性直观，而是范畴直观，即本质直观，在某种意义上也可以算是一种理智直观。但这种直观直观到了什么内容呢？答案就在于意识的意向性活动提供出来的意识经验。而其又包括

① *Philosophie als strenge Wissenschaft(Philosophy as a rigorous science)* 即"作为严格科学的哲学"是胡塞尔在发表于 1911 年的《哲学作为严格的科学》中提出的思想。由于他的这篇文章是应李凯尔特之邀为《逻各斯》杂志所撰写的，发表于《逻各斯》杂志的第一期上。因此，胡塞尔的这篇文章又被称为"逻各斯论文"。

② *Philosophie als Urwissenschaft (Philosophy as original science)* 即"作为源初科学的哲学"这一思想是海德格尔在于 1919 年的战时补救学期所开设的课程"哲学观念与世界观问题"中所提出的思想。见 Heidegger, *Towards the Definition of Philosophy*, trans by Ted Sadler, The Athlone Press, London and New Brunswick, NJ, 2000, p.53.

③ 在某种意义上，胡塞尔的这句作为现象学标志性口号的"回到事情本身"是针对新康德主义者李普曼在《康德及其模仿者》中所提出的"回到康德去"的口号而提出来的。在胡塞尔看来，面对复兴的各种哲学思潮，诸如新黑格尔主义、实证主义、马克思主义、克尔凯郭尔的生存主义等等时只回到康德去是不够的，真正要紧的是要能够回到事情本身。在某种意义上，这种想法与苏格拉底的"自知其无知"和笛卡尔的"我思故我在"（*Cogito ergo sum*）一样是一种真诚然而却有些激进的思想。

④ 胡塞尔，倪梁康译，《哲学作为严格的科学》，北京：商务印书馆，2002 年，第 69 页。

意向活动（noesis）和意向对象（noema）。

胡塞尔通过这种对意识的意向性的分析超越了传统认识论的主客二分的思维方式，而深入到了主客二分的思维方式未分化之前的意识经验的源始境域。在这个境域中，意识的各种经验被原初地给予，因为这种被给予性而获得明见性。与传统的认识论区分出认识主体和认识对象不同，胡塞尔处的意向对象在其被给予意识的过程中伴随有各种各样的被给予方式诸如感知、回忆、期待、相信、猜测等等。意向对象在向意识给出时总是伴有特定的意向体验（intentionales Erlebnis）。认识主体如何能超出自身而符合外在的客观对象的这类问题就被胡塞尔消解在了意识的意向性分析之中：在意识的意向性中，主体和客体是一体的，本质和现象也是一体的，本质不是与现象不同的、存在于其背后的东西，本质不是需要运用人的理智对现象进行抽象、辨识而从中概括出来的更深层次的或者是现象背后的东西，本质毋宁就存在于现象之中，二者是同一的；意识总是指向一个对象，没有无意识的对象，也没有无对象的意识。

胡塞尔通过现象学还原的方法将意识行为一步步地向根源处还原，直到直接向意识呈现的、无前提的、可凭借直观而直接把握到的意识的被给予性的层次和程度。他认为感知（感性感知）是最基础的意识行为，它可以为想象奠基，感知和想象二者共同构成了直观行为，而直观行为又为包括了图像意识和符号意识在内的非直观行为奠基。直观行为和非直观行为一起构成了表象性的客体化行为。而表象性的客体化行为为判断性的客体化行为奠基，二者又一起构成了客体化的意识行为，客体化的意识行为则为包括了像爱、恨这样的情绪性体验在内的非客体化的意识行为奠基。客体化的意识行为和非客体化的意识行为则构成了人类所有的意识行为类型。[①] 这样，胡塞尔的现象学就缔造了一个建立在意识的直观行为之基石部分的感知行为基础上的严格的奠基体系。与此同时胡塞尔也就建立了一个奠定在意识的意向性分析基础上的严格的体系哲学。

胡塞尔的这种体系哲学因其严格的奠基关系将历史和历史性排除在了自身之外。因此在德国哲学 19 世纪末 20 世纪初在"体系"与"历史"之

---

① 参见倪梁康，《胡塞尔现象学概念通释》，北京：三联书店，2007 年，第 502 页；海德格尔，孙周兴编译，《形式显示的现象学——海德格尔早期弗莱堡文选》，上海：同济大学出版社，2004 年，编者前言，第 6—7 页。

间的"方法论之争"①中偏向了前者。这不仅在他的描述现象学和先验现象学阶段如此，就算在他后来提出了发生现象学和生活世界现象学，情况依然如此，他仍然没有认真地将历史和历史性纳入自己的哲学之中。在这种意义上，他虽然后来写出了《几何学的起源》，表明他对历史问题有所思考，但是他这种对历史的思考依然停留在对意识的意向性分析的范围之内，只不过是将意识的意向性从横向意向拓展到了纵向意向，从横向的本质直观拓展到纵向的本质直观而已。胡塞尔后期对历史的思考和把握只是纵向的本质直观的结果，而与历史事实的丰富性、差异性和异质性没什么关系，相反，这些内容毋宁是要被悬搁掉的。他的"历史现象学的首要任务就是从既有的历史事实出发，对历史进行本质还原，解释出历史中的先天结构或意义基础，从而使历史传统变得可以理解"。②因此，即使是他晚期的历

① 这个所谓的"方法论之争"主要事关自然科学与精神科学或者说人文科学应该采取何种研究方法的问题。在德国，在黑格尔于1831年去世之后，形而上学的思辨方法走向了瓦解和终结，因此在19世纪中期以来，自然科学和实证科学不再采取思辨的方法从事科学研究，而采取了经验的、归纳的、实证的方法进行研究，取得了长足进步。与此形成鲜明对照的是，哲学却随着黑格尔宏大的思辨哲学体系的瓦解而走向了瓦解和崩溃，这种情况不仅在哲学中存在，在历史学、社会学、经济学、法学等人文科学或者说精神科学甚至是神学中也同样存在。于是，人文科学或者说精神科学就要在自然科学和实证科学面前为自己的独立性辩护，这种辩护主要围绕下面这个问题展开：人文科学与精神科学究竟是否有不同于自然科学与实证科学的研究方法。有一种观点认为，自然科学的经验的、归纳的和实证的方法同样适用于人文科学，以此观点指导下的人文科学应该建成为一种体系哲学，世纪末出现的马赫和阿芬那琉斯等人的实证主义和新康德主义马堡学派就是这种看法的典型代表，他们在哲学上的报复小得出奇。而与此针锋相对的另外一种观点认为，人文学科有自己独特的方法论，那就是对历史和历史理性的重视，人文学科的研究应该采取一种历史的方法。不过，这种意义上的历史精神却不再以黑格尔的思辨形而上学的面貌出现，毋宁是带有了经验、归纳性的特征。比如历史学中就出现了像尼布尔、兰克、德罗伊森和特洛尔奇为代表的批判的历史学研究，社会学领域中出现了以反实证主义精神从事社会学研究的马克思·韦伯，经济学领域中出现了德国以施莫勒为代表的历史经济学派，他们与以门格尔为首的奥地利经济学派形成了鲜明的对照。而在法学领域中盛行的则是以萨维尼为主导的历史法学派。在哲学领域中的典型代表就是狄尔泰和新康德主义西南学派。关于德国有关"方法论之争"的一般性介绍，参见：Andrew Barash, *Martin Heidegger and the Problem of Historical meaning*, revised and expanded edtion, New York: Fordham University Press, 2003, 第一章，"19世纪德国思想中历史意义问题的诞生"，pp.1–56. 关于德国历史主义（historicism）的兴起，参见（美）格奥尔格·G·伊格尔斯，彭刚、顾杭译，《德国的历史观》，南京：译林出版社，2006年；（德）弗里德里希·梅尼克，陆月宏译，《历史主义的兴起》，南京：译林出版社，2009年；（意）卡洛·安东尼，黄艳红译，《历史主义》，上海：格致出版社、上海人民出版社，2010年。有关德国历史经济学派的一般情况和基本观点以及奥地利经济学派和德国历史经济学派的争论，参见：（美）布鲁斯·考德威尔，冯克利译，《哈耶克评传》，北京：商务印书馆，2007年，第一卷，第17—119页。

② 朱刚，《理念、历史与交互意向性——试论胡塞尔的历史现象学》，载于《哲学研究》，2010年12期，第68页。

史现象学——如果有的话——也只是想获得在纷杂的历史事实和传统的传承之中的本质结构。他的历史现象学是"一种超出一切历史事实、一切历史环境、民族、时代、人类文明的先天科学"。[①]

而海德格尔则与胡塞尔不同，恰恰相反，他的哲学将历史和历史性组建进了自身之中。在他写于1962年的文章《给理查森的信》中，他甚至将对历史性的哲学意义的思考看作自己与胡塞尔现象学分道扬镳的关键所在，"在此期间，胡塞尔意义上的'现象学'逐渐形成了一套追随自笛卡尔、康德和费希特以来的规范的哲学立场。而这一立场与思的历史性却始终毫不相干。"[②]虽然海德格尔出身于新康德主义西南学派的哲学氛围之中，但他对历史和历史性的强调却与文德尔班和李凯尔特的文化—价值哲学关系不大，甚至后者更是在他1919年开设的讲座课程"现象学与先验价值哲学"中成为了他的批判对象。概括起来说，海德格尔对历史与历史性的强调，其思想来源主要有如下几个：天主教神学家亨利希·芬克、哲学家狄尔泰、李凯尔特（尽管李凯尔特的思想是作为他的批判对象而出现在他1919年之后的思想之中的）、历史学家兰克、德罗伊森和约克伯爵等人。海德格尔早在他1916年的教职入职测试讲座（test lecture）"历史科学中的时间概念"中就已经对历史有了自己的看法，只不过这种看法依然带有新康德主义的痕迹。他在该文中指出，历史科学与自然科学不同，后者之中的时间概念是一种量的时间概念，而前者之中的时间概念是一种质的时间。他的这种思想在1919年之后有所变化。

以1919年战时补救学期开设的讲座课程"哲学观念与世界观问题"为标志，海德格尔真正走上了自己的哲学道路，他的哲学追求建立的是"作为源初科学的哲学"，这样的哲学寻求把握人类源初的实际生命经验。因为这样的实际生命经验自身就已经是"历史的"，具有"历史性"，"生命现象按其本己的基本意义来看是'历史的'，本身只有'历史地'才可通达"[③]。所以，能把握这样的具有历史性特征的实际生命经验的哲学，就只能将历史性纳入自身之中。而且，更进一步地，"在哲学难题中的历史的东西（das Historische）源始地已然在此存在"[④]。据此，他对胡塞尔坚持的彻底的无前提性式的哲学"起源"进行了批评，"源始性

---

① *Husserliana*(胡塞尔全集)，VI，S.385. 转引自倪梁康，《历史现象学与历史主义》，《西北师大学报》（社会科学版），2008年7月刊（第45卷第4期），第7页。

② 海德格尔，《给理查森的信》，载于《海德格尔选集》，第1274页。

③ 海德格尔，《评卡尔·雅斯贝尔斯〈世界观的心理学〉》，孙周兴译，载于海德格尔，《路标》，第45页。

④ 海德格尔，《路标》，第42页。

（Urspruenglichkeit）之意义并非一个外在于历史的或者超越于历史的理念，不如说，此种意义显示在这样一回事情上，即：无前提性本身唯有在实际地以历史为取向的固有批判中才能被赢获。那种连续的为赢获其本身的关心之实行恰好构成了它本身。"① 但因为这样的具有历史性特征的源初的实际的生命经验自身就是非理论、非客观化的，是前理论前世界性的，因此对它的把握，不能靠黑格尔的思辨形而上学的方式，也不能像新康德主义那样将其还原到主体先天的认识结构与逻辑结构（马堡学派）或者先验价值哲学（弗莱堡学派）的方式来实现，更不能靠既有的历史科学的方式去实现。胡塞尔的现象学也并不足以完成这个任务，因为胡塞尔的兴趣是建立一种非历史性的体系哲学，于是，海德格尔就借助于狄尔泰的生命哲学和解释学对胡塞尔的现象学进行了改造，形成了他自己独特的解释学的现象学或者现象学的解释学。

鉴于海德格尔的上述思想，那么，在他看来，哲学、思想就是"历史的"、具有历史性。对于"存在"来说，也是如此，存在自身就有其历史并且它自身毋宁就是历史性的。

这样，对于《存在与时间》来说，当对此在进行生存—存在论分析并依此而赢获一种时间视野并运用该视野去清理存在的源始意义从而得到一种时间状态上的规定之后，问题并没有结束。因为哲学和存在对于海德格尔来说并不是体系性的，毋宁是历史性的："存在"问题及"存在的意义"有其历史，有其传统，尽管在海德格尔眼中既往的哲学史都已经遗忘了存在，但这也是一种存在的命运，这也是一种存在的历史。因此，为了获得源始而本真的存在的意义，海德格尔接下来还要依据因对此在的生存—存在论分析而赢获的时间状态为考察视角去解构传统哲学史上或者说存在论的历史中对"存在"的各种流俗的或者说非本真的理解，所谓的"解构"意思就是说打破既往的各种本体论理论的理论体系，将由这些以理论性、对象化姿态所凝固化了的源始的有关存在的理解和有关存在的经验解放出来。"这种解构任务相当于那种阐明，即对于哲学的基本经验从中源起的那些给出动机的源始情境的阐明。"② 海德格尔指出，要以一种"重演"（Wiederholung）的方式将这些源始经验以及那些源始情境承传下来。最终的目标在于重建形而上学，或者至少为重建形而上学奠基或者说开拓场域。但"重演"并不意味着让一切再从新发生并经历一遍，正如他自己所说，"在《存在与时间》第一页上有关'重演'（Wiederholen）的谈论是经

① 同上，第7页。
② 同上，第6页。

过审慎考虑的，重演并不意味着对永远相同的东西作一成不变的滚动，而是指：取得、带来、聚集那遮蔽于古老之中的东西。"①

依此思路，《存在与时间》计划写两部，第一部是"依时间性阐释此在，解说时间之为存在问题的超越的视野"②，我们可以将此条路看作是从此在到时间之路。第二部是"依时间状态问题为指导线索对存在论历史进行现象学解析"③，尽管他只列出了一个纲要，但显然纲要中罗列出的部分是《存在与时间》的题中应有之义。这条道路可以看作是从时间到存在之路。关于这两部的具体内容，海德格尔是这样设计的：

> 第一部分成三篇：
> 准备性的此在基础分析
> 此在与时间性
> 时间与存在
> 第二部同样分为三篇：
> 康德的图型说和时间学说——提出时间状态问题的先导
> 笛卡尔的"Cogito sum"（我思我在）的存在论基础以及"res cogitans"（思执）这一提法对中世纪存在论的继承
> 亚里士多德论时间——古代存在论的现象基础和界限的判别式④

然而，或许是由于外在的评定职称带来的时间压力，或者是由于他内在的思想困境，他的《存在与时间》并没能完成，或者至少没能按照他上面的这个计划设计的样子完成。海德格尔1927年夏季学期在马堡大学开设了"现象学的基本问题"的课程。在以讲稿为底本出版的《现象学之基本问题》（GA24）这本书的第一个脚注中他这样写道："这是《存在与时间》第一部第三篇的修订稿。"⑤而有关《存在与时间》的第二部，正如他在1957年为《存在与时间》的第七版写的序言中说的，"时隔四分之一个世纪，第二部分将不再续补，否则就必须把第一部重新写过"⑥，所以第二部分他一直没有写出来。

当然，可能也有人认为，海德格尔在《现象学之基本问题》中讨论康

---

① 海德格尔，《在通向语言的途中》，第107页。
② 海德格尔，《存在与时间》（修订译本），第46页。
③ 同上，第46页。
④ 同上，第47页。
⑤ 海德格尔，《现象学之基本问题》，第2页。
⑥ 海德格尔，《存在与时间》（修订译本），第5页。

德的部分、《对康德〈纯粹理性批判〉的现象学解释》和《康德书》加在一起实质上可以充当第二部分的第一篇，在《现象学之基本问题》中讨论的笛卡尔的部分可以充当第二部分中的第二篇，而他早期对亚里士多德的解释性著作外加 1931 年夏季学期的讲稿《亚里士多德：形而上学之第九章》（GA33）可以看作对亚里士多德的存在论的解构，因此海德格尔的《存在与时间》中宣告的计划实质上是完成了的。但这种看法有牵强附会之嫌。就拿《现象学之基本问题》来说，虽然海德格尔自称它是《存在与时间》第一部分第三篇的修订稿，但这本书恐怕还并不如《存在与时间》宣告的计划中估想的那样成熟，毋宁是在为这个计划的完成做一个思路上的准备。[①] 而他后来对康德的现象学解释也具有同样的特征，就更不要说对笛卡尔与亚里士多德的存在论进行解构了。进一步说，海德格尔在 1930 年代之后，对亚里士多德的关注相应弱化了，他对哲学史的解读重点也转向了尼采和前苏格拉底哲学。

0.3.4《存在与时间》与海德格尔对康德的现象学解释之间的解释学循环

然而，为何会出现这样的情况呢？

如果按照他自己的说法，可以将《现象学之基本问题》看作是《存在与时间》的第一部第三篇的修订稿的话，那就意味着，这部分内容尽管并未成熟，但思路是清理出来了，那么，按照计划，接下来的工作就要以时间状态为视角去解构康德的存在论了。事实上，他接下来也的确是这样做的，在 1927—1928 年第一学期他开设了"对康德《纯粹理性批判》的现象学解释"的课程，在 1929 年出版了《康德书》，因此，他的康德解读不仅在他以《存在与时间》中所开创的通过对此在的生存—存在论分析的道路去赢获时间与时间性，并在此基础上以时间状态为视角去解构传统本体论中的存在理解，从而力求解读出存在的源始意义这条思路上占据重要的地位，而且如果从历史发生学的角度来看，恰恰是他在对康德进行现象学解释之后，他的思想开始发生了变化，他终结了"海德格尔 I"的思路而在同时期开始转向"海德格尔 II"，因此，理解海德格尔对康德的现象学解释工作对于爬梳海德格尔的思想由"海德格尔 I"转向"海德格尔 II"就十分重要。

---

① 因为如果从《现象学之基本问题》的内容来看，严格地说，只有第二部分的第 20 节"时间性与时间状态"、第 21 节"时间状态与存在"和第 22 节"存在与存在者：存在论差异"才真正地是《存在与时间》中所计划的第一部分第三篇的内容，其余的内容则可以看作《存在与时间》的前史，即从哲学史上的诸种本体论中引出存在与时间的关系。

此外，理解海德格尔对康德的现象学解释对于理解海德格尔《存在与时间》的来源亦十分重要，正如我们在本导论第二部分中提到的，在1925年12月10日给雅斯贝尔斯的信中海德格尔说，"最好的地方是我最近开始真正地喜欢上康德了"①，在1926年12月26日给雅斯贝尔斯的信中海德格尔继续写道："当我在我的工作过程中思考我本来如何理解康德（即如何学会爱上康德）时，时下所谓的康德主义者全然敌视的东西完全与我无关。"② 并且，他在1925—1926年冬季学期开设的"逻辑学：关于真理之追问"中专门对康德哲学中的时间概念（先验感性论和先验图型）进行了解释，而这段时期恰巧是海德格尔准备和写作《存在与时间》的时期。最关键的是，在海德格尔自己看来，康德无疑算是自己的先驱："曾经向时间性这一度探索了一程的第一人与唯一一人，或者说，曾经让自己被现象本身所迫而走到这条道路上的第一人与唯一一人，是康德。"③ 在这种意义上，康德哲学又构成了海德格尔基始存在论④的思想来源。

对于解构康德思想的工作的必然性，海德格尔自己也有清楚的表述：

首先，在《康德与形而上学疑难》第一版序言中他这样写道，"对《纯粹理性批判》的这一阐释与最初拟写的《存在与时间》第二部分紧密相关。"⑤ 这种"紧密相关"的意思是说，他在《对康德〈纯粹理性批判〉的现象学解释》与《康德书》中所做的工作与《存在与时间》中计划的第二部分即解构存在论的历史——在这里尤其指解构康德的图型说与时间之间的关联——是内在相关的，然而二者并不能完全等同，并不能把后两者就看成是《存在与时间》中第二部分第一篇的替代品。因为"在《存在与时间》的第二部分中，本书研究的主题将在一个更为宽泛的提问基础上得到探讨。在那里，我们对《纯粹理性批判》将不会进行某种逐步展开的阐释，目前的这本书应当成为其准备性的补充"。⑥ 因此，在这种意义上，虽然他的《对康德〈纯粹理性批判〉的现象学解释》与《康德书》所要处理的问题及其内容应是《存在与时间》中宣告的计划的接续与有机组成部分，不

---

① *The Heidegger—Jaspers Correspondence (1920—1963)*, 2003,p.61.

② Ibid,p.73.

③ 海德格尔，《存在与时间》（修订译本），第27页。

④ 关于海德格尔的 Fundamentalontologie，汉语学界通译为"基础本体论"，但王庆节教授指出，海德格尔运用这个词不仅是用它来指一种未来可能的存在论的"基础"部分，同时它也是这种存在论的初始部分，因此改译为"基始存在论"，意为"基础初始"之意，本文认为这种理解是有道理的，因此本文选用此译名。参见海德格尔著，王庆节译，《康德与形而上学疑难》，1页脚注1。

⑤ 海德格尔，《康德与形而上学疑难》，第一版序言。

⑥ 同上，第一版序言。

过，就海德格尔而言，它们仍然只是一个准备和补充，我们不可以把它就等同于《存在与时间》中第二部分的第一篇。这说明，海德格尔在《对康德〈纯粹理性批判〉的现象学解释》与《康德书》中做的工作依然只是探索，他的思路尚未充分理清。

其次，海德格尔这一时期的康德解读不仅是为了完成《存在与时间》之中的未竟内容服务，同时更是为了他关注的主要问题即追问"存在"及"存在的意义"问题服务。在《康德书》的第四版序言中有这样的文字："仅仅通过《存在与时间》——这一点很快就清楚了——人们还没有进入真正的问题。"[1] 这句话到底是什么意思呢？这是因为《存在与时间》本意是通过重提存在问题而追问存在的意义，但实际上却只完成了计划中的三分之一，其主要工作在于通过对此在的生存—存在论分析而赢获一种时间和时间性视角，但这样的话，从他已经出版的《存在与时间》来看，就并没能达成自己的目的，因为他没能从"时间"走到"存在"。因此这本书毋宁叫作《此在与时间性》反倒显得更为恰切些。就他对时间和时间性的分析依赖于对此在的生存—存在论分析这种意义上来看，他的哲学有被误解为哲学人类学的可能。

因此，他出版《康德书》还有一个动因就是，澄清《存在与时间》中的思路，解释自己的哲学目标，为自己的哲学工作辩护。海德格尔明确指出，"到1929年，已经变得很清楚，人们误解了《存在与时间》中提出的存在问题。"[2] 这样，他便要通过《康德书》向自己的读者解释，《存在与时间》不是为了构建一种哲学人类学，毋宁是在追问存在论问题，要追问存在的意义并为一种可能的存在论奠基。这样，从澄清自己哲学的性质、目标和任务的角度也逼迫他必须接着《存在与时间》向前走。既然《存在与时间》完成了从存在到此在，从此在到时间的道路，那么接下来就要以《存在与时间》中已获得的视角为指导，从时间走向存在。而恰好在康德这里，他发现了将时间与存在勾连起来的可能。"在准备1927/1928冬季学期关于康德《纯粹理性批判》的课程时，我关注到有关图式化的那一章节，并在其中看出了在范畴问题，即在传统形而上学的存在问题与时间现象之间有一关联。"[3] 但其实，海德格尔这种说法偏向保守，因为在《存在与时间》中，他就曾明确地表述过图式化与时间及他的基始存在论之间存在内在相关性了。

---

① 同上，第四版序言，第1页。
② 同上，第四版序言，第2页。
③ 同上，第四版序言，第2页。

因此，鉴于上述说明，无论是他内在思想的发展要求还是为了澄清外界的误解的要求，都需要他转向康德并解构康德。在这个意义上，他才说："这样，从《存在与时间》开始的发问，作为前奏，就催生了所企求的康德阐释的出场。康德的文本成为一条避难出路，在康德那里，我寻觅我所提出的存在问题的代言人。"①

第三，正是因为他发现了康德有关图式化的那一章节中，给出了"传统形而上学在存在问题与时间现象之间"的关联，这种看法也和他在《逻辑学：关于真理之追问》中对康德的先验感性论和先验图式的研究工作相关，与他在《存在与时间》中对康德的论述是一脉相承的，即"康德是曾经向时间性这一度探索了一程的第一人与唯一一人"。② 因此，在这种意义上，从康德的时间理论向前再推进一步，也就走到了海德格尔的《存在与时间》的路上，之所以康德并没能做出如此工作，是因为他在这一步面前"退缩"了，而致使康德退却的理由在海德格尔看来有三：其一是因为"他一般地耽搁了存在问题"③，这也就是说，康德没有"先行对主体之主体性进行存在论分析"④，康德因为更关注知识何以可能的认识论问题而没能将主体从存在论层面上推展到此在。其二，康德虽然已经在先验感性论与先验图式的讨论中将时间与主体关联在一起，认为时间是先天感性直观形式和让范畴运用到经验之中、整合感性经验以及沟通感性经验和知性范畴的工具，但因为他没能在存在论上给予此在以优先性地位，因此就没能从对此在的生存—存在论分析的角度去追索时间，他对时间的理解依然处于一种流俗理解。"尽管康德已经把时间现象划归到主体方面，但他对时间的分析仍然以流传下来的对时间的流俗领会为准。"⑤ 这样，康德在他的哲学范围内就没能厘清"时间"与"我思"之间的关系。第三，因为上述两点，当康德站在超越论想象力面前时，就无法真正地领会超越论想象力及其生发的源始的时间的力量及其现象学意义，超越论想象力在他面前变成了一道"深渊"。面对这道"深渊"，康德有些困扰、有些不知所措。所以他不得不"退缩"了。这样他也就只能停留在生存—存在论的大门口而没能进一步向前取得现象学的突破。不过，在海德格尔看来，尽管康德最后没能完成这一突破，但他仍然向《存在与时间》中的时间性思想走了

---

① 同上，第四版序言，第 2 页。
② 海德格尔，《存在与时间》（修订译本），第 27 页。
③ 同上，第 28 页。
④ 同上，第 28 页。
⑤ 同上，第 28 页。

最近一程。因此，正如我们在前文中所点明的，恰恰在这种意义上，康德哲学又成为了《存在与时间》的先行者和领路人。恰恰以这种方式，海德格尔把康德哲学尤其是《纯粹理性批判》看作是《存在与时间》的"历史性导论"。海德格尔认为，通过这部"历史性导论"，能让人们更清楚地领会他的《存在与时间》的问题来源和思路来源，能让人们更清楚地了解他的《存在与时间》的内容和主旨，也就可以在一定程度上避免人们对他的哲学人类学式的误解。"本书作为'历史性'的导论会使得《存在与时间》第一部分中所处理的疑难索问更加清晰可见。"①

在这种意义上，海德格尔对康德的现象学解释尤其是《康德书》也就具有了双重性质，一方面是《存在与时间》的"历史性导论"，通过对《纯粹理性批判》的现象学解释而在主体和时间之间建立起关系，并通过对主体的现象学解释而将其转化为此在，进而引出此在的生存—存在论分析与时间性阐释。我们可以借用赫拉克利特的概念把此条路称为"向下的路"。另一方面它又是《存在与时间》中计划好了的解构存在论历史的一个有机环节。因为按照他在《存在与时间》第八节中的构思，当他通过对此在的生存—存在论分析得到了时间与时间性之后，又要以时间状态为视野去解构康德哲学，尤其是《纯粹理性批判》中的时间学说，从而走上从时间到存在的道路。我们可以将此条路称为"向上的路"。在这种意义上，在《存在与时间》与《康德书》之间就构成了一个解释学循环。

最后，海德格尔认为，康德的工作是要为存在论奠基，是要挖掘存在的意义，因此《康德书》把《纯粹理性批判》看作是一次"为形而上学奠基"的尝试。"所谓的形而上学问题，它说的是——存在问题"②，而不是一种认识论的工作。但是，如果按照《存在与时间》中宣告的计划，他这部分工作本应该是借助于对此在的生存—存在论分析所赢得的时间和时间性为视域，借助于时间状态为工具去解构康德的存在论，从而将存在的源始意义从康德的既有的理论体系中"解构"出来，进而得到源始的存在经验。但在《康德书》中却并未这样做，毋宁是按着《现象学之基本问题》中第一部分的思路继续运思，揭示康德的先验图式和先验想象力中所具有的时间性含义，进而从中运思出从康德哲学到《存在与时间》的道路，对康德哲学的解读在这里所起的作用是作为《存在与时间》的"历史性导论"的作用，因此，在他这里只有"向下的路"，而没有"向上的路"。但正如赫

---

① 海德格尔，《康德与形而上学疑难》，第一版序言。
② 同上，附录I，《〈康德书〉札记》，第238页。

拉克利特所说的，"向下的路和向上的路是同一条路。"① 在海德格尔这里，从康德哲学到他的基始存在论以及由他对此在的生存—存在论分析得到的时间性思想和时间理论回溯到康德《纯粹理性批判》中的时间学说其实也是同一条路。只是在他的"向下的路"和"向上的路"这两条思路之间构成了一种解释学循环，这种循环意味着一方面可以通过"向下的路"从康德的《纯粹理性批判》走到《存在与时间》之中的时间和时间性思想，从而表明在存在论之中，时间和存在之间向来有一种内在的关联，但这种关联却常常为人们忽略，从而人们就遗忘了存在的意义问题以及对这一问题的提问。同时，另一方面也就意味着，可以从《存在与时间》中的思路再返回头来走"向上的路"去阐明在康德哲学中时间与存在的关系，最终达到从基始存在论走到一般存在论的目的，即脱离开此在而揭示存在本身的意义的目的。如果按照解释学循环的本意来看，在这"向下的路"和"向上的路"的相互解释中，一定会展现出更多的内容、意义和对存在的领会。不过，为什么海德格尔做完这些工作后，没有能将"向上的路"走完？为什么没能按照《存在与时间》之中计划的那样继续去解构笛卡尔和亚里士多德的存在论，从而阐明存在的意义？为什么《康德书》作为《存在与时间》计划中的解构康德存在论的准备性作品却没能催生出更成熟的思路呢？而且，海德格尔在《康德书》发表完之后不久就在 1930 年以发布的《论真理的本质》的演讲为标志走上了"转向"之路。那么，海德格尔对康德哲学的现象学解释与他思想的这种"转向"有关系吗？与上述问题相关，海德格尔又是怎样以他的基始存在论为视野去对康德哲学，尤其是《纯粹理性批判》进行现象学解释的？他又是怎样通过这种现象学解释一步步解读出康德时间理论的存在论意义的？在这个过程中到底又发生了什么，从而导致他思路扭转？这些就是本研究关注的问题所在，也是本研究试图解决的问题。

---

① 赫拉克利特，残篇 60.ὁδὸς ἄνω κάτω μία καὶ ἡ αὐτή，如果按照古希腊原文来翻译的话，这句汉译并不准确。这个句子的主语是 ὁδὸς，也就是第一个单词，"路"，第二个词 ἄνω 和第三个词 κάτω 是副词，前者是"向上"（upward）的意思，后者是"向下"（downward）的意思。第四个词 μία 的意思是"一"。第五个词 καὶ 是连词"和"，"并且"的意思。最后的那两个词是强指代词，相当于"the same"。那么，如果完整地把这句话连在一起说就是"向上的路与向下的路是一条并且是同一条路"（The road upward and downward is the one and the same one）。

0.4 研究现状

关于海德格尔对康德的解读，国内外目前都有了一些很好的论述。为我们的研究提供了很好的基础。

对于海德格尔解读康德哲学的主要作品，靳希平教授在《海德格尔的康德解读初探》一文中以及 Daniel O. Dahlstrom 在《海德格尔在马堡的康德课程》一文中进行了介绍。这样，就使我们对海德格尔解读康德思想的文本概况有了大致的了解。对于这方面的信息，我们在本导论第二节中已经做了详细说明，在此不再赘述。

而就对海德格尔的康德解释的思想方面的解读而言，无疑从《康德书》问世的时候就已经开始了，譬如卡西尔和奥德布莱希特就曾经写过书评来批评海德格尔的《康德书》，海德格尔也曾经针对他们的书评写过回应文章。[①] 就海德格尔在世时围绕他的康德解读的批评与反批评来说，更多的是围绕如何正确地理解康德哲学——既包括如何正确地理解康德的文本也包括如何正确地领会康德哲学的本意——这个问题而展开的。指责海德格尔的康德解释的人认为他没有遵守正确的解释规则，因而有违康德哲学的本意，卡西尔甚至指责海德格尔"篡改"了康德的思想。勒维特也指责海德格尔的康德解释，他认为在海德格尔的康德解读那里，康德的意味太少了。[②] 我们认为，隐藏在这种争论背后的，与其说是思想观念和哲学观点的不同，倒不如说是不同的解释学原则之争。以卡西尔为首的一方相信文本的意图和作者的意图是同一的，并且存在一种客观的解释学原则，这种解释学原则具有可公度性。如果正确地遵循这种解释学原则及其程序和方法，可以准确地将作品意图和作者意图传达出来。但海德格尔却不同意这种看法，他继承的毋宁是浪漫主义解释学的传统，这种解释学原则认为文本意图并不能完全等同于作者的意图，真正的解释并不是对作者文本和作者意图的客观解释，毋宁是要透过对文本的解读传达出作者的未竟之言、展现出作者的真实意图，在这种浪漫主义的解释学传统中，对文本的解读甚至可以做到比原作者更好地理解原作者。在这种解释学原则的指引下对以往哲学家的哲学理论进行的解读，寻求的就不再是客观、如实、准确地理解原作者和原作品了，毋宁寻求的是思想者之间的思想对话。海德格尔

---

① 见海德格尔，《康德与形而上学疑难》，附录 V，第 297—303 页。

② 详情见 Martin Weatherston, *Heidegger's Interpretation of Kant: Categories, Imagination and Temporality*, Palgrave Macmillan, 2002, pp.1–2.

不仅在对康德哲学的现象学解释阶段有此看法，譬如，在《对〈纯粹理性批判〉的现象学解释》中，他这样说，"恰切地理解康德意味着比他自己更好地理解他。"① 甚至在思想发生"转向"后，他依然秉持这样的想法，比如，在《哲学论稿》中，他这样说，"……在一种对先验开抛及其统一性的更为原始的把握、对先验想象力的强调的方向上，使用针对康德的暴力。这种康德解释'在历史学上'当然是不正确的。但它却是历史性的，亦即是与将来思想的准备，而且只与这种准备相联系的，是本质性的，是一种对于某个完全不同的东西的历史性的指引。"② 同样，这种思想在他晚年也得到了贯彻，譬如在《康德书》的第四版导言中，他依然指出，即使他对康德思想的解读有破坏历史语文学的解释原则的嫌疑，但他却并不在乎这点，因为他更在乎的是思想者之间的思想对话。与思想之间的对话比起来，不遵守历史语文学原则并不是多大的原则性问题。

不过，我们的主要兴趣并不在考察海德格尔对康德的现象学解释是否曲解了康德哲学、是否篡改了康德的本意这类事情上，而在于考察海德格尔对康德的现象学解释究竟是怎样展开的以及这种解释在他的思想发展过程中，尤其是他思想的转向过程中究竟占有什么样的位置、起到什么样的作用这样的问题上。因此，在这种意义上，对于牟宗三先生在他的《智的直觉与中国哲学》中对海德格尔的康德解释的批判，对于我们来说就同样不是一个问题了。牟宗三先生的这本著作是目前我们在汉语学界能看到的，最早的一本对海德格尔的康德解释进行解读和批评的著作。但因为牟先生的主要工作还是在于通过解释康德哲学来回到中国哲学，去解决中国哲学尤其是道德哲学的问题，在这种意义上，牟先生寻求的毋宁也是思想家之间的对话。他对海德格尔的批评，尤其是对海德格尔时间性思想的批评，并没有充分领会海德格尔对康德的现象学解释的主旨和意图。③

针对海德格尔对康德哲学的现象学解释，孙周兴教授的文章《海德格

---

① Heidegger, *Phenomenological Interpretation of Kant's Critique of Pure Reason*, trans by Parvis Emad and Kenneth Maly, Bloomington & Indianapolis: Indiana University Press, 1997, p.2.

② 海德格尔，《哲学论稿——从本有而来》，第 265 页。

③ 关于牟宗三先生对海德格尔的康德解释的介绍与批评，参见牟宗三，《智的直觉与中国哲学》，北京：中国社会科学出版社，2008 年，第 21—113 页。关于对牟宗三先生批评的评价，参见倪梁康，《牟宗三与现象学》，《哲学研究》，2002 年第十期，第 42—48 页；毕游塞，《论牟宗三对海德格尔的康德解释的质疑》，潘兆云译，载于成中英、冯俊主编，《康德与中国哲学智慧》，中国人民大学国际中国哲学与比较哲学研究中心译，中国人民大学出版社，2009 年，第 180—201 页。

尔对康德哲学的存在学改造》①和叶秀山先生的文章《海德格尔如何推进康德哲学》②分别从不同角度研究了海德格尔对康德哲学的存在论解读。张祥龙教授在文章《海德格尔的〈康德书〉——"纯象"如何打开理解〈存在与时间〉之门》③和《海德格尔传》的第十一章中对《康德书》的基本情况，以及《康德书》与《存在与时间》之间的关系进行了研究，并指出前者在何种意义上构成了后者的"历史性导论"。Daniel O. Dahlstrom 在《海德格尔在马堡的康德课程》一文中不仅介绍了海德格尔在这些课程中究竟解读了康德哲学的哪些内容，并且对此做了一个基本勾画。靳希平教授的文章《海德格尔的康德解读初探》则进一步明确地对海德格尔在《逻辑学：关于真理之追问》中的康德解释进行了解说。

针对海德格尔与卡西尔的达沃斯论辩，孙冠臣在他的《海德格尔的康德解释研究》一书的第八章"卡西尔与海德格尔的达沃斯之辩"中对达沃斯论辩进行了研究，从海德格尔与卡西尔对康德解释的差异中引出海德格尔对康德的道德哲学特别是对自由的阐释，并对此进行了介绍与说明。弗里德曼教授在他的《分道而行：卡西尔、海德格尔与马尔库塞》一书中则不仅研究了卡西尔和海德格尔对康德解释的区别和差异，指出前者为在文化哲学视域内的康德解读，后者是生存—存在论意义上的康德解释，并指出了他们之间的这一分野对于 20 世纪英美分析哲学与欧陆哲学的分化与发展的进一步影响。Peter E. Gordon 在 *Continental Divide——Heidegger, Cassirer, Davos* 一书中围绕达沃斯论辩更为详尽地分析了海德格尔与卡西尔各自的思想取向以及彼此的差异。

进一步地，在我们上文提及的靳希平教授的文章《海德格尔的康德解读 初探》，围绕海德格尔 1925—1926 年冬季学期的讲座课程"逻辑学：关于真理之追问"（GA21）中所涉及的海德格尔对康德的现象学解释，尤其是对康德时间理论的解构进行了说明。靳希平教授的研究重点放在了海德格尔视域中的康德的图式论和感性化方面，他指出，海德格尔对图式之形成过程的感性化分成四个层次，分别是：1）经验对象的感性化，

① 孙周兴，《海德格尔对康德哲学的存在学改造》，原载于《南京大学学报》，1991 年第二期，后在修订后收录于《后哲学的哲学问题》。孙周兴，《后哲学的哲学问题》，北京：商务印书馆，2009 年，第 123—142 页。

② 见叶秀山，《海德格尔如何推进康德哲学》，《中国社会科学》，1999 年第三期，第 118—129 页。

③ 原载于湖北大学哲学研究所《德国哲学》编委会编，《德国哲学论文集》13 卷，1993 年，第 1—24 页。再版于张祥龙，《德国哲学、德国文化与中国哲理》，上海：上海外语教育出版社，2012 年，第 171—191 页。

2）经验概念的感性化，3）纯粹感性概念的感性化，4）纯粹知性概念的感性化。①Han-Pile 在《早期海德格尔对康德的篡用》（Early Heidegger's Appropriation of Kant）② 则研究了海德格尔对康德的解读与《存在与时间》之中的思路的关系。Frank Schalow 在《海德格尔晚期马堡阶段的康德式的图式》（The Kantian Schema of Heidegger's Late Marburg Period）③ 简要地研究了 1927—1928 年冬季学期海德格尔的讲座课程作品《对康德〈纯粹理性批判〉的现象学解释》中对康德图式论与想象力的现象学解读。除了这些论文之外，还有一些相关的论文，散布在各种学术期刊之中。在此就不再赘述。

关于海德格尔对康德的解释的进一步的、系统的研究，我们也可以看到一些相关的专著。在国内，孙冠臣博士于 2008 年出版了《海德格尔的康德解释研究》。这本书就海德格尔与新康德主义对康德的不同解释、海德格尔的《康德书》、海德格尔与卡西尔的达沃斯论辩、海德格尔后期的文章《康德的存在论题》中的基本思想进行了研究。他的这本书为那些想进一步全面研究海德格尔对康德的解释的人提供了很好的基础。就国外的情况来说，在笔者所能搜集到的资料范围内来看，相关的专著主要有以下几本：Charles M.Sherover 的《海德格尔、康德和时间》（*Heidegger,Kant,and Time*），Martin Weatherston 的《海德格尔的康德解释：范畴、想象力和时间性》，Frank Schalow 的《重温海德格尔——康德之间的对话：行动、思想和责任》（*The Renewal of the Heidegger—Kant Dialogue:Action,Thought and Responsibility*）。这些著作也都为我们的研究提供了很好的基础。

对于本研究来说，我们将把焦点主要集中于海德格尔在《康德书》中对康德哲学的解释。就他对康德哲学的这种解释是一种"现象学解释"而言，我们也将会把研究的目光进一步拓宽到海德格尔在 1925 年到 1930 年期间的思想，因此，我们的研究在以《康德书》为核心的同时，也会涉及他在这段时期中的其他作品，譬如《逻辑学：关于真理之追问》、《存在与时间》、《现象学的基本问题》、《对〈纯粹理性批判〉的现象学解释》以及《逻辑的形而上学基础》等等。

---

① 参见靳希平，《海德格尔的康德解读初探》，载于《德意志思想评论》（第一辑），第 45—60 页。

② B.Han-Pile, *Early Heidegger's Appropriation of Kant*, in *A Companion to Heidegger*, edited by Hubert L.Drefus and Mark A.Wrathall, Blackwell Publishing, 2005,pp.80–101.

③ Frank Schalow，*The Kantian Schema of Heidegger's Late Marburg Period*, in *Reading Heidegger from the Start: Essays in His Earliest Thought*, edited by Theodore Kisiel and John van Buren, State University of New York Press, 1994, pp.309–326.

既然海德格尔在这个阶段把自己对康德的解释称为现象学的，并且说"《纯粹理性批判》的方法的基本姿态……是现象学的方法"[1]，那么，我们的研究将有必要对此进行一番解说，何谓海德格尔的现象学？他的现象学方法又有什么样的独特之处？海德格尔又是怎样运用这种方法去解读康德哲学，尤其是他的《纯粹理性批判》中的时间学说的？我们前文曾经指出过海德格尔的现象学已经经历了解释学的转换，是一种解释学的现象学，那么，解释学的现象学究竟是什么意思？海德格尔的解释学的现象学与胡塞尔的现象学又有什么不同？这些问题将是我们在第一章中的研究内容。

　　借助于他的现象学的解释学或解释学的现象学，海德格尔将康德哲学，尤其是《纯粹理性批判》看作是一次为形而上学奠基的尝试。在这种意义上，在传统哲学眼中本来是认识论上的哥白尼革命，在海德格尔这里便变成了存在论上的革命。从而，问题便不再是对象怎样符合主体，而是存在者如何存在的问题。先天综合判断如何可能的问题便变成了存在论知识如何可能的问题。海德格尔指出，在康德哲学那里，之所以有感性和知性、直观和概念之分，主要原因在于人是有限的，人的这种有限性是在生存论层面上的结构的有限性。它在人与神的对比上体现得尤为鲜明。海德格尔指出，神是无限的，因此神的直观是无限的直观、源始的直观。神在自己的源始直观中明了并创生万物。而人是有限的，因此人的直观是有限性的直观、派生的直观，人在自己有限的直观中无法创生作为对象的存在者，因此，人的知识的形成有赖于与那事先便已存在了的存在者相遭遇，在这种遭遇中人才能让作为对象的存在者向人显现。因此，人的直观是一种对前来遭遇的存在者的领受性的直观，知性和概念的作用都仰仗于这种领受性的直观的发动。海德格尔认为，直观和知性是人类知识的二重元素。因此，纯粹直观和纯粹思维便是人类的纯粹知识的二重元素，它们具有本质上的统一性。纯粹直观有两种，即时间和空间，时间在这二者中又具有优先地位。

　　然而，进一步地，在感性和知性、纯粹直观和纯粹思维之间的沟通如何可能呢？海德格尔尤其注重康德《纯粹理性批判》的第一版。在这第一版中，康德指出，感性和知性的沟通之所以可能，是因为在二者之间还有第三种能力，即先验想象力。想象力一方面将感性直观接受的杂多带给知性范畴，另一方面将知性范畴带向感性杂多，从而形成经验现象，在这个过程中先验图型发挥了重要作用。海德格尔抓住了此点，他认为，当康德

<hr />

[1]　Heidegger, *Phenomenological Interpretation of Kant's Critique of Pure Reason*, trans by Parvis Emad and Kenneth Maly, Bloomington & Indianapolis, Indiana University Press, 1997, p.49.

走到这一步时，其实已经踏上了通往《存在与时间》的路了，并因此是向着他的基始存在论走得最近的一人。在海德格尔的现象学视角中，康德的超越论想象力是感性和知性共同的根柢，它形象（bilden）出了源初的时间。甚至可以说超越论想象力就是这种源初的时间。但海德格尔接下来指出，此时，超越论想象力及其产生的源初的时间就蕴含了巨大的力量，而这种力量是康德所陌生的。于是，超越论想象力在康德面前便制造了一道"深渊"，康德在这道深渊前"退缩"了。海德格尔指出，造成康德退缩的原因，除了超越论想象力和源初的时间让他惊扰不安之外，在康德那里还有一些根本性的、视角上的缺陷，这些缺陷让他无法向前突破而进入现象学的境域中。海德格尔指出，从现象学的角度看，康德哲学的视角缺陷有如下几点：1. 康德始终从笛卡尔哲学的立场上去思考"我"，把"我"领会为一种主体意义上的实体。因此就没能从"生存"的角度去领会"我"的存在方式。2. 康德忽略了世界现象。没有认识到人首先是生活于某个世界之中，人的存在是"在—世界—之中—存在"。因此便没能正确地领会到超越是向着"世界"的超越。3. 与前述两点相关，海德格尔认为，康德依然从近代哲学的立场上去理解时间，因此便把时间理解成是一种均匀流逝的、前后相继的线性时间，而没有认识到本真的时间是"绽出"的。因此，这就决定了康德无法正确地理解作为源初的时间的超越论的想象力。然而，在海德格尔看来，尽管康德在超越论想象力这道"深渊"面前退缩了，但在他的哲学中依然充分展示出了人类此在的有限性、超越性和时间性。因此，他始终是向着《存在与时间》走得最近的一人。因为只要从康德哲学那里向前推进一步，便会来到基始存在论和时间性思想的面前。也恰恰在这种意义上，海德格尔认为，康德的《纯粹理性批判》是《存在与时间》的"历史性的导论"。我们将在第二章和第三章中对这些思想进行研究。

然而，海德格尔之所以要去解构康德的《纯粹理性批判》，并不仅仅只是想把《纯粹理性批判》解读成《存在与时间》的"历史性导论"，虽然这也是他的一个目的，但他更主要的目的是为了完成《存在与时间》中已然宣告但尚未完成的计划——即对存在论的历史进行解构——而做些准备，他最终要完成《存在与时间》中的未竟思路。如果说得更明确一些的话，他最终其实要从时间走向存在。然而，他的这种准备工作却并未能催生出更成熟的作品。他在解读完康德哲学之后，思想悄悄地发生了转向。他不再走从存在到此在，再由此在到时间，最后由时间到存在的道路了，他毋宁要思得更为源始些，开始去追思作为存有的本有（Ereignis）和存有之真理。我们认为，他的这种转向和他对康德哲学的现象学解读密切相关，因为他在《康德书》中遇到了两项难题，一个是由作为超越的"让对象化"活动揭示出来的"虚无"（das Nichts）问题，另一个则是由作为超越论幻相所揭示出来的超越论的非真理的问题。对"无"和"超越论的非真理"的思索，把他带到了一个陌生的思想领地。随着对"无"和"超越论的非真理"的深入思考，海德格尔思想便发生了转向，从前期走向了后期。

就海德格尔在《康德书》中对康德哲学的解释最终都是为了走到作为超越论的想象力的源初的时间这里而言，他在《康德书》中对康德哲学的全部解释就都属于对康德的时间理论的广义解释。同时，鉴于他采取一种存在论的视野去解释康德哲学，在主体性、时间与存在之间建立起一种生存—存在论关联，而此在的基本建制是"在—世界—之中—存在"而言，海德格尔对康德时间学说的解读就从认识论推进到了生存—存在论，建构起了一种"在—世界—之中—存在"的时间。在这种意义上，本文取名为"'在—世界—之中—存在'的时间——海德格尔对康德时间学说的现象学解释研究"。

第 1 章　海德格尔的现象学方法与基始存在论视野中的康德哲学

在 1925 年到 1930 年这段时间内，海德格尔对康德哲学的解读一直秉持的是现象学的原则和方法。甚至他在 1927—1928 年冬季学期开设的讲座课程的标题就叫作"对康德《纯粹理性批判》的现象学解释"。显然，"现象学"在这里并不仅仅是一个形式化的名称，它代表了海德格尔实质性的思想倾向，即要对康德哲学进行一番现象学的解释。如果我们充分注意到海德格尔后期不再特别地声称他自己的哲学是现象学的，那么，海德格尔在这段时期主张的现象学方法就更值得我们留意。

在 20 世纪 20 年代，海德格尔开设了一系列研究和处理作为一门哲学和一种哲学方法的"现象学"的讲座课程。主要有：1919 年暑季学期的"现象学与先验价值哲学"（GA56/57），[①]1919—1920 年冬季学期的"现

---

① 关于 Transzendenz, transzendental 和 transzendent 这三个词的翻译问题，最近一些年在国内学界几乎引起了一场混乱，其混乱程度仅次于 Being 和 Ereignis 的翻译。这场争论主要发生在德国古典哲学研究者和现象学研究者之间。在德国古典哲学研究者看来，Transzendenz 应该被翻译成"超验"，transzendental 译成"先验的"，transzendent 则译成"超验的"。而在现象学研究者看来，Transzendenz 应该被翻译成"超越"，transzendental 翻译成"超越论的"，transentent 翻译成"超越的"。应该说，这两种译法在各自的领域范围内其实各有道理，但麻烦的地方在于，胡塞尔和海德格尔都很关注，甚至解释过康德哲学。此时，若涉及现象学对康德哲学的读解时究竟该选择什么译名 呢？本文认为，无论采取德国古典哲学的译法来统领现象学的译法还是用现象学的译法来统领古典 哲学的译法都是不合适的。因此，本文采取分而治之的原则，在谈到德国古典哲学的语境中时，会采取德国古典哲学界的通用译法，而在现象学的语境中，则采取现象学界的通用译法。相关讨论参 见：孙周兴，《超越·先验·超验——海德格尔与形而上学问题》，载于孙周兴、陈家琪主编，《德意志思想评论》（第一卷），上海：同济大学出版社，2003 年，第 82—101 页；倪梁康，《Transcendental: 含义与中译》，《南京大学学报》2004 年，第三期，第 72—77 页，《再次被误解的 transcendental—— 赵汀阳"先验论证"读后记》，《世界哲学》，2005 年，第五期，第 97—98 页，第 106 页；赵汀阳，《先验论证》，载于《世界哲学》2005 年，第三期，第 97—100 页，《再论先验论证》，《世界哲学》2006 年，第三期，第 99—102 页；邓晓芒，《康德的"先验"与"超验"之辩》，《同济大学学报》（社会科学版），2005 年，第五期，第 1—12 页；陆丁，《先验论证的逻辑分析》，《世界哲学》，2005 年，第四期，第 60—68 页；张浩军，《Transzendental:"先验的"抑或"超越论的"——基于康德与胡塞尔的思考》，《哲学动态》，2010 年，第十一期，第 78—83 页；王庆节，《"Transzendental"概念的三重定义与超越论现象学的康德批判——兼谈"transzendental"的汉语译名之争》，《世界哲学》，2012 年第四期，第 5—23 页。

象学的基本问题"（GA58），1920 年夏季学期的"直观与表达的现象学"（GA59），1920—1921 年冬季学期的"宗教现象学导论"（GA60），1921—1922 年冬季学期的"对亚里士多德的现象学解释：现象学研究导论"（GA61），1923—1924 年冬季学期的"现象学研究导论"（GA17），1925 年夏季学期的"时间概念史导论"（GA20），1927 年出版的《存在与时间》，1927 年夏季学期的"现象学之基本问题"（GA24）。

那么，海德格尔在这里说的现象学究竟是什么意思？与胡塞尔的现象学又有什么不同？他的现象学方法的独特性体现在哪里？他为什么要运用自己的现象学去解读康德哲学，特别是他的时间学说？对康德哲学进行现象学解释与他自己的哲学问题——追问存在的意义问题之间又有着怎样的一种内在关联？他又是怎样走到对康德哲学尤其是他的时间学说的现象学解释的？与海德格尔的基始存在论相关联，康德哲学在他看来有哪些创见，又有哪些缺陷？这些问题将是本文致力于解决的问题。

要澄清这些问题，我们不妨先从理解海德格尔的现象学方法开始。要完成这步工作我们又可以先从考察《存在与时间》中对"现象学"的界定来切入。

1.1 海德格尔的现象学方法

1.1.1 《存在与时间》中对"现象学"含义的说明

在《存在与时间》第七节中，海德格尔对"现象学"进行了解释。在他看来，现象学从本性上来说是一种"运动"，它要不断地去贯彻和执行自己的主旨，即"回到实事本身"。因此，现象学不能是一个特定的"流派"或"立场"。"从本质上来说，现象学并非只有作为一个哲学'流派'才是现实的。比现实性更高的是可能性。对现象学的领会唯在于把它作为可能性来把握。"[①]

海德格尔从构词法和词源学的角度对"现象学"（Phaenomenologie）这个词进行了说明。他通过构词法的分析把 Phaenomenologie 这个词拆解成了前后两个部分，即 Phenomenon 和 logos，继而又将这两个词的词源分别追述到了它们的古希腊语形式即 Φαινόμενον 和 λόγος。

---

① 海德格尔，《存在与时间》（修订译本），第 45 页。

就前者而言，它来源于古希腊动词 Φαίνεσθαι，是 Φαίνω 的中动态。Φαίνω 的基本意思是把……带到光亮处，或把……置于光明中，因此作为中动态动词 Φαίνεσθαι 的意思就是自己于光明中伸展出、展示出……的意思。在这个基础上，海德格尔指出，Φαινόμενον 的意思是"就其自身显示自身者，公开者"。[①] 但就显现而言，某物可以作为它自身所是的那样显现出来，也可以作为它自身所不是的那样显现出来，同时也可以作为自身虽不显现但却可以通过显现出来的东西而呈报出来。海德格尔指出，第一种是真正的显现，它显现出来的是现象（Phaenomen），它的现身方式是"显现"（sich zeigen）。第二种是褫夺的显现，它显现出来的是假像（Schein），它的现身方式是"显似"（scheinen）。第三种则是显现的变式，它显现出来的是显像（Erscheinung），它的现身方式是"显—像"（erscheinen）。海德格尔指出，只有第一种是最根本、最本真的，后两者是它的变式，并以各种方式奠基于它之中。前者是本真的现象概念，后两者是流俗的现象概念。但流俗的现象概念并不是需要被否定、被抛弃的，毋宁它提供了一个进入研究、进入解释学循环的入口。

就后者而言，它来源于古希腊名词 λόγος。在这个词之中，有各种各样看似彼此竞争而又相互纠缠的含义，诸如理性、判断、概念、根据等。但海德格尔指出，这些理解虽然没错，但却没能抓住 λόγος 的主导含义与源始含义——话语。作为话语的 λόγος 可以与 δηγοῦν 勾连起来，后者的基本意思是"把言谈之时'话题'所及的东西公开出来"[②]。这种公开具有一种展示结构，就是将……展示出来让人来看，从而它就是亚里士多德意义上的 ἀποφαίνεσθαι（有所展示）。海德格尔指出，λόγος 的这种展示、让……被看见，在自身之中就已经有了综合（σύνθεσις）的结构形式（Strukturform）。但这种综合并不是心理学意义上或认识论意义上的综合，即不是将表象连结在一起的综合，而是让某种东西在与其他东西并置的时候，让这种东西作为该东西本身被看见。正是在此意义上，某种东西在这种"让……被看见"之中，才有可能作为遮蔽状态或去蔽状态被看见，因此才有了真与假。海德格尔指出，真理本不是主体符合客体、认识符合对象意义上的真理，也不是作为一个命题是否成真意义上的真理，毋宁原本地是去除遮蔽，让某种东西素朴地展示出来、呈现出来的意思。古希腊的真理就是这种去除遮蔽意义上的真理。海德格尔进一步指出，在古希腊意义上，"'真'是 αἴσθησις（知觉）对某种东西的素朴的感性觉

---

① 同上，第34页。

② 同上，第38页。

知"①。同时，纯粹 νοεῖν（认识）也和这种意义上的 λόγος 相关，但在海德格尔这里，他将 νοεῖν 看作直观，而未取它通常的含义——认识。"纯粹 νοεῖν 则以素朴直观的方式觉知存在者之为存在者这种最简单的存在规定性。"② 这样，当 λόγος 本身意味着让某人去观看、去感知和觉知某种东西时，λόγος 也就有了"理性"的含义。进一步地，又因为 λόγος 一方面关涉到作为行为的 λέγειν（言说，展示），另一方面又关涉到作为 λέγειν 内容的 λεγόμενον（言谈所及的东西），就后者而言，海德格尔又将其界定为 ὑποκείμενον，他又对这个词进行了创造性的解读，不把它解读成"基质"，也不把它解读为"载体"，而是解读为"凡着眼于存在谈及存在者之际总已经现成摆在那里作为根据的东西"③。在这种意义上，λόγος 又有了"根据"（ratio）的含义。此外，作为 λόγος 在 λέγειν 中谈及的 λεγόμενον，就其总要在与其他的 λεγόμενον 的关系中才能得到清楚的展示而言，"λόγος 又具有关系与相关的含义。"④ 这样，海德格尔也就解释清楚了，为什么 λόγος 作为话语的含义在它的诸种意义中具有优先地位了。

当解释清楚了 Φαινόμενον 和 λόγος 的原始含义后，"现象学"的意义就很清楚了。如果用一个表达式来表述的话，"现象学"就是 λέγειν τὰ φαινόμενα（将现象展示出来），于是，现象学就意味着"让人从显现的东西本身那里如它从其本身所显现的那样来看它"。⑤

但这种对现象学的界定不过只是一种形式化的界定。我们在这种界定中尚看不出海德格尔与胡塞尔的现象学有什么实质性的不同。因为胡塞尔的现象学也主张"回到实事本身"（zu den Sachen selbst），也同样主张让某物如其自身所是的那样来显现。能体现出海德格尔与胡塞尔的现象学的区别的关键，需要在对现象和现象学的概念去形式化的过程中才能展现出来。海德格尔指出，对于现象学来说，要紧的是要让东西如其自身所是的那样显示出来，但在其显现的过程中却总有作为其所不是的东西显像出来的可能性，甚至有可能显似为"假象"。在后两种意义上，处于问题中心的东西的本来面貌也就被遮蔽了。但海德格尔指出，即使如此，在"显像"与"假象"之中也有"现象"作为依据。"现象学总是通达这种东西的方式，总是通过展示来规定这种东西的方式。"⑥ 海德格尔指出，这种作为现

① 同上，第 39 页。
② 同上，第 40 页。
③ 同上，第 40 页。
④ 同上，第 40 页。
⑤ 同上，第 41 页。
⑥ 同上，第 42 页。

象学的对象的东西就是"存在者的存在"。于是，海德格尔的现象学的现象概念便总是与存在者相关。"现象学的现象概念意指这样的显现者：存在者的存在和这种存在的意义、变式和衍化物。"① 在这种意义上，现象学就明确地等同于存在论，毋宁在海德格尔看来，现象学就是存在论，它唯有作为存在论才是可能的。而就存在论主要研究存在的意义，追问和探究这个问题要依赖在存在论层面上和存在者层面上具有双重优先地位的此在（Dasein）才为可能而言，现象学具体而微地就等同于基始存在论。

海德格尔明言，在基始存在论中，此在对自身的存在总是已经有所领会，有所解释的了。于是"从这种探索本身出发，结果就是现象学描述的方法论意义就是解释"②，这样，现象学自身也就包含了解释学，或者说解释学和现象学就是一体的。"此在的现象学就是解释学。"③ 问题到此也就清楚了，海德格尔在对"现象学"这个词去形式化的过程中，对它进行了实质性的改造：他明确地将现象学的现象界定为存在者的存在，因此，现象学就是要研究这种存在者的存在的存在论。但若就存在者之存在的意义早已经被人们遗忘了，而且不仅如此，人们甚至遗忘了对这种问题的提问，这样就带来了对问题和内容的双重遗忘。就此而言，首先就必须要重提存在问题。能在这方面有所作为的就是此在，因为此在在自身的生存中对存在有所领会、有所作为，这种对存在的领会和对存在的作为内在地就包含了对存在的解释在内。从而，海德格尔就从作为存在论的现象学出发得到了将解释学包含在自身之中的方法论。在这种意义上，现象学的也就是解释学的，解释学的也就是现象学的。这一切看似清楚，但却存在一个问题，为什么对现象学这个术语去形式化的过程中一定得到的是存在者的存在，而不是胡塞尔的意向性，不是他的意向对象或意向相关项？海德格尔凭什么断定作为现象学的现象的就是存在者的存在？从现象学作为"让人从显现的东西本身那里如它从其本身所显现的那样来看它"④，这个形式性的定义到作为研究存在者之存在的存在论，中间的这一个跳跃是如何发生的？海德格尔与胡塞尔的现象学之间的实质性差异又是怎样形成的？只有把这个问题解说清楚，我们才能明晰海德格尔的现象学到底意味着什么，才能清楚当他对康德哲学，尤其是对康德时间学说进行现象学的解读的时候，到底运用的是怎样的方法。为了解答这个问题，我们需要做一个"迂回"，

---

① 同上，第 42 页。
② 同上，第 44 页。
③ 同上，第 44 页。
④ 同上，第 41 页。

暂时返回到海德格尔早期弗莱堡讲座时期——这一时期是他哲学真正的发源地，恰恰是在早期弗莱堡讲座中，海德格尔赢得了哲学和方法论上的双重突破，进而走上了自己的道路。我们认为，他在早期弗莱堡讲座时期中的哲学突破主要体现在他重塑了哲学观，他认为哲学不应该是胡塞尔意义上的"作为严格科学的哲学"，而应该是"作为源初科学的哲学"。他在方法论上的突破则体现在，与他对哲学的重塑相应，他对现象学进行了解释学的改造，同时对解释学进行了现象学的改造。

1.1.2 海德格尔对现象学的解释学改造

一般看来，海德格尔思想在 30 年代发生了一次"转向"，据此可以区分出"海德格尔 I"和"海德格尔 II"，并且海德格尔本人也认可了这种区分。[①] 但根据 Kisiel 教授的研究，其实早在 1916—1919 年期间，海德格尔的思想就已经发生过一次转向了。在他看来，早期海德格尔的弗莱堡讲座[②] 是他哲学真正的突破期。[③] 在我们看来，这种看法是有道理的。海德格尔在早期弗莱堡讲座中的这种"突破"使他真正踏上了通往《存在与时间》的道路，他的哲学从此有了自己鲜明的特征，既不同于胡塞尔的现象学，也不同于狄尔泰的解释学，同时也有别于新康德主义弗莱堡学派的先验价值哲学。这种"突破"就在于他型塑了自己的哲学观并发展出了与之相符合的方法论。

在这一段时期，海德格尔试图重新界定哲学，即对哲学的研究内容和哲学的本性进行界定，同时发展出一种与前者相适合的研究方法。他的工作在于要发展出一种可以超越胡塞尔的体系性研究以及以狄尔泰、李凯尔特等人为代表的历史性研究但同时又能将双方的优点都保留下来的新的

---

① 关于"海德格尔 I"与"海德格尔 II"以及海德格尔本人对这种区分的态度和看法。参见海德格尔著，陈小文译，《我进入现象学之路》，载于《海德格尔选集》，第 1280—1288 页。

② 这里专指海德格尔在 1919—1923 年期间于弗莱堡大学任教的时期。他在这时期开设的讲座课程主要有："哲学观念与世界观问题"（战时补救学期，GA56/57），"现象学与先验价值哲学"（1919 年夏季学期，GA56/57），"现象学基本问题"（1919—1920 年冬季学期，GA58），"直观与表达的现象学"（1920 年夏季学期，GA59），"宗教现象学导论"（1920—1921 年冬季学期，GA60），"奥古斯丁与新柏拉图主义"（1921 年夏季学期，GA60），"对亚里士多德的现象学解释：现象学研究导论"（1921—1922 年冬季学期，GA61），"对亚里士多德的现象学解释：本体论与逻辑学"（1922 年夏季学期，GA62），"存在论：实际性的解释学"（1923 年夏季学期，GA63）。除此之外，他还开设了大量的讨论班（seminar）。

③ 参见 Theodore Kisiel, *The Genesis of Heidegger's Being and Time*, London: University of California Press, 1993, p.15, p.18, p.21。

思想方式：一方面是胡塞尔现象学对无前提性和明证性的"回到实事本身"（zu den Sachen selbst）的理论追求，另一方面是狄尔泰等人对生命和历史主题的研究以及对解释学方法的运用。但这个过程不是简单地拼凑工作，也就是说并不是简单地将现象学嫁接到解释学之上，或者简单地将解释学附加在现象学之上，毋宁要通过对哲学的本性、内容、方法和原则进行重新审视、界定和区划来实现。在此意义上，他认为哲学不应该是体系性的"作为严格科学的哲学"（*Philosophie als strenge Wissenschaft*）（胡塞尔）①，也不应该是一种先验价值哲学（新康德主义西南学派）或先验逻辑哲学（新康德主义马堡学派），同时也不能是世界观哲学（狄尔泰）。而应该是"作为源初科学的哲学"（*Philosophie als Urwissenschaft*）②。在海德格尔看来，这种观念不仅对于哲学本身的自我理解十分关键，而且对于正确地理解以往的各种哲学理念以及各种人文学科也同样重要。唯有从"作为源初科学的哲学"的观念出发，对前者的理解才有可能。"严格地说，如果没有哲学作为源初科学的观念的话，归属于哲学史中的东西以及在其他历史语境中的东西甚至不能被勾画出来。"③

如果要实现"作为源初科学的哲学"，就必须在两个方向上实现突破，一方面要重新赢得哲学本真的自我理解、赢得它真正的主题和内容，另一方面要发展出一种与其内容和本性相适合的方法。这一切之所以可能，秘密就在于历史性的引入。

要让哲学赢得自己真正的主题和内容，就需要获得对哲学真正的自我理解，而反过来只有哲学赢得了真正的自我理解，才能让哲学有可能把握住那真正重要之事。这就涉及哲学的"动因"（Motiv）问题了。在海德格尔看来，哲学首先是个动词，是哲思（philosophieren），而不应该是各种各样既定的知识体系以及由这些知识体系组成的知识汇编，也不应该被归结到各种事质联系（Sachzusammenhang）中。否则，就会错失哲学的本性。真正的哲学要从它立足于其中的核心现象赢得自己的起点，这种核心现象就是"历史性"。海德格尔指出，"历史性（das Historische）是核心现

---

① *Philosophie als strenge Wissenschaft* 即"作为严格科学的哲学"是胡塞尔 1911 年发表的《哲学作为严格的科学》中提出的思想。
② 关于"作为源初科学的哲学"（*Philosophie als Urwissenschaft*）的观念，海德格尔在《哲学观念与世界观问题》的第二节中进行了集中论述。参见 Martin Heidegger, *Towards the Definition of Philosophy*, trans by Ted Sadler ,The Athlone Press,2000，pp.11–23。
③ Ibid，p.18.

象"①,"历史性对于我们来说是这样一种现象,它应该能够开启通往哲学的自我理解的道路"②。

历史性之所以能成为哲学研究的起点,是和哲学的研究内容内在相关的,因为后者自身就是历史性的。哲学真正的研究内容既不应该是柏拉图的理念（ἰδέα）,也不应该是亚里士多德的"实体"（οὐσία）,既不应该是"先验意识"、"先验逻辑"或"先验价值",也不应该是各种各样纷繁杂陈的世界观,毋宁应该是"源初的实际的生命经验",哲学既要以实际的生命经验为研究内容,又要以其为动因,从中生发出来,进而达成自我理解。只有做到这一步,才能真正地理解哲学。海德格尔指出,"哲学的自我理解问题总是被轻视了。如果彻底地把握这个问题的话,就会发现,哲学从实际的生命经验中产生。在实际的生命经验之中,哲学回到实际的生命经验。实际的生命经验是基本的。"③因此,海德格尔不仅将实际的生命经验看作是哲学的研究内容,而且也将它看作是哲学自身的源发领域,哲学自身就从实际的生命经验中生发出来,并站立于实际的生命经验中就实际的生命经验本身进行哲思。

海德格尔的"实际的生命经验"与作为在 19 世纪末 20 世纪初兴起的生命哲学的研究对象的"生命"不同。生命哲学采取理论化、客观化的方式来研究生命,这种研究方式和致思取向总把生命当作一个已经客观化了的对象来研究,从而就截断了实际的生命经验之流,对生命经验本身进行了去生命化处理,未能把握住实际的生命经验的源发性、涌动性和生成性。同时,生命哲学也未能将自身的动因真正安置于生命自身之中。海德格尔之所以将哲学的研究内容定位为"实际的生命经验",是要向哲学的"起源"做更进一步的追溯和探究,这种理念来自于现象学对"无前提性"和"自明性"的追求。在海德格尔看来,哲学真正的"起源"或"源始

---

① Martin Heidegger, *Phaenomenologie des religioesen Lebens*, Vittobio Klostermannn Frankfurt am Main, 1995, S.34; Martin Heidegger, *The Phenomenology of Religious Life,* trans by Matthias Fritsch and Jennifer Anna Gosetti–Ferencei, Indiana University Press, 2004,p.22. 值得注意的是,海德格尔在早期弗莱堡讲座中并未像他后来在《存在与时间》中那样明确地区分 Historie 和 Geschichte,因此,在早期弗莱堡讲座中,就海德格尔对 Historische 和 Geschichtlichkeit 的使用都强调源始而本真的历史的意义上而言,我们都将其译作"历史性"。

② Martin Heidegger, *Phaenomenologie des religioesen Lebens*, S.31; Martin Heidegger, *The Phenomenology of Religious Life,* trans by Matthias Fritsch and Jennifer Anna Gosetti–Ferencei, p.24.

③ Martin Heidegger, *Phaenomenologie des religioesen Lebens*, 1995, S.8; Martin Heidegger, *The Phenomenology of Religious Life,*Indiana University Press,2004,pp.6–7.

第 1 章　海德格尔的现象学方法与基始存在论视野中的康德哲学 ｜ 63

性"不应是笛卡尔的"我思",也不应该是胡塞尔的意识的意向性。这两种哲学的源头依然具有近代认识论主客二分思维模式的痕迹,依然没能将历史性组建进自身之中,因而并非真正源始的。采取一种理论化、客观化的、体系化的方式无法真正把握住哲学的"动因"和"起源"。要真切地把握住二者必须历史性地领会哲学的起源。因为后者自身就是历史性的。海德格尔指出,"源始性(Urspruenglichkeit)之意义并非一个外在于历史的或者超越于历史的理念,不如说,此种意义显示在这样一类事情上,即:"无前提性本身唯有在实际地以历史为取向的固有批判中才能被赢获。"① 所以,哲学追寻的"源头"是历史性的。因此他才要建立"作为源初科学的哲学"。

那么,什么是"实际的生命经验"?海德格尔指出,"经验意味着:1.经验着的行为,2.通过这种行为经验到的内容"②,那么,"实际的"又是何意呢?又该怎样获得呢?他指出,"'实际的'的概念……唯有通过'历史性'概念才能被领会"。③ 那么,海德格尔在这里所说的"历史性"究竟是什么意思?它的独特之处是什么?为什么它会将海德格尔意义上的实际的生命经验与生命哲学对生命的思考区分开来?

与此相关,就涉及"作为源初科学的哲学"的研究方法问题。如果要对"实际的生命经验"这种现象进行研究,就需要对"现象"自身有正确的理解。现象包括三个环节:内涵意义(Gehaltssinn)——被经验到的内容、关联意义(Bezugssinn)——被经验到的内容是以何种方式被经验到的,以及实行意义(Vollzugssinn)——关联意义是被如何实行的。④ 海德格尔恰恰在这种实行意义上来使用"历史"和"历史性"。实际的生命经验的独特之处,就在于它的历史性不是一种客观意义上的历史,毋宁是一种实行历史,它就处在与实际的生命经验的内涵意义和关联意义的共属一体的结构之中。"实际的生命经验本身……它乃是一个根本上按其固有的实行方式看来'历史的'现象,而且首先并不是一个客观历史性的现象(我的生命被视为在当前中发生的生命),而是一个如此这般经验着自身的

---

① 海德格尔,《评卡尔·雅斯贝尔斯〈世界观的心理学〉》,孙周兴译,载于,《路标》,北京:商务印书馆,2000年,第7页。

② Martin Heidegger, *Phaenomenologie des religioesen Lebens*, 1995, S.9; Martin Heidegger, *The Phenomenology of Religious Life,* 2004,p.7.

③ Martin Heidegger,*Phaenomenologie des religioesen Lebens*,1995,S.9;Martin Heidegger,*The Phenomenology of Religious Life,* 2004, p.7.

④ 参见 Martin Heidegger, *Phaenomenologie des religioesen Lebens*, 1995, S.63; Martin Heidegger, *The Phenomenology of Religious Life,* 2004, p.43.

实行历史性的现象（vorzugsgeschichtliches Phaenomen）。"① 恰恰通过这种理解，海德格尔不仅将历史性与历史科学对历史的思索区分开了，而且也与狄尔泰的历史方法区分开了。并且，在海德格尔看来，狄尔泰恰恰因为没有在"实行历史"的意义上去理解历史，进而形成历史意识，才导致错失了源初的历史现象。②

海德格尔指出，实际的生命经验是源发的，是实行历史式的，因此不能用理论化、概念化、客观化的方式来把捉，否则，一旦当理论化的态度、方法和概念生效，那就截断了实际生命经验之流，将其变成了理论化反思和审视的客观对象，这样会造成生命本身的去生命化。如果要采取理论化、客观化的方式来研究实行历史性的实际的生命经验，就必然错失它。甚而只有在这样做的时候，才会有理论化、客观化的对象。前者是对后者的褫夺。"只有当历史性的自我从自身中走出来，进入了去生命化的过程中时，理论的东西才存在。一切理论的东西不可避免的条件；只有去生命化后，概念才出现。"③ 于是，因为李凯尔特的先验价值哲学、胡塞尔的现象学，以及那托普的先验逻辑所运用的概念、方法和态度都已经是理论化的，因此都不能真正地把捉并呈现源发的实际的生命经验。④ 他们都没有从实行历史的意义上看待实际的生命经验，从而把后者变成了理论化、客观化的对象，没能真正"回到实事本身"。

鉴于此，为了把握与展现源发的实际的生命经验，就必须找到一种前理论、前客观化的方法，在这个方向上，现象学"回到实事本身"的态度以及如其自身所是的那样去呈现事物的致思取向本来是一个理想的选择，但由于胡塞尔现象学采取理论化、客观化、概念化的方法去理解"实事"，从而可能截断实际的生命经验之流，使其去生命化，为了防止这一危险，海德格尔就必须要重塑现象学。如上文所述，真正的现象学不仅要

---

① 海德格尔，《评卡尔·雅斯贝尔斯〈世界观的心理学〉》，载于《路标》，第 37—38 页。

② 详情参见，Martin Heidegger, *Phaenomenologie des religioesen Lebens*, S.33; Martin Heidegger, *The Phenomenology of Religious Life,* trans by Matthias Fritsch and Jennifer Anna Gosetti-Ferencei, p.23.

③ Martin Heidegger, *Towards the Definition of Philosophy,* trans by Ted Sadler, The Athlone Press, 2000, pp.186–187; 海德格尔，《形式显示的现象学——海德格尔早期弗莱堡文选》，孙周兴译，上海：同济大学出版社，2004 年，第 18 页。

④ 关于海德格尔对李凯尔特的先验价值哲学的批判，参见 Martin Heidegger, *Towards the Definition of Philosophy*, p.81,pp.138–171；海德格尔对胡塞尔的现象学的批判延续了那托普对现象学的指责而向前推进，见 Martin Heidegger, *Towards the Definition of Philosophy*, p.85；关于海德格尔对那托普的批判，参见 Martin Heidegger, *Towards the Definition of Philosophy*, pp.90–92, Martin Heidegger, *Phenomenology of Intuition and Expression*, trans by Tracy Colony, Continuum International Publishing Group, 2000, pp.73–99.

保留回到实事本身的态度，以实行历史式的实际的生命经验本身作为自己的研究内容并将其展现出来，而且自身亦要以其为"动因"，从中生发出来。只有做到这些，现象学的态度才能得到真正的捍卫与维护。就后者而言，海德格尔指出，"现象学的基本态度惟有作为生命本身的生活态度才能达到。"① 就前者而言，现象学要能够如其所是地将实行历史式的实际的生命经验展现出来，而不至于将其扭曲、毁坏乃至去生命化。在这种意义上，现象学在回到和展现实际的生命经验的过程中，就包含了对实际的生命经验的直观和理解在内，而对生命经验的直观和理解显然二者有着内在的关联，直观之中总是已经有了理解，理解也总是在直观中的理解。同时，对实际的生命经验的理解之中总是已经包含了对它的解释和体验在内，这毫无疑问是解释学的用武之地。所以，现象学和解释学其实就从源发的实际的生命经验的源头处而来并因为后者而具有了内在契合、勾连和相互改变、相互融通的可能。因此，海德格尔指出，"作为对体验的体验、对生命的理解，现象学的直观乃是解释学的直观。"②

于是，我们就看到了，正是基于实际的生命经验自身，从它作为哲学的动因、研究内容和传达方式这个基源出发，及由此而来的事先引导，使得海德格尔发展出了一种新型的哲学方法，它既非胡塞尔意义上的现象学，亦非狄尔泰意义上的解释学，更非简单得将现象学加诸解释学之上或将解释学加诸现象学之上，毋宁从其源头处就展现了一种源发性和内在的共属一体性。换个说法，恰恰是"自在生命的内在历史性"③ 使得同时既是现象学直观又是解释学直观的方法成为可能。也恰恰是在这种意义上，他既对胡塞尔的现象学做了解释学的转换，也对狄尔泰的解释学进行了现象学的转换。一种真正意义上的现象学，毋宁从其源头处就该是"现象学的解释

---

① 海德格尔，《形式显示的现象学——海德格尔早期弗莱堡文选》，第15页。
② 同上，第19页。
③ 同上，第19页。

学"①。

这样，我们就理解了，海德格尔其实在他早期弗莱堡讲座中就已经对现象学进行了重新理解和改造。一方面对现象学进行了解释学转换，另一方面对解释学进行了现象学转换。在他眼中，现象学毋宁就是"解释学的现象学"或者"现象学的解释学"。在他走向《存在与时间》的道路上，源初的实际的生命经验逐渐变成了此在，它的实际性便变成了此在的生存论规定。现象学研究的对象也逐渐地转化成了存在者的存在，在这里尤其指的是此在的生存。同时，正是在这种新赢获的哲学理念和方法论的指导下，在他走向《存在与时间》的道路上，也对胡塞尔的现象学进行了批判和清理。

1.1.3 现象学的解释学视域中的胡塞尔现象学

经过上一节的"迂回"，我们更好地展示了海德格尔在《存在与时间》中称现象学就是存在论，具体而微地就是要通过基始存在论来追究存在者的存在的因由了，同时我们也更明白为什么他明确地说现象学就是解释学了。但是，当海德格尔对现象学实施这种解释学的转换时，却不得不面对一个问题，那就是如果他要证成自己的现象学的解释学，就不得不面对胡塞尔的现象学的问题，他必须通过证明胡塞尔的现象学的缺陷和不足，从而才能证明自己的现象学更符合现象学"回到实事本身"的主旨。如果缺乏这一步，那对于我们恰切地理解他的哲学和思路，就是不完整的。事实上，海德格尔在提出基始存在论，甚至是在解释康德时，的确也是把胡塞尔当作自己的对手的。

在《存在与时间》中，因为各种原因，海德格尔并没有对胡塞尔的现

---

① 海德格尔在 1919 年暑季学期于弗莱堡大学开设的讲座课程"现象学与先验价值哲学"中使用了这个词，也是到目前为止在他出版的著作中第一次使用这个表述。Martin Heidegger, *Towards the Definition of Philosophy,* The Athlone Press,2000, p.112. 后来，在他后期文本《从一次关于语言的对话而来——在一位日本人与一位探问者之间》中，当回顾他的早期思想之路时，日本学者手冢富雄说："在我们看来，九鬼伯爵没有能够对这些词语作出令人满意的解说，无论是在词义方面，还是在您谈到解释学的现象学时所采用的意思方面。九鬼只是不断地强调，解释学的现象学这个名称标志着现象学的一个新维度。"在这里，海德格尔对"解释学的现象学"这个提法并没予以更正，说明他当初可能也是用过这个词的，即使他本人没有用过这个词，但也是认可这个提法的。海德格尔，《从一次关于语言的对话而来——在一位日本人与一位探问者之间》，孙周兴译，载于《在通向语言的途中》，北京：商务印书馆，2004 年，第 94 页。另外，这个文本其实并非对一次对话的真正记录，毋宁是海德格尔自己的虚构性陈述，传达的是他自己的思想。参见马琳，《海德格尔论东西方对话》，北京：中国人民大学出版社，2010 年，第 225 页。

象学进行批判。但这并不意味着海德格尔没有对胡塞尔的现象学进行过反省和批判，事实上，他在《存在与时间》的前身，即 1925 年夏季学期马堡大学的讲座课程"时间概念史导论"中已经做了这一工作。

在《时间概念史导论》中，海德格尔指出，胡塞尔的现象学有三大发现，这也是现象学的三大贡献，即"意向性"、"范畴直观"和"先天"。海德格尔指出，意向性的根本建制 (Verfassung) 是意向行为（*Intentio*）与意向对象（*Intentum*）的共属一体性结构。范畴直观是这个结构的具体化，并且只有在意向性的这一根本建制的基础上才得以可能。海德格尔指出，范畴直观的意义在于，通过这种行为可以让各种观念性的复合物作为一般之物立足于自身而显现、展示出来，与此同时却不必依赖于思想的主体，也就是说这种观念性的复合物可以依赖自身而在范畴直观之中展示出来，与此同时却既不需要一个康德意义上的本体（*nouema*）作为将其聚拢在一起的根据，也不必依赖于主体的先天认识形式，它的显现不依赖主体的先天认识能力。以此为基础，范畴直观"这一发现的重要意义在于：通过它哲学研究就将有能力更为清晰地把捉先天（*Apriori*）"。[①] *Apriori* 来自于 *a priori*，这个拉丁词与 *a posteriori* 是一对概念，前者本意指的是"来自先前的东西"，后者本意指的是"来自后来的东西"。海德格尔完全在 a prior 的这种本意上来使用这个词。在这种意义上，"先天"就不是一个认识论的概念，毋宁变成了一个存在论概念。海德格尔指出，在现象学的视野中，"先天"具有普遍有效性，并且这种普遍有效性并非来自于主体的主体性。即它不是康德认识论意义上的先天。先天的优先性毋宁说的是存在对于存在者的优先，存在先行于存在者。所以，海德格尔认为，先天的知识并不是内在于意识的有关意向性的结构的知识，而是通达及把握存在结构的知识。

虽然胡塞尔的现象学有这样的几大贡献，但它却有明显的缺陷。海德格尔接下来对胡塞尔有关纯粹意识的四个存在规定进行了批判：

第一个命题，意识是内在的存在。海德格尔指出，"内在"总意味着"在……之中"。如果我们把一个苹果放到一口箱子中，那么，苹果与箱子的关系就是这种意义上的"在……之中"。于是，"内在"不是针对存在者自身的存在的规定，倒不如说是在意识领域、体验领域之内的规定，它往往是建立在意识之内的存在者与其他存在者之间的存在联系上的规定。于是，海德格尔指出，"在这里获得规定的，只是存在者之间的存在联系，

---

① 海德格尔，《时间概念史导论》，第 95 页。

而不是存在本身"。① 这样，他认为胡塞尔这条对意识的存在规定，失败了。

第二个命题，意识是在绝对的被给予性意义上的绝对的存在。海德格尔指出，这一命题在这里展示的依然不是自在自足的存在者之存在。因为"被给予性"这个词在这里就表明，它指示的是一个存在者怎样作为另一个存在者的对象被把捉、被体验的。而被给予性的这个词的定语"绝对的"在这里表明的是对一个存在者被把握为另一个存在者的对象这种被把握状态。所以，它展现出来的依然是一种存在者被把捉成另一种存在者之对象这回事儿。在这种意义上，海德格尔指出，这个规定依然没能展现原本的存在者之存在，毋宁展示的是"反思的可能对象这个意义上的存在者"。②

第三个命题，意识是在"无需存在者也可达到存在"意义上的绝对给予的存在。海德格尔指出，胡塞尔的这个命题在这里无非意味着意识是自我组建、自我构成的。它不再依赖于其他的对象或他者的存在来证成或给予自身的存在，毋宁在构成方式上它的这种自我构成的性质就让意识的存在具有了"第一性存在"——亦即"当下在场的存在"——的优先地位。不过，这只是意味着意识作为主体性，它具有优先于其他存在者以及其他客体性的优先地位。所以，海德格尔指出，胡塞尔的这个命题并没有研究存在者之存在，而只是研究了意识早于其他存在者的排序而已，它只是一种形式上的"更为早先的存在"。

第四个命题，意识是纯粹的存在。海德格尔指出，意识之为意识，已经脱离了生命的实际性，不是此时此地的意识，也不是特别地属于我的意识，在这种意义上，它毋宁是一种纯粹意识。纯粹意识总已经脱离了实际性的个体化，脱离了生命的本在。因此，它实质上依然不是存在者之存在。

所以，在上述意义上，海德格尔指出，胡塞尔的这四个命题研究的依然是意向性的结构及其特征，而忽视了意向对象，即意向式存在者的存在，同时依然没能追问存在的意义问题和人的存在。胡塞尔的现象学之所以忽视了这些问题，主要原因在于他的现象学"研究也受到了一种古老传统之魅力的影响，确切地讲，正是在关系到有关现象学所独具的课题即意向性的最源初规定的时候，现象学尤其受到了这个传统的吸引"。③海德格尔指出，现象学及其受到吸引的传统对存在本身和意向式存在者之存在的遗忘，

① 同上，第138页。
② 同上，第139页。
③ 同上，第175页。

充分表明了在此在的历史——亦即此在在其历世方式（Geschehensart）中总有沉沦的倾向。为此，若要重提存在问题，若要重新把握存在者之存在并将其把握为哲学的核心问题，就必须让人亦即此在从其沉沦中摆脱出来。这不仅需要一种现象学的解释学，但同时，也意味着要对忽略了存在问题和存在意义问题的传统哲学（包括现象学在内）进行一种解构。于是，在就此在的存在追问存在的意义而需要对此在进行生存—存在论的现象学的解释学的阐释的同时，还需要对一般性的现象学方法进行更实质的说明。

1.1.4 现象学方法的三重环节

无论是在《存在与时间》中，还是在《现象学之基本问题》中，抑或在《对康德〈纯粹理性批判〉的现象学解释》中，他都始终内在地把现象学理解成一种"回到实事本身"并将实事本身如其自身所是的那样描述或展现出来的方法，而不是将其理解成一种特定的哲学立场或哲学流派。"现象学是一种方法概念，如果它对自己有正确理解的话。"[①]

不过，正如我们在"《存在与时间》中对'现象学'的含义的说明"一节中所指明的，对于海德格尔来说，现象学也就等同于存在论。而真正的存在论要以存在的意义为研讨主题。但根据以往哲学以及流俗的理解，存在总是存在者的存在，在这种意义上，对存在的追问最终都变成了对存在者的追问。那么，是否能首先正确地提出存在问题，取决于是否能正确地把捉存在现象。为此，就必须将视角从存在者引渡回存在本身，首先是引渡回存在者的存在。海德格尔指出，这一步工作就是现象学还原的工作。在他看来，现象学还原并不是胡塞尔意义上的本质还原或先验还原，毋宁是由存在者返回到存在者的存在本身。所以，我们必须铭记，海德格尔的现象学还原总已经是与他的存在论勾连在一起的了。"对我们来说，现象学还原的意思是，把现象学的目光从存在者的（被一如既往地规定了的）把握引回对该存在者之存在的领会（就存在被揭示的方式进行筹划）。"[②] 就一般意义上的存在者并不具有对存在有所作为、有所领会而只有此在才能对自己的存在有所领会、有所作为、有所筹划的意义上来说，在现象学还原中总已经内蕴了作为现象学直观的解释学直观的现实性和可能性，因此，现象学的还原事实上也同时是一种解释学还原。

不过，海德格尔指出，现象学还原自身只是一种防御性的方法，它的

---

① 海德格尔著，丁耘译，《现象学之基本问题》，上海：上海译文出版社，2008年，第24页。

② 同上，第25页。

作用只是将人们从存在者引渡回存在者的存在本身。现象学还原实行的只是目光和视角的转换，但却对存在本身的界定和描画无能为力。因此还必须从正面的、积极的意义上去对存在本身进行界定。但海德格尔指出，存在本身首先并不如存在者那般触目，并不容易被人们轻易地把捉到，毋宁它在其动态的去存在（zu sein）之中才现身。而存在的去存在往往就是此在就其自身的生存可能性而进行的筹划，所以，对存在的积极的、肯定的言说、表述和展现，其实就是"这一对预先所予的存在者（向着其存在以及其存在之结构）的筹划"①，而这种筹划是现象学方法的第二个环节，即"现象学的建构"。

海德格尔进一步指出，除了现象学还原和现象学建构之外，现象学的方法还包含第三个环节，即现象学解构。这是因为，在海德格尔看来，对存在的考察总是从存在者尤其是在存在论层面上和存在者层面上具有优先地位的此在的存在入手或者说以之为起点来实行的，而此在的存在及对其的领会和筹划却总是受制于此在的特定的实际经验及其可能经验的限制。明确地说，这就是受制于此在的实际性及其具体的历史处境的限制。不特如此，海德格尔又进一步指出，哲学研究自身也有这一特点，即也受制于它的特定的历史处境。所以，在不同时代对于存在者及其某一个存在领域的把握方式及把握到的结果往往是彼此各异的。此在就其生存来说，自身就是历史性的。在这种意义上，对于不同时代、不同处境中的此在的存在，即此在的实际性及其生存经验的通达方式、表述方式，和解释方式都是不同的。因此，现象学如果为了实现它自身的主题和研究内容，即就此在的存在而追问存在的意义，就需要对从传统中传承下来的各种哲学理论、概念方式和解释方式进行解构，从而把被哲学概念、体系和理论所固定化了的实际的生命经验亦即此在的存在解放出来，并让它如其自身所是的那样涌现、传达出来。这种意义上的"解构"必定是对传统的概念、体系的批判性拆解。而这种拆解本质上是对存在者的存在亦即其存在结构的内在呼求。"一种解构，亦即对传承的、必然首先得到应用的概念的批判性拆除（一直拆除到这些概念所由出的源泉）便必然属于对存在及其结构的概念性阐释。"②

在海德格尔看来，现象学的这三重环节，即现象学的还原、建构和解构之间并不是一个彼此分立、前后相继的一套方法的不同环节。毋宁这三者是内在地共属一体、一并发生的。首先，现象学的还原中就已经包括了

① 同上，第25页。
② 同上，第26页。

现象学的建构和解构，若无对以往哲学以及其表述方式、概念方式的松动和拆解，被其遮蔽的此在的存在就无法被还原出来，在这个过程中也无法对此在的存在有所领会、展现和建构，因此，现象学还原是一种解构式的建构性还原。其次，解构也必须是在现象学的还原之中的建构，当对传统哲学的概念方式和结构体系进行拆解的同时，也是在向着此在的存在的还原，而就在这种拆解和还原中，也包含了对此在的存在的领会，这就是一种建构。第三，就现象学就是存在论、就是要对此在的存在进行研究和发掘的意义上而言，现象学建构就是要对此在的存在有所领会，有所筹划，又必须包括对传统的概念方式、理论方式和表述方式的批判性拆解，亦即解构式还原。"现象学方法的这三个基本环节：还原、建构、解构，在内容上共属一体，并且必须在它们的共属性中得到阐明。"[①]

因此，现象学的还原、建构和解构共属一体，现象学的还原之中就具有解构，现象学的解构之中就具有还原和建构。就解构是对传承下来的哲学、理论的批判性拆解的意义而言，哲学亦即现象学，在其本性上就是历史性的。恰恰是建立在这种理解的基础上，海德格尔在构思《存在与时间》的基始存在论时，内在地包含了对传统存在论的历史进行解构，而对康德哲学的解构自然就属于这一思路的有机组成部分。海德格尔对康德哲学的现象学解释就依循的是现象学还原、建构和解构的方法，当然，就正如我们前文所述，现象学方法的这三个环节同时也就是现象学的解释学。

然而，在海德格尔这里，现象学就是存在论，运用现象学的三重方法的最终目的，是构建存在论，亦即将存在的意义追问并传达出来。但存在的意义在传统形而上学的历史中却总有被遗忘的命运，其主要表现就是总把对存在的追问变成了对存在者的考察。因此，要想真正地将存在的意义传达出来，就首先需要区分存在者与存在者的存在，亦即要澄清存在与存在者之间的存在论差异，进而在此基础上为构建存在论做好准备，并向它走上一程，而这就是海德格尔的基始存在论。就海德格尔对康德哲学，尤其是他的时间学说的现象学解读是行进在《存在与时间》中所提供的基本思路的指引下而言，在我们具体切入海德格尔对康德时间学说的现象学解释的解读之前，还需要进一步廓清他对康德时间学说进行的现象学解释的思想背景。

---

① 同上，第27页。

1.2 存在论差异、存在建制与时间性

1.2.1 存在与存在者之间的存在论差异

由上所述，在海德格尔这里，现象学就是存在论，现象学的方法就是存在论的方法。当运用现象学的还原、建构和解构对现象本身进行观审，也就是由存在者返归到存在，从而对存在的意义和结构进行解说与阐明。因为"从现象学的意义来看，'现象'在形式上一向被规定为作为存在及存在结构显现出来的东西。"[①] 就这种解说与阐明总是包含了此在对自身的存在的理解和领会来说，这种现象学总是现象学的解释学。唯有以此为方向，才能真切地把存在和存在的意义问题纳入视域，并循着此在之存在的方向追问存在的意义，从而为一种可能的存在论奠定基础。

但以往的哲学为什么没有能够真正地抓住存在和存在的意义问题呢？一方面是因为它们缺乏一种真正的方法，亦即现象学的解释学。另一方面是因为它们总是把存在等同于存在者，而忽略了存在与存在者之间的存在论差异。不过，海德格尔又指出，要想将在存在与存在者之间的这种存在论差异纳入视野，又首先需要对存在有所领悟。"仅当我们掌握了对存在本身的领悟，我们才能确认存在及其与存在者的区别。"[②] 因此，在这种意义上，在存在领会与存在论差异的阐明之间又存在着解释学的循环。

但并非一切存在者对它自身的存在都有所领会，只有在存在者层次上具有优先地位的此在才能在其存在中对他自己的存在有所领会，并且，他以一种对自己的存在有所领会的方式对自己的存在有所作为，亦即，此在会根据自己对存在的领会来筹划自己的能在。"此在在它的存在中对这个存在具有存在关系。"[③] 对于此在来说，其存在自身就具有去存在（zu sein）和向来我属性（Jemeinigkeit）。而其他非此在式的存在者，对自身的存在既不拥有领会，又无所作为。它们的存在都是现成性的，并且唯有与此在的存在发生关联，才被赋予存在意义。海德格尔将此在的存在性质称为"生存论性质"（Existenzialien），而将非此在式的存在者的存在性质称作"范畴"。[④] 因此，此在向来首先是其能在，而不是某种本质已经固

---

① 海德格尔，《存在与时间》（修订译本），第 74 页。

② 海德格尔，《现象学之基本问题》，第 305 页。

③ 海德格尔，《存在与时间》（修订译本），第 14 页。

④ 同上，第 52 页。

化了的现成性的存在者，它既不是笛卡尔的我思（*ego cogito*），不是"能思想的东西"（*res cogitans*），也不是康德的先验统觉，更不是胡塞尔的先验自我。"此在总是从它所是的一种可能性、从它在其存在中这样那样领会到的一种可能性来规定自身为存在者。"①"领会"在这里不能从认识论上进行理解，即此在对自身存在的领会不是将自己作为一个客体进行认知性的把握，因为对此在存在的认知性的把握固然包含了对存在的领会，但这种领会却不是最源始的领会，因为此在在与存在者的实践性、技术性的交道中也包含了对存在的领会。只从认知性的角度出发将无法完整而真切地把握对存在的领会，毋宁说"在所有对存在者的施为中都已经有了对存在的一种领悟，无论该施为是绝大多数人所谓理论性的特殊认知，还是实践的—技术的施为"。②

所以，此在对它自身的存在的领会毋宁说优先于对存在者的理论性的认知行为和实践行为，后两者其实唯有在存在领会基础上才是可能的。在这种意义上，此在对自身存在的领会属于此在生存的基本规定，属于此在生存的生存论建构。"本源的、生存论上的领会概念"是此在"在最本己存在能力之存在中领会自身"。③因此，此在其他可能的行为方式都植根于此在对自己存在的领会之中，后者是前者得以可能的生存论条件。

上文中对此在对自身存在亦即生存的领会描述了这么多，做了很多否定性的规定，然而，这种"领会"究竟是什么意思呢？海德格尔指出，"领会更确切的意思是，向一种可能性筹划自己，在筹划中一直逗留在一种可能性之中。"④而在此在向着自己的能在的筹划之中，又总是包含有双重要素：首先，此在向着自己的可能性进行筹划的过程中展示了此在的存在能力。其次，此在在向着自己的可能性进行筹划的过程中生存地领会了自身。所以，在这种意义上，此在怎样领会它的能在，也就怎样面对这种生存可能性来筹划自己的生存，从而此在也就怎样生存，展现出相应的实际性。但海德格尔又指出，此在的存在本质上是"在—世界—之中—存在"，因此，此在对自身的生存的筹划也是向着此在的"在—世界—之中—存在"的可能性的筹划，在这种此在对生存的领会和筹划之中，也就同时包括了对此在生存于其中的世界和与此在共在此的其他此在以及非此在式的存在者的筹划，因此，此在对其能在的筹划向来不是对孤立的、原子化

---

① 同上，第51页。
② 海德格尔，《现象学之基本问题》，第376页。
③ 同上，第378页。
④ 同上，第378页。

的主体的筹划。

在上述意义上，唯有此在才能特别地提出存在问题，唯有此在才对存在有所领会、有所作为。因此，现象学亦即存在论，需要辨识清楚存在与存在者之间的存在论差异，同时亦要澄清作为此在式的存在者和非此在式的存在者之间的存在论差异，对存在论的问题——存在的意义问题的追问也必须因循此在的存在和此在对存在的领会来制定方向，从而去澄清此在的存在论结构和存在论建制（Verfassung）。

1.2.2 此在存在的生存论建制：在—世界—之中—存在

海德格尔指出，存在领会是此在基本的生存论环节，是此在的存在论建制的基本要素。此在生存的基本建制（Verfassung）是"在—世界—之中—存在"（In–der–Welt–sein），这也是此在生存的本质性建构。海德格尔用连字符把这几个词连接在一起，目的是为了表明这几个要素彼此结成一个互相勾连、彼此内嵌、不可分割的整体，对其中某一个要素的说明都势必会连带出其他的要素。因此，要从一个整体性结构的角度来把握此在存在的这一基本建制。此在对自身存在的领会，也就是对自己的"在—世界—之中—存在"的领会。这种意义上的存在领会意味着"居而寓于（Wohnen bei）……，同……相熟悉（vertraut seinmit）"。[①] 就这个形式上的规定来说，前者意味着，此在总是依寓于自己处身其中的世界而存在，只有世界对于存在于此的此在已经揭示开来的时候，作为此在的存在者才能接触到在世界之内的非此在式的、具有现成存在方式的存在者。举个例子来说，唯有此在在自己的生存活动中将本己的世界组建起来，并让世界在此在的存在在此之中揭示出来，此在才能遭遇类似于桌子、椅子、石头之类的具有现成存在方式的存在者。如果后者并没有进入此在通过生存所建构起来的世界之中，它根本就不会向此在显现、揭示出来。因此，此在的"在之中"总意味着"在世界之中"。

然而，此在的"在世界之中"并不意味着类似于放在纸箱子之中的苹果与装着苹果的纸箱子之间的这种物理空间意义上的"在之中"，此在与"世界"之间的关系也不是类似的一个物体放在另一个物体之内的物理空间关系。"绝没有一个叫做'此在'的存在者同另一个叫做'世界'的存在者'比肩并列'那样一回事。"[②] 此在的"在世界之中"总是"消散于世

---

① 海德格尔，《存在与时间》（修订译本），第 64 页；Heidegger, *Sein und Zeit*, Vittorio Klostermann, Frankfurt am Main, 1976,S.73。

② 海德格尔，《存在与时间》（修订译本），第 64 页。

界之中"，总是"已经分散在乃至解体在'在之中'的某些确定方式中"①。此在的这些所谓的"在之中"的某些确定方式就是指此在与世内存在者的各种各样的交道方式，海德格尔将此称为"操劳"（Besorge）。"操劳"必须在前认识论、前科学的存在论意义上得到理解，它的基本意思是"料理、执行、整顿"②。操劳是操作着的、实践着的、使用着的。在此在的操劳活动中被组建进此在的世界之中，并因而在此在的周围世界中显现出来的存在者，就因为与此在的这种生存论关联而需要被生存论式的领会。它同样不能从认识论意义上进行理解，不能是认识论式的专题化的研究对象。

海德格尔借用古希腊的词汇 πράγματα（物）来表达这种通过此在的操劳活动而被纳入此在的世界之中的存在者。因为 πράγματα 在古希腊是指在 πρᾶξις（实践）中一般地与之交道、处理或有所作为的东西。不过，在这里，海德格尔进一步地将其明确为"用具"。但"用具"之为用具，并不是指专门有某种用途的某物，仿佛其有用性是该物的某种属性似的。情况毋宁是，一个物之为用具，是因为此在的操劳活动将其带入世界之中而与一个用具整体发生关联。"属于用具的存在的一向总是一个用具整体。只有在这个用具整体中那件用具才能够是它所是的东西。用具本质上是一种'为了作……的东西'。"③用具总在用具的整体性之中得到揭示和解释。

海德格尔指出，用具在此在的操劳活动中的这种存在方式是一种"上手状态"（Zuhandenheit），此时，用具在它的"为了作……"之用中与此在发生关联。此在对用具的使用在得心应手的状态中时，二者之间的关系便不是主体面对客体的认识关系，而是浑然一体、物我两忘的生存论状态，在这种存在论关系中，尚未有主客二分的差别相。与此同时，在此在的操劳活动中，用具之间在彼此相互指引的整体中揭示出了非此在式的存在者的整体。"上手事物之为用具，其存在结构是由指引来规定的。"④于是，那些不需要通过此在的实践活动才能当下上手的存在者便可以通过整个相互指引的用具整体而成为当下上手的存在者，在这种意义上，自然存在物便也可以通过此在的操劳活动被组建进此在的世界之中。海德格尔把此在在操劳活动中对当下上手的用具的观照称为"环视"（Umsicht）。这样，经过上述说明，海德格尔就显明了什么叫作"在—世界—之中—存在"："在世界之中存在就等于说：寻视而非专题地消散于那组建着用具整体的上手

① 同上，第 66 页。
② 同上，第 67 页。
③ 同上，第 81 页。
④ 同上，第 87 页。

状态的指引之中。"① 指引（verweisen）在这里也是生存论意义上的规定，不能从存在者层次上的规定进行理解，它就内在于上手事物，组建着上手事物的上手状态，组建了用具的用具状态。用具在其用具状态中通过指引形成了上手事物彼此之间的指引联络，这些指引联络在相互牵绊缠绕中就结成了一个共属一体的整体，这就是意蕴（Bedeutsamkeit）。此在对自身生存的领会就向着这样的意蕴并受这样的意蕴的引导来实行。海德格尔指出，"指引联络作为意蕴组建着世界之为世界"。②

不过，此在的生存在世向来不只是与非此在式的存在者打交道，同时也需要与其他同样是此在式的存在者打交道。此在的存在不是自己孤立的存在，在它的生存之中，通过指引也会指向其他的此在。在此意义上，此在的在世向来也是与其他此在共同在—世界—之中—存在。其他的此在通过周围世界前来照面，与此在发生关联。与此在通过操劳与世界内的存在者打交道的方式不同，此在与其他此在的交道方式则是操持（Fuersoge）。操持也在此在的在—世界—之中—存在中有其根源。"凡此在作为共在对之有所作为的存在者则都没有上手用具的存在方式；这种存在者本身就是此在。这种存在者不被操劳，而是处于操持之中。"③ 此在通过操持来在它的周围世界中揭示其他此在的方式是顾视（Ruecksicht）与顾惜（Nachsicht）。与此在在其操劳活动中"环视"着地对非此在式的存在者有所揭示一样，其他的此在也有同样的存在方式，因此，此在便同其他的此在一道在周围世界中共同操劳于与非此在式的存在者的交道活动中，并在这个过程中它们彼此在其周围世界中通过操持相互揭示。

就此在在操劳活动中，非此在式的存在者不仅具有"当下上手状态"，同时亦有生存论意义上的变式即"现成在手状态"（Vorhandenheit）而言，此在在操持活动中与其他此在式的存在者的共同在世也并不总是本真本己状态，同时亦有生存论意义上的变式即"沉沦于常人"的非本真本己状态。所以，在这种意义上，此在的在—世界—之中—存在也总有本真本己性和非本真本己性之别。只有本真本己地生存着的此在，才能揭示出此在真正的存在。

1.2.3 此在的生存论建构：操心与时间性

由上所述，此在基本的存在论建构是"在—世界—之中—存在"，它

---

① 同上，第 89 页。
② 同上，第 103 页。
③ 同上，第 141 页。

是一个统一的整体结构。此在向来也总是在"此"存在，并在"此"伸展开来。现身情态（Befindlichkeit）、领会（Verstehen）和话语组建了此在存在在此的展开状态。此在对自身存在的领会，正如我们在1.2.1中表明的，就是对自身能在的筹划。但此在却总有逃避自己的能在而沉沦于常人之中的倾向，为此，就必须让此在能从其非本真本己状态回归到本真本己状态，从而真正地面对自己的在世以及自己的能在。但若要做到此点，必须将死亡纳入自己的生存。

此在之所以有沉沦于常人的倾向，主要原因就是逃避着自己的死亡。将此在的"向终结存在"扭曲为"存在到头"，将死亡推远为未来的某个时间点上发生的某个事件，似乎只是人生的一个终结点而已。但这种意义上的死亡并不是本真本己的生存论意义上的死亡。在生存论上来看，死亡是此在无所逃避的，具有向来我属性，每个此在都必须亲自去死，在这种意义上，任何人的死都无法被他人代替，此乃其一。其二，死亡是一种悬临，它就有如一把达摩克利斯之剑，悬在人生此在的头上，随时可能突然闯入此在的生存之中。"死亡是完完全全的此在之不可能的可能性。于是死亡绽露为最本己的、无所关联的、不可逾越的可能性。作为这种可能性，死亡是一种与众不同的悬临。"[①]在这种意义上，死亡对于此在的生存的作用就有如上帝之再临对于基督教信众的原始信仰经验的组建作用：一方面，死亡必定会来临；另一方面，它何时来临却不确定。因此，只有将死亡组建进此在的生存之中，将此在在世的存在领会为"向终结存在"，才能让此在回归到本真本己状态，让此在领会到，能在是此在最本己的存在，此在必须自己承受这种可能性，必须自己筹划能在。

但此在总有逃避向死存在的倾向，若想让此在在生存中本真本己地占有死亡，需要畏这种现身情态。海德格尔指出，"向死存在本质上就是畏"，"在畏中，此在就现身在它的生存之可能的不可能状态的无之前"。[②]因此，此在在畏中，通过面向死亡、听从良知的呼声而下定决心的方式将死亡组建进生存之中，从而让此在本真地以领会着自己存在的方式筹划自己的能在。在这种意义上，此在总是生活在它的可能性之中并将这些从将来而来的可能性带向当前。此在的生存就是操心（Sorge），操心就是此在存在的意义，而操心的意义就是时间性。

时间性由三重环节组成，分别是将来、曾在和当前化。而时间性的这三重环节又植根在操心的结构之中。海德格尔指出，在时间性的这三重环

---

① 同上，第288页。

② 同上，第305页。

节中，将来具有源始而本真的地位。此在的生存向来从将来中取得自己的生存可能性。此在也在领会着自己的存在之际向着自身的能在来筹划自己的存在，此在在自己的生存中"保持住别具一格的可能性而在这种可能性中让自身来到自身，这就是将来的原始现象"①。当此在先行向自己的能在下定决心之际，它必须回到自身承担起自己的存在，即需要承担起自己的被抛境况，这就意味着此在从其将在发源而同时又是它的曾在。此在的曾在源始地与此在的将来联系在一起，毋宁它因为将来才能本真地是其曾在。"只有当此在是将来的，它才能本真地是曾在。曾在以某种方式源自将来。"②所以，曾在就是将来着的曾在，将来就是曾在着的将来。与此同时，曾在和将来又从自身中放出当前化。在这种意义上，曾在、将来与当前化三者彼此勾连、相互蕴含，构成了一个统一的现象。时间性因而也就是这三者的有机结合与统一，"我们把如此这般作为曾在着的有所当前化的将来而统一起来的现象称作时间性。"③海德格尔指出，时间性本质上并不存在，而是到时（zeitigen）。时间性是绽出地统一地到时。是此在之将来，曾在和当前化共属一体式地在当下瞬间（Augenblick）绽出式地到时。"将来、曾在状态和当前这些视野格式的统一奠基在时间性的绽出统一性之中。"④恰恰因为时间性，此在对其自身的存在的领会和筹划成为可能。也使此在生存的本真本己性和非本真本己性成为可能。

正如我们上文所述，此在的生存就是操心，就此在的存在是一个本真的能整体存在这个意义来说，操心也就是这样的本真的能整体存在。海德格尔指出，操心的基本结构是"先行于自身的—已经在（世界）中的—作为寓于（世内照面的存在者）的存在"。⑤这一基本结构是一个整体结构，该结构中的各个组成要素植根在时间性之中。其中，"先行于自身"的根源在于此在的"将来"，"已经在（世界）中"的根源在于此在的"曾在"，"作为寓于（世内照面的存在者）的存在"的根源在于此在的"当前化"。就此在的生存总是"在—世界—之中—存在"来说，此在的操心这一整体结构就是对此在在世的操心，其中又总包含了对其他非此在式的存在者的操劳活动，以及对其他此在式的存在者的操持活动。就它们的实行总是在世界之中展开而言，世界之被组建的可能性就植根在此在的操心活动之中，

① 同上，第370页。
② 同上，第371页。
③ 同上，第372页。
④ 同上，第415页。
⑤ 同上，第372页。

从而源于时间性的到时。"世界奠基在绽出的时间性的统一视野之上，于是世界是超越的。为使世内存在者能够从世界方面来照面，世界必定已经以绽出方式展开了。"①

1.2.4 时间性、历史性与存在论历史的解构

因此，在《存在与时间》中，或者更一般地说在海德格尔前期哲学的思路中，时间和时间性思想意义重大，毋宁说它是海德格尔展开对此在的生存—存在论分析以追问存在的意义问题的一个关键性中点。但如果就完整把握海德格尔的思路来说，我们必须把他的历史性思想纳入视域，给予足够重视。

首先，在历史性和时间性之间存在着内在的勾连，对其中一个方面的完整解说要求必须以澄清另一个方面为条件。对时间性的解说若无历史性的解说为补充，是不完整的，对历史性的解说若无时间性为前提，也是缺乏根基的。"时间性也就是历史性之所以可能的条件，而历史性则是此在本身的时间性的存在方式。"②正是在这个意义上，针对基始存在论，海德格尔才说，"要追问存在的意义，适当的方式就是从此在的时间性与历史性着眼把此在先行解说清楚。"③所以，我们在重视时间性思想对于理解海德格尔《存在与时间》的意义的同时，必须重视他的历史性思想。

其次，在《存在与时间》中，历史性之所以重要还在于它是把握此在的本真的能整体存在的内在要求。这是因为，在通过对此在的生存—存在论分析赢得了此在的诸生存样式后，海德格尔指出要赢得此在的本真的能整体存在，这必须通过此在将死亡组建进自己的生存之中的"向—终结—存在"才得以可能。通过对此在的"向—终结—存在"的分析，就在操心中给出了此在的"时间性"。可以认为，时间性恰恰是由"死亡"这一"终端"所给出的。但海德格尔接下来又明确指出，若要真正地保有此在的本真的能整体存在，只把握"死亡"这一终端并不完整，因为对于此在来说，还有"出生"另一"终端"，因此需要将这一终端也纳入视野。"只有这个生死'之间'的存在者表现出所寻求的整体。"④如果将重点只放在由死亡这一终端所开启出的时间性的话，那么就会导致"始终未经重视的不仅是

---

① 同上，第415页。
② 同上，第25页。
③ 同上，第25页。
④ 同上，第422页。

向开端的存在，而且尤其是此在在生死之间的途程"。① 事实上，只有将这一由"开端"和"终结"组建进生存论之中所保有的整体才护持了此在的本真的能整体存在。而对这一途程进行生存—存在论分析，得到的就是此在的历史性。因此，对历史性进行考察，是把握此在的本真的能整体存在的内在要求。

在将"出生"这一维度引入生存论建构后，海德格尔开始同时强调"死亡"和"出生"这两个终端对于此在的生存—存在论意义。此在由此就在其存在中保存了在"出生"和"死亡""之间"的存在论样式。但这样的"出生"和"死亡"并不是现成存在意义上的。并不是当此在"出生"之后，这一"出生"对于此在的生存就不再起建构作用，仿佛只是固化在过去的某一个事件似的，同样，"死亡"也不是对于此在生存在世不起组建作用，仿佛只是一个在将来的某一个时刻才出现的事件似的。在海德格尔看来，此在在生存论意义上需要将"出生"和"死亡"这两个终端都组建进自身的生存中。"从生存论上领会起来，出生不是而且从来不是在不再现成这一意义上的过去之事；同样，死的存在方式也不再是还不现成的，但却来临着的亏欠。"② 情况恰恰相反，"实际此在以出生的方式生存着，而且也已在向死存在的意义上以出生的方式死亡着。"③ 因此，此在在其生存之中实际上是生存在这两个终端的"之间"。

在海德格尔看来，此在在这两个终端之间的生存，并不是一条现成的、既定的轨道，仿佛此在好像只是用生存中的各个瞬间把它一段一段地填满似的，这种理解是一种对此在生存的非本真理解。此在在这两个终端之间的生存，毋宁是"此在的本己存在先就把自己组建为途程（Streckung），而它便是以这种方式伸展自己（sich erstrecken）的"。④ 此在在出生与死亡之间的生存，不是现成性的，也不是已经固化了的，毋宁是由此在自身伸展着的途程规定的。海德格尔把"这种伸展开来的自身伸展所特有的行运"⑤ 称作"演历"（geschehen）。此在的"演历"在此在的生存中实行。就此在的生存在世本质上就是操心，而操心的建构的整体性又只有在时间性之中并通过时间性才得以可能，时间性是操心得以可能的源始条件而言，此在的"演历"也以时间性为根据。就演历是此在的历史性最核心的生存

① 同上，第 422 页。
② 同上，第 424 页。
③ 同上，第 424 页。
④ 同上，第 424 页。
⑤ 同上，第 425 页。

论规定来说，此在的历史性因此便奠基于时间性之中。

在海德格尔看来，时间性是绽出的。在时间性绽出之统一性中，将来、曾在和当前化共属一体地到时，此在的存在的历史性在这种时间性中奠基，它首要地关联于曾在状态。海德格尔指出，此在的历史性是"根据绽出视野的时间性而在其曾在状态中是敞开的"。① 这种敞开之所以可能，缘于此在在其生存—存在论建构中着眼于自身的能在来领会并筹划自己的生存。而这种领会和筹划乃是面向可能性来实行的。其方式是，"它直走到死的眼睛底下以便把它自身所是的存在者在其被抛境况中整体地承担下来"。② 此在筹划自己的能在，就是要通过决心先行进入到种种可能性之中。但这些可能性却并不能从死亡处取得，而必须回到此在的实际生存之实际性及其解释学处境中来。"先行到可能性不意味玄思可能性，而恰恰意味着回到实际的'此'上面来。"③

此在的实际的"此"，标志着此在总是拥有一个世界，是一种在世的存在。这种在世不仅意味着此在自己的"在—世界—之中—存在"，而且意味着此在还与其他此在共同在世。此在的在世总必须面对各种各样从传统中承传下来的关于此在的解释，尽管这些解释有可能是非本真的，但生存上的本真领会却要着眼于此在的本真能在而将这些解释组建进自身的生存中，从其中赢得本真的解释以及种种生存可能性，而不能将其一并丢弃。"生存上的本真领会不是要从流传下来的解释中脱出自身，它倒向来是从这些解释之中、为了反对这些解释同时却也是为了赞同这些解释才下决心把选择出来的可能性加以掌握。"④

这样，此在为了赢获其本真的整体能在而下定的决心不仅是面对"死亡"这个终端，同时也必须面对其"开端"这个终端，需要将传统中流传下来的种种解释和可能性承受下来。因此，此在不只要向其本真的能在下定决心，而且也要下决心回到被抛境况。"下决心回到被抛境况，这其中包含有：把流传下来的可能性承受给自己。"⑤ 海德格尔将此称为此在的"源始演历"。

然而，此在向来又总是有沉沦于常人之中的非本真倾向，因此，若要获得自己生存的本真本己性，就必须能先行到死之中去。于是，源始演历

---

① 同上，第 444 页。
② 同上，第 433 页。
③ 同上，第 433 页。
④ 同上，第 434 页。
⑤ 同上，第 434 页。

只有在如下意义上才能是本真的，即必须面对死亡，将死亡本真本己地纳入生存之中，从而才能真正地把从传统中继承下来的各种关于此在的生存的解释以及可能性传承给此在，此在借此才能本真地筹划自己的生存。"此在在这种源始演历中自由地面对死，而且借一种继承下来的，然而又是选择出来的可能性把自己承传给自己。"① 海德格尔将此在在本真决心中的这种源始演历称为"命运"（Schicksal）。

同时，此在向来是与其他的此在共同在此，此在的在世向来是共其他的此在一并在世。于是，此在的演历向来是与其他的此在的共同演历。这就构成了共同体或民族的演历，海德格尔将其命名为"天命"（Geschick）。天命不仅挟裹了此在，而且构筑了包括此在在内的"一代人"的命运。"此在在它的'同代人'中并与它的'同代人'一道具有命运性质的天命，这一天命构成了此在的完整的本真演历。"②

由上述分析可知，此在在决心的召唤下回到自身的生存时，不仅要承担起自己本真本己的生存样式，而且要把从传统中流传下来的各种生存解释和生存可能性承传下来。海德格尔将这种承传称为"重演"（Wiederholung）。所谓的"重演"，"就是明确的承传，亦即回到曾在此的此在的种种可能性中去"。③ 不过，我们需要注意，这种重演既不是将曾在此的此在的种种生活经历再重新生存一遍，不是要让过去发生的事情再简单地返回到此在的生存之中，也不是尼采意义上的"相同者的永恒轮回"，毋宁是此在从其下了决心要赢得本真的能整体存在中，对曾在此的种种可能性进行筹划，将其组建进自己的能在之中。所以，海德格尔指出，"我们把重演标识为承传自身的决心的样式，此在通过这种样式明确地作为命运生存。但若是命运组建着此在的源始的历史性，那么历史的本质重心……在生存的本真演历中，而这种本真演历则源自此在的将来。"④ 而此在的将来向来是由此在的向死而在而揭露出来的时间性的一个环节，所以，海德格尔就这样将历史性植根于时间性之中了。就历史性是对传统中流传下来的生存可能性的演历和重演而言，它的重心更多地存在于时间性中的曾在状态。但海德格尔又明确说过，时间性之三重环节曾在、当前化和将来向来是共属一体地绽出式地到时，三个环节是彼此勾连、相互融通的。在此在的历史性的生存结构中，时间性的这种绽出结构必然也依然存在，所以，虽然

① 同上，第 434 页。
② 同上，第 435 页。
③ 同上，第 436 页。
④ 同上，第 437 页。

此在的历史性更多地在时间性之曾在状态中敞开自身，但这种敞开却是以时间性的绽出的方式回到以前的曾在状态和曾在的东西并以命运方式重演种种可能性之际将其筹划进此在的能在了。"在这样以命运方式重演种种曾在的可能性之际，此在就把自己'直接地'带回到在它以前已经曾在的东西，亦即以时间性绽出的方式带回到这种东西。而由于以这种方式把遗产承传给自己，'出生'就在从死这种不可逾越的可能性回来之际被收进生存，只有这样，生存才会更无幻想地把本己的此在的被抛境况接过来。"①

于是，我们看到，在海德格尔这里，就历史性要从时间性的绽出式到时中产生并在此在的曾在状态中敞开自身，从而得以让此在以筹划自己之能在的方式借助命运和重演承传过去的生存可能性的意义上来说，时间性是历史性的根据和可能性的条件。另一方面，海德格尔认为，此在在生存论意义上当遭遇死亡这一"终端"时会回返到自身的本己本真的生存之中，从而敞露出操心的意义是时间性。时间性的曾在、当前化和将来共属一体地以绽出的方式统一到时，以这种方式，此在总是面向自己的能在及生存的种种可能性来筹划自己的生存，虽然此在是着眼于将来而在世的，但供凭此在选择的那些种种生存可能性并非是无中生有的，毋宁是通过从命运及演历的方式"重演"曾在此的此在的种种生存可能性中取得的。"只有实际而本真的历史性能够作为下了决心的命运开展出曾在此的历史，而使得可能之事的'力量'在重演中击入实际生存，亦即在实际生存的将来状态中来到实际生成。"② 在这种意义上，海德格尔才说，"历史性是此在本身的时间性的存在方式。"③

这样，对于此在来说，在根据对自身在—世界—之中—存在的领会筹划自己的能在时，必须从曾在状态中取得生存的可能性。因为时间性是在当下瞬间（Augenblick）绽出式地统一到时，所以，对于理解此在的存在亦即生存来说，不仅要充分注重它的能在和去存在的本性，而且也要充分注重它承传传统中留下来的生存可能性的一面，也就是说要足够重视此在的历史性。

在此基础上，海德格尔更进一步地认为，对于存在问题的提法，以及建构一种对存在的意义的本真领会的存在论，也要历史性地加以理解和领会。

首先，对于存在问题的提法来说，必须重视历史性。要想正确地提出

---

① 同上，第 442 页。
② 同上，第 446 页。
③ 同上，第 23 页。

问题，必须将历史性组建进提出问题的可能性及对问题的可能提法之中。在海德格尔看来，基始存在论的主要任务是追问存在的意义。但对这一问题的提出需要始终铭记，对存在的追问并非无历史的，毋宁首先要将哲学史上各种对存在问题的提法进行一番追问，从而将以往的各种提法纳入自己提出问题的视域之中，以便找到一种真切地提出存在问题的方法并能在提问中真正地保有追问的对象——存在的意义，而不至于将问题和内容双重遗忘的提出问题的方法。"对存在的追问……其本身就是以历史性为特征的。这一追问作为历史的追问，其最本己的存在意义中就包含有一种指示：要去追究这一追问本身的历史……要好好解答存在问题，就必须听取这一指示，以便使自己在积极地据过去为己有的情况下来充分占有最本己的问题的可能性。"①

其次，对于建构一种可能的存在论来说，也必须将历史性纳入视域并将其组建进这种可能的存在论自身之中。海德格尔的哲学工作在于要追问存在的意义，但以其为内容而组建起的基始存在论并不只是各种各样的存在论中的一种，毋宁它是存在论的基础和初始的阶段。因此，如果存在论本身是可能的，必须以基始存在论为根基，由此生发出来。此外，其他各种各样的区域存在论也必须以基始存在论为根据，后者为前者清理出地基、勾画出区域。在海德格尔看来，为了达到这个目标，必须将存在论的历史——亦即由存在问题在"传统"中的各种提法以及各种存在论理论在存在问题的问题域中相互对待和争执中而展现出来的历史性——纳入视域并组建进基始存在论自身之中，从而才能为存在论赢得真正的研究内容——存在的意义。

为此，必须一方面对传统的各种各样的存在论理论对存在问题和存在的意义所造成的遮蔽进行"解构"，进而得到关于存在的真正的源始经验。"以存在问题为线索，把古代存在论传下来的内容解构成一些原始经验——那些最初的、以后一直起着主导作用的存在规定就是从这些源始经验获得的。"②另一方面，通过对传统存在论的这种解构工作，可以指出传统存在论的缺憾和限度，从而为一种可能的存在论奠定可能性。此外，在海德格尔看来，这种对传统存在论历史的解构，并非外于存在论的，毋宁它就内蕴于存在问题的提法之中，并且惟有在提出存在问题时这种解构才有可能真正实施。"解构存在论历史的工作在本质上本来是存在问题的

---

① 海德格尔，《存在与时间》（修订译本），第25页。
② 同上，第26页。

提法所应有的,而且只有在存在问题的提法范围之内才可能进行。"① 当然,在《存在与时间》中,解构存在论历史的工作并未能如他计划得那样完成,但这却是他思路的内在组成部分,也是他在《存在与时间》之后对康德哲学,尤其是对《纯粹理性批判》进行现象学解释的原因所在。

1.3 基始存在论视野中的康德哲学

1.3.1 存在论历史的解构与对康德哲学的现象学解释

在《存在与时间》的思路和计划中,海德格尔的目标是通过对此在进行生存—存在论分析得到时间性,进而以时间为视域去追问并呈现存在的意义,从而为一般存在论奠基。正如我们前文所述,这个思路包含两个部分,一个是从存在到此在,从此在到时间性和时间,这是在现存的《存在与时间》中已经完成了的。另一部分工作是以时间性和时间为视野去解构存在论的历史,进而从时间走向存在。这部分工作并未能按照《存在与时间》的计划那样去完成,他后来解读康德的思想、亚里士多德的思想,实质上都是在为完成这个计划做准备。根据这个思路来看,《存在与时间》的第一部和第二部之间实质上存在着相互解释的关系,就第二部的研究内容尤其是对康德的时间学说的解读是第一部的研究内容的"历史性导论",而第一部的研究内容又必然催生出第二部的研究内容并成为第二部的思想背景而言,在这两部分内容之间就必然形成了解释学的循环。海德格尔之所以秉持这样的思路,主要原因在于他认为哲学是历史性的。

根据海德格尔的计划,在运用解构的方法去解构存在论历史时,焦点主要集中于康德、笛卡尔和亚里士多德。其中,首要的是要对康德思想进行解释。就这种解释采取的是解构的方法,并且以基始存在论建构中得到的时间和时间性思想为理论线索和主导背景的意义上来说,海德格尔计划中的这种解构便是"现象学的",就他的前期哲学的现象学总是关涉于对此在的生存—存在论分析来说,这种"现象学"便总含有现象学的还原和建构环节,并因而是现象学的解释学的。

根据我们在0.2.3和0.3中的介绍,海德格尔在《存在与时间》之后涉及对康德哲学进行现象学解释的作品主要有《现象学的基本问题》、《逻

---

① 同上,第27页。

辑的形而上学基础》、《对康德〈纯粹理性批判〉的现象学解释》以及《康德与形而上学问题》。这几部作品中的思路依然笼罩在由《存在与时间》投射出来的基始存在论的炮弹的射程之内。

但海德格尔在循着时间的视域解构传统存在论以追问存在的意义这个问题时，为何要对康德哲学进行解释？原因何在？在我们看来，原因主要有如下几点，我们在导论中对此已经有所交代，但为了行文方便，我们认为在这里做出更明确、更扼要的说明是有必要的：

首先，对康德哲学进行现象学解释是完成《存在与时间》的计划的内在要求。这一方面是因为康德哲学明确地通过"划界与批判"的方式来勘定形而上学的可能性边界，从而探讨"未来的形而上学"是否可能，以及如何可能。在海德格尔看来，这本身就是在讨论存在论问题，因此康德哲学是存在论历史上的一个重要节点。他便因此"在康德那里，我寻觅我所提出的存在问题的代言人"。①另一方面是因为，海德格尔在《存在与时间》提供的基始存在论中，虽然完成了由存在到此在，再由此在到时间性和时间的思路，但接下来如何由时间走向存在却成为了一个问题。但他通过阅读发现，在康德的哲学那里，时间与存在有着内在的勾连，"在准备1927—1928冬季学期关于康德《纯粹理性批判》的课程时，我关注到有关图式化的那一章节，并在其中看出了在范畴问题，即在传统形而上学的存在问题与时间现象之间有一关联。这样，从《存在与时间》开始的发问，作为前奏，就催生了所祈求的康德阐释的出场。"②这样，对于海德格尔来说，"康德的文本成为一处避难暂栖地"。③当然，海德格尔这里的说法其实也有不太确切之处，因为他绝不是到1927—1928年冬季学期才发现在康德的图式论中蕴含存在与时间的内在关联，即使如果不提1925年的《逻辑学：关于真理之追问》，他至少在《存在与时间》中就已经有此发现了。譬如在《存在与时间》的第八节中，海德格尔计划在第二部分的第一篇中研究"康德的图型说和时间学说——提出时间状态（Temporalitaet）问题的先导"。④

其次，从外在的原因来看，《存在与时间》发表之后，很大程度上被人们误解了。读者要么认为这本书建构了一种哲学人类学，比如胡塞尔在重读这本书后就认为海德格尔和舍勒一道堕入了哲学人类学的窠臼之中。

---

① 海德格尔，《康德与形而上学疑难》，第四版序言，第 2 页。
② 同上，第 2 页。
③ 同上，第 2 页。
④ 海德格尔，《存在与时间》（修订译本），第 47 页。

要么认为这本书是在建构一种类似雅斯贝尔斯哲学的存在主义。这种情形和康德第一版《纯粹理性批判》的遭遇有些类似。在康德 1781 年出版了《纯粹理性批判》第一版后，他的批判哲学往往被人们误解为不过是另一种贝克莱哲学，于是，一方面出于自我辩护的目的，另一方面出于阐明思想、便于传播的目的，他写了《未来形而上学导论》来澄清自己的哲学和立场。现在，海德格尔也需要一本著作来澄清自己的基始存在论，表明他的哲学致力于解决的是存在的意义这样的存在论问题，而不是构建一种哲学人类学或者一种存在主义。"到 1929 年，已经变得很清楚，人们误解了《存在与时间》中提出的存在问题。"[①] 因此，他也需要借助于对康德哲学的阐释来表明，通过在人类此在与时间之间建立一种可能的关联来呈现一般的存在的意义，从而为存在论或为形而上学奠基，这一做法并非他的独创，而是有着哲学史的背景。他的基始存在论的工作只是将康德那里思出的内容向前推进一步而已。"在一般存在论的历史发展过程中，对存在的解释究竟是否以及在何种程度上曾经或至少曾能够同时间现象专题地结合在一起？为此必须探讨的时间状态的成问题之处是否在原则上曾被或至少曾能够被清理出来？曾经向时间性这一度探索了一程的第一人与唯一一人，或者说，曾经让自己被现象本身所迫而走到这条道路上的第一人与唯一一人，是康德。"[②] 在这种意义上，海德格尔力图表明，自己的工作是承接康德哲学的主旨、接续康德哲学的思路而已。"同时，本书[③] 作为'历史性'的导论会使得《存在与时间》第一部分中所处理的难题（Problematic）更加清晰可见。"[④]

于是，海德格尔就必然走上对康德哲学，尤其是他的时间学说的现象学解释的道路。但他的这种现象学解释，当面对各种版本的康德解释——譬如心理学的解释、认识论的解释、逻辑学的解释——时，必然会受到各种挑战和质疑，于是，他必须为自己的现象学解释进路也就是存在论进路进行辩护，他必须回答这样的几个问题：1. 康德的《纯粹理性批判》提供的究竟是一种认识论还是一种存在论？是致力于解决认识论问题还是在为形而上学奠基？ 2. 如果康德的《纯粹理性批判》是要构建一种存在论，那么，康德哲学在何种意义上与他的基始存在论有着内在的勾连，并能作

---

① 海德格尔，《康德与形而上学疑难》，第 2 页。

② 海德格尔，《存在与时间》（修订译本），第 27 页。

③ 指海德格尔的《康德书》。

④ Heidegger, *Kant und das Problem der Metaphysik*, Vittorio Klostermann, Frankfurt am Main, 1976, Vorwort zur ersten Auflage；海德格尔，《康德与形而上学疑难》，第一版序言。译文有改动。

为他的"存在"问题的代言人？ 3. 康德在何种意义上是向着时间及时间性走得最近的一人，他又何以被自己的发现吓到并后退了？ 4. 作为海德格尔以时间为视域追问存在的意义问题这条思路上的"避难暂栖地"的康德哲学，是否给他提供了足够的庇护，从而能帮他将这条路走完，抑或康德的退却在海德格尔面前也挖掘了一道"深渊"，仅凭基始存在论却难以逾越？ 5. 海德格尔将康德的时间理论解读成"在—世界—之中—存在"的时间，这种现象学的解释学的阐释是成功的吗？抑或他的这种阐释对于存在的意义问题的挖掘依然不够深入、不够源始，尚需向源头处更推进一步？

1.3.2 康德的《纯粹理性批判》与形而上学奠基

与新康德主义不同，海德格尔认为康德哲学，尤其是《纯粹理性批判》致力于解决的问题并不是知识的客观有效性如何可能的认识论问题，而是作为未来的一种科学的形而上学如何可能的存在论问题。因此，康德的《纯粹理性批判》的目标毋宁是要为形而上学"奠基"（Grundlegung）。

那么，什么是为形而上学"奠基"呢？海德格尔指出，"形而上学奠基……是对形而上学之内在可能性所进行的建筑术意义上的划界与标明，这也就是说，去具体地规定形而上学的本质。"[1] 在这种意义上，康德的批判哲学，尤其是他的《纯粹理性批判》主要目的就是要来探讨形而上学之可能与不可能的边界。

正如我们在 0.3.2 中所曾简短介绍的那样，形而上学这个词来源于古希腊。在中世纪的时候被一分为四：本体论、神学、宇宙论和心理学。海德格尔指出，后三者研究的是特殊的存在者，因此被称作特殊的形而上学（*Metaphysica specialis*），前者研究的是一般存在者的知识，因此被称作"一般形而上学"（*Metaphysica generalis*）。这是就形而上学的研究内容进行的区划。与此同时，与内容相应，形而上学如果要成为一门"科学"，还需要可靠的方法。就形而上学要追求的内容是极其严格而又要具有"普遍的约束力"这重意义上来讲，形而上学的研究内容要能够"独立于偶然的经验"，而追求一种先天的、出自理性的原则和方法。这就是康德所谓的"批判"的方法。"我所理解的批判，并不是对某些书或者体系的批判，而是就它独立于一切经验能够追求的一切知识而言对一般理性能力的批判，因而是对一般形而上学的可能性或者不可能性的裁决，对它的起源、

---

[1] 海德格尔，《康德与形而上学疑难》，第 2 页。

范围和界限加以规定，但这一切都是出自原则。"①

形而上学奠基作为对形而上学内在可能性的区划和探索，就总包括对内容和方法两方面的研究。就内容来说，特殊形而上学的对象：上帝、自然（世界）和人（灵魂）总是"超感性存在者的知识"②，因此，对这样的知识是否可能的探索又总是反弹回存在者作为存在者的揭示状态或敞开状态的问题上，也就是"对存在者本身的一般公开状态的内在可能性的发问"。③ 无论存在者的一般公开状态，还是存在者作为存在者的敞开状态，都内在地蕴含了存在建制（Seinsverfassung）。恰恰是因为这些存在者的存在建制，诸种存在者才能公开出来或敞开出来。在这种意义上，作为存在论的存在建制问题总是优先于存在者是否能被认识的认识论问题。毋宁后者要在前者的基础上才能得到澄清。这样，形而上学的内在可能性的问题便被转化成了对存在建制进行探讨的存在论问题，进而也就变成了去澄清存在建制的结构和机制这样的存在论问题。在海德格尔看来，康德的"哥白尼革命"就不再是由让认识主体符合认识对象转为让认识对象符合认识主体的认识论上的革命，而变成了由存在者返归到存在者的存在的存在论革命。他的先验哲学因此追问的也是"存在"和"存在建制"的问题，在这种意义上，海德格尔认为康德的先验哲学就不再是"先验哲学"了，而变成了"超越论哲学"，这种哲学想要说出的主题与他自己的基始存在论的研究主题是一样的。所以，当他的思路发生困难时，他才找到康德作为存在问题的代言人，作为他的"避难暂栖地"。

但康德哲学的进路毕竟与海德格尔的基始存在论的进路不同。海德格尔的思路是通过澄清存在与存在者之间的存在论差异，进而通过对此在进行生存—存在论分析来展示此在的生存论建构，将此在存在的意义规定为操心，而后者的意义又是时间性。而对于康德哲学的进路来说，他的《纯粹理性批判》的核心问题是"先天综合判断如何可能"。如果按照从古希腊到德国古典哲学的传统看法，"判断"总是和真与假这样的真理问题相关，"综合判断"与"分析判断"又总是和是否能扩展知识的内容与范围相关，"先天"和"后天"总是和知识的客观有效性是否依赖于经验相关。如果从哲学的这个传统来看，康德的"先天综合判断"必定处理的是认识论问题。但海德格尔却不这样看，他认为"真理"首先和"遮蔽状态"、

---

① 康德著，李秋零译，《纯粹理性批判》，第一版序言，AXII，北京：中国人民大学出版社，2004年，第5页。
② 海德格尔，《康德与形而上学疑难》，第6页。
③ 同上，第6页。

"去蔽状态"相关，是"遮蔽"还是"去蔽"是判断是否真理的标准，在他的前期哲学中，他认为真理就是"去除遮蔽"①。因此，真理首要的意义并不是主体符合客体或客体符合主体这种符合论意义上的真理观。在这两种对真理的看法中，海德格尔认为前者是源初意义上的真理，后者是派生意义上的真理，后者唯有在前者的基础上才有是否"符合"的可能性。在海德格尔看来，综合判断与分析判断无论是否能拓展知识的内容和范围，总已经包含有对存在者之存在的先行领会了。因此，康德的《纯粹理性批判》处理的根本不是认识论问题，而是形而上学问题，更具体地说是存在论的内在可能性问题，要呈现的是存在者的存在建制，他的"哥白尼革命"也是由存在者转回存在，由存在者层面的知识转回到存在论层面的知识。"《纯粹理性批判》不是一种关于存在者层面上的知识（经验）的理论，而是一种存在论知识的理论。"②这种转向之所以关键，是因为存在者层面的知识或真理总需要以存在论层面的知识或真理为准则和根据，后者为前者奠定基础，前者以后者为指导。不过，如果想得到存在论知识，也需要有个前提，那就是首先需要奠立一般的形而上学或存在论。所以，在海德格尔看来，恰恰本于这个思路，康德才要通过《纯粹理性批判》来为形而上学奠基。而就方法层面来说，形而上学的奠基就是从建筑术的意义上将存在论的结构清理出来，使它的轮廓、脉络和面貌得到大致的勾画。

尽管我们在这里已经展示了海德格尔是怎样将对康德的《纯粹理性批判》由认识论的解读转变成了存在论的解读的，以及是怎样将知识的普遍有效性问题转变成了为形而上学奠基的存在论之可能性问题的，但在这里依然还有一个问题有待澄清，海德格尔究竟是怎样理解康德的 Transzendentalphilosophie 的？它怎样从"先验哲学"变成了"超越论哲学"？海德格尔本人又是怎样理解康德的 Transzendenz 的？它怎样从"超验"变成了"超越"？

1.3.3 康德的超越论题与主体的主体性

Transzendenz, transzendent 和 transzendental 这三个词有着共同的拉丁语词源 transcendence，而它又来源于拉丁语中的动词 transcendere。transcendere 这个词的基本意思是"越过"、"超过"或"穿过"，总之有越过边界、超过边线的意思，transcendence 作为从这个动词派生而来的名词

---

① 不过，后期海德格尔的真理观有所改变，他在后期认为，真理是"有所澄明的遮蔽"。
② 海德格尔，《康德与形而上学疑难》，第 13 页。

也就有了相应的"超过、越过"的意思。[①]康德在《纯粹理性批判》中将 Transzendenz 和 transzendent 借用过来，并依此发明了 transzendental 这个词。在康德的文本中，Transzendenz 的基本意思是"超验"，transzendent 的基本意思是"超验的"，transzendental 的基本意思是"先验的"，虽然这几个词都含有"超越"的意思，但我们认为在康德的批判哲学体系范围内来看，传统的汉译是有道理的。这是因为，在康德那里，他坚持了"物自体"和"现象界"的二元论区分。或许有人认为他的这种二元论是无奈之举，还有人认为物自体是个失败之举，譬如新康德主义马堡学派就坚持这种看法。但在我们看来，康德的这种二元论毋宁是有意为之的结果。因为从他的批判哲学体系看来，不止要解决普遍有效的知识何以可能的认识论问题，同时还要解决自由如何可能的道德哲学问题。自启蒙运动以来，自然科学取得了长足进步，但与此同时哲学却没能取得相应的进展，这主要是因为在经验论和唯理论的长期争论下，哲学对知识的普遍必然性的证明越来越陷入了危机之中。但在启蒙理性的鼓舞下，人们对理性的能力有着普遍的乐观和自信，认为哲学没能为知识的普遍必然性提供证明并不是说具有普遍必然性的知识不存在，真实情况恰恰相反，这种知识是存在的，欧几里德几何学和牛顿物理学就是代表。真正出了问题的是哲学，因为哲学没有能够为知识的普遍必然性提供证明，这被看作是哲学的耻辱。康德在《纯粹理性批判》中提出的"知性为自然立法"的思想以及实施的不是让主体符合客体，而是让对象符合知识的哥白尼式的革命，就致力于解决这个问题。除此之外，康德还需要为"自由"提供辩护。这是因为，随着牛顿物理学的广泛传播和近代机械论思维的盛行，人们对普遍必然性的追求大行其道，在这种意义上，人的自由就有失落的危险。毕竟，如果整个世界都处于普遍必然性的自然因果律的统治之下，世间万物都受制于严格的自然因果律的控制的话，那作为自然链条中的一个环节的人就不可能拥有自由。因此，人的尊严和自由就有陨落的危险。对于人来说，如果没有了自由和尊严，那么就将和自然界中的存在者没什么区别，人与石头、花草比起来没有什么独特之处和高贵之处，如果这是实情，对于人类来说将是件难以忍受的事情，道德、文化以及一切精神之物就都有陨落的危险。于是，康德在为知识的普遍必然性提供论证的同时，更要为人的自由做论证，从而捍卫人在自然面前的尊严，当然，在康德这么做的同时，也是在自然科学面前捍卫哲学的尊严。因此，康德在《实践理性批判》中提出

---

① 参见 Heidegger, *The Metaphysical Foundations of Logic*, trans by Michael Heim, Bloomington: Indiana University Press, 1984, p.160. 海德格尔，《现象学之基本问题》，第 408 页。

"理性为自身立法"，"自由即自律"。

在上述意义上，康德对物自体和现象界的二元区分一方面可以将知识严格地限制在现象范围内，从而依据人的先天认识形式保证知识的普遍必然性和客观有效性。另一方面则限制知识，为人类的道德和自由领域留下地盘。就此而论，其实康德提供了两种"超越"，一种是向内的超越，即向主体的先天认识形式的超越，一种是向外的超越，即向物自体的超越。康德指出，内在的超越是可能的，但外在的超越是不可能的。因为物自体超出了人类的经验界限，从而就人类的理性能力而言，无法形成有关物自体的普遍有效的知识，否则，如果人类的认识能力妄图超越经验的界限而去认识物自体的话，就只能产生先验幻相。于是，物自体和现象界之间的这种二元区分在理论理性范围内只具有消极意义，但到了实践理性范围内之后，这种消极意义却转化为了积极意义。因为虽然物自体不可以认识，但却可以思想。于是，在理论理性领域内被排除出去了的上帝、灵魂和世界在实践理性的领域内又被请了回来，变成了实践理性的三个公设，即上帝存在、灵魂不朽和意志自由。

在这个大背景下，康德对 transzendental 进行了如下界定，"我把一切不研究对象，而是一般地研究我们关于对象的认识方式——就这种方式是先天地可能的而言——的知识。"[①] 在这种意义上，在康德哲学范围内，transzendental 指的是研究在逻辑上先于经验并使经验和知识得以可能的人类的先天认识形式的知识。所以，虽然它有超越于经验的含义，但译为"先验的"是没有问题的。另外，他将 transzendent 界定为："……纯粹知性的原理只应当有经验性的应用，而不应当有先验的应用，亦即超出经验界限的应用。但是，一个取消这些界限，甚至让人逾越这些界限的原理，就叫做超验的。"[②] 在这里，就 transzendent 超越于经验的界限并取消这个界限的意义来说，是超验的。

但在海德格尔眼里，由于康德的工作本意在于为形而上学奠基，而不是 为了解决认识论问题，因此，要紧的不是去追问具有普遍必然性的知识如何可能的认识论问题，而是去关注存在论知识如何可能的存在论问题。海德格尔在 transzendent 这个词的本意，即"跨越"、"跨过"、"超过"的意义上来使用它，"照其词义，'超越'的意思是跨越、越过、穿越，有时也有胜过的意思。我们按照本源的词义来规定这个哲学概念，并不十分

---

① 康德，《纯粹理性批判》，A12/B26，第 48 页。
② 康德，《纯粹理性批判》，A296/B353，第 273 页。

顾及哲学上的传统看法，反正这些传统用法歧义甚多、很不确定"。① 在海德格尔看来，如果就 transzendent 的哲学含义来说，它最基本的意思有两个："1. 与'内在'相对的'超越'(transcendent),2. 与'偶然'相对的'超越'(transcendent)。"②

就前者而言，这种意义上的"超越者"是存在于意识和灵魂之外的东西。而意识总是对它自身之外的东西有所认识的意识，因此势必与意识之外的"超越者"关联起来。因此，"超越者作为某种外在的现成在手的东西（Ausserhalbvorhandenes）同时就是那站在对面的东西(das Gegenueberliegende)。"③ 在这种意义上，海德格尔指出，如果打个不恰当的比方的话，主体（既意识和灵魂的）内在和外在之间的关系就类似于一个盒子的内部与外部的关系，所谓的超越就是如何超越这内部和外部之间的区分或障碍。于是，"超越"就意味着推倒盒子的墙壁，从而让内在和外在勾连起来，也就说要能让意识或灵魂的内部与外部勾连起来，"超越"因此是一种"路径"或"进路"。对于这种进路，无论是心理主义的解释、生理学的解释还是寻求意向性的帮助，都无法清晰地予以说明。这是因为，在海德格尔看来，如果要清晰地阐释这种意义上的"超越"概念，在原则上必须依赖于主体的概念、此在的概念。"没有它，穿越障碍或边界的问题就无意义了！与此同时，一切也会很清楚，超越的问题依赖于如何界定主体的主体性，以及此在的基本建制。"④ 海德格尔指出，这种意义上的超越内在地与知识的形成相关，因此被界定为"认识论的超越观念"。

就后者而言，这种意义上的"超越者"是与偶然性相对的东西。偶然性就意味着有条件性，而与偶然性相对立的是无条件性。海德格尔指出，这种意义上的超越是一种关系型概念，"这种关系是在有条件的一般的存在者——主体和所有可能的对象都归属它——与无条件者之间的关系"。⑤ 这种意义上的超越总是向某种超越了偶然性的东西的超越。就有条件者和无条件者在西文语境中往往会和基督教的背景联系起来而言，作为无条件

---

① 海德格尔，《现象学之基本问题》，第 408 页。
② Heidegger, *The Metaphysical Foundations of Logic*, trans by Michael Heim, Bloomington: Indiana University Press, 1984,p.160.
③ Heidegger, *Metaphysische Anfangsgruende der Logik im Ausgang von Leibniz*, Frankfurtam Main, Vittorio Klostermann, 1978, S.205; Heidegger, *The Metaphysical Foundations of Logic*, p.160.
④ Ibid,p.161.
⑤ Ibid,p.162.

者的超越者往往就是指具备创造能力的创造者，有条件者往往就是指受造物或者说被造物。这样，无条件者也就往往等同于神圣者，也就是上帝。海德格尔将这种意义上的超越界定为"神学的超越观念"。海德格尔指出，这两种意义上的超越可以整合在一起。他通过对康德的"在我们之外"的分析，得出了结论："整部康德的《纯粹理性批判》都在围绕超越问题打转，后者在其最源初的意义上不是一个认识论问题，而是自由问题。"①

在此基础上，海德格尔认为，对于"超越"，需要把握如下几点：1）超越总和主体相关，主体作为主体而超越，"成为主体就意味着超越"②，而主体就是此在，此在的生存总是超越的。海德格尔明言，"超越……是此在存在的基本建制"③。在这种基本建制的基础上，此在与存在者的关联行止和交道行为得以可能。2）超越之超越所朝向超越的方向是"世界"。3）由2）而来，此在之超越的存在建制就是在—世界—之中—存在。"那个一向属我的存在者，那个我自身一向所是的存在者，其基本建制含有'在—世界—之中—存在'。我自身与世界是同属一体的，它们属于此在建制之统一，并且同等本源地规定了'主体'。换言之，我们一向自身所是的存在者，此在乃是超越者。"④由此，在海德格尔的基始存在论的视野中，此在自身就是超越者，此在在其生存活动中就是超越，这种超越是向在—世界—之中—存在的超越，而超越问题在其最本己的意义上就是自由问题。因此，海德格尔指出，在—世界—之中—存在和自由是此在生存的两个本质性建构因素。⑤不过，这里需要我们注意的是，海德格尔这时谈论的自由既不是康德意义上的先验自由，即不是意志自由，也不是实践意义上的自由，即不是政治自由或经济自由，同时更不是其他道德哲学意义上的自由，而是基始存在论意义上的自由，指的是此在在对自身的存在有所领会的基础上筹划自己的能在。

由此，海德格尔依照自己的基始存在论的视野去理解和解释康德的transzendent 和 transzendental，这样就既超越了新康德主义的视角，也超越了心理主义或生理主义的视角，同时也超越了胡塞尔从意识的意向性出发的现象学视角。在海德格尔的视角中，在康德那里，transzendent 和

---

① Ibid,p.165.

② Ibid,p.165.

③ Ibid,p.165.

④ 海德格尔，《现象学之基本问题》，第408页。

⑤ 参见 Heidegger, *Phenonological Interpretationof Kant's Critique of Pure Reason*, trans by Parvis Emad and Kenneth Maly, Bloomington & Indianapolis, Indiana University Press, 1997, p.13, p.15.

transzendental 总是和此在亦即主体相关，总是对主体的主体性的描述。但康德之所以没能向前推进一步走到基始存在论，在海德格尔看来，主要原因之一在于康德忽略了世界现象，没能正确地领会此在的在—世界—之中—存在这一基本生存论建制。"我们将会看到康德难题的基本困难是怎样根源于他没能识别世界现象以及没能澄清世界概念这一失败之处——他和他的后继者都没能做到此点。"① 而就世界现象总是和此在相关，在—世界—之中—存在是此在的基本生存论建制来说，康德就没能将此在的存在纳入视角。因此，在这种意义上，康德"没有先行对主体之主体性进行存在论分析"。② 不过，康德却依然是向着基始存在论走得最远的一人，因为他已经"将时间现象划归到主体方面"，只不过"他对时间的分析仍然以流传下来的对时间的流俗领会为准，这使得康德终究不能把'超越论的时间规定'这一现象就其自身的结构与功能清理出来"。③ 不过，其实在海德格尔看来，康德之所以没能向前再前进一步而走到基始存在论意义上的时间性思想，不是因为他没有这样的想法，毋宁是因为他被自己的发现——超越论想象力——吓坏了，超越论想象力在康德面前制造了一道"深渊"，面对这道深渊，他退缩了。④ 那这就意味着，康德其实在自己的《纯粹理性批判》中已经窥见基始存在论及时间性之堂奥了，那么，既然解释康德意味着要说出康德的未竟之言，我们就必须进一步向前推进一层，以展示海德格尔的这一思想历程。

正如上文所述，在海德格尔眼里，康德的《纯粹理性批判》是一次为形而上学奠基的任务，而所谓的奠基就是内在地探究存在论之可能性与不可能性的边界，也就是探讨存在论知识的内在可能性。哥白尼革命因此是从存在者层面的知识转向存在论层面的知识。超越相应地也就是在存在论知识中的存在领会问题。因此，超越总是展示出了主体的主体性。而如果在基始存在论的视野中来看的话，超越总是此在的超越，是向在—世界—之中—存在的超越，于是，超越隶属于此在的存在领会，因此是主体的主体性的体现。但超越之为超越之所以可能，是因为作为主体的人的此在的有限性所引起的，超越性植根于有限性之中，而有限性就凸显了时间性，所以超越性的根源在时间性之中。这样，海德格尔对《纯粹理性批判》的解释，就向着时间性以及时间与存在之间的关联迈进了一步。但具体而微

---

① Ibid,p.14.

② 海德格尔，《存在与时间》（修订译本），第 28 页。

③ 同上，第 28 页。

④ 我们将在 4.3.1 中详细讨论这个问题。

地，海德格尔对《纯粹理性批判》的现象学解释是如何展开的？他是怎样在对《纯粹理性批判》的逐步解读中一步步得到了上述的结论与看法？他又是怎样对康德的时间学说进行现象学解释，从而完成基始存在论与解构康德存在论之间的解释学循环的呢？本文接下来将主要围绕海德格尔在1925年到1930年之间对康德哲学进行解释的作品，其中又尤其以《康德书》为核心，通过梳理海德格尔对康德的《纯粹理性批判》，尤其是康德的时间学说的现象学分析的具体进路，来尝试回答上述问题。我们认为，在海德格尔对康德时间学说进行现象学解释的道路上，有四个要点十分关键，他对这四个要点也尤为重视：首先，他将知识的构成要素拆解成纯直观和纯思维，并赋予作为纯粹直观形式的时间以重要作用。其次，是纯粹综合将纯直观和纯思维"契合"（fuegen）起来。第三，纯粹综合之所以可能主要在于图式论。第四，纯粹综合的基源在于超越论想象力，超越论想象力是康德为形而上学提供奠基工作要真正追溯至的"源头"。超越论想象力之所以具有如此关键的地位和功能，秘密在于时间和时间性。但海德格尔认为康德在这个发现面前退缩了，因此没能走到基始存在论面前。我们接下来将围绕这四个要点来展示海德格尔对康德《纯粹理性批判》，尤其是他的时间学说的现象学解释的具体进程。

第2章 存在论视域中的主体性：此在的有限性与存在论知识二要素

正如我们前文所述，海德格尔对康德的《纯粹理性批判》的主旨和意图都进行了存在论的解读。他认为康德的"纯粹理性批判"探讨的是存在论知识如何可能的存在论问题，而不是探讨知识的普遍必然性和客观有效性如何可能的认识论问题。因此，康德的"纯粹理性批判"也就是一次为形而上学的奠基。康德的"哥白尼革命"在他眼中也不是主客符合一致意义上的扭转，即不是由以往哲学中让主体符合客体、让知识符合对象转换为让客体符合主体、让对象符合知识，而是从存在者层面的知识转向存在论层面的知识。在这种意义上，海德格尔将康德的 Transzendenz 不是看作"超验"，而是看作"超越"，transzendent 不是看作"超验的"，而是看作"超越的"，transzendental 不是看作"先验的"，而是看作"超越论的"。超越在上述意义上就是由存在者层面向存在论层面的超越。超越论的也就是研究存在论层面的知识如何可能以及存在者层面的知识如何植根于存在论层面的知识之中的问题，此乃其一。其二，在海德格尔的基始存在论中，超越是向着此在的在—世界—之中—存在的超越，而此在的在—世界—之中—存在的基本意义是操心，而操心的意义向来是时间性，因此，超越的根源就在时间性之中。在我们的描述中，上述第一点已经在第一章中有所展示，但第二点却没能得到说明，至少没能通过对海德格尔对《纯粹理性批判》的现象学解释而得到展示，这种展示是海德格尔对康德时间学说进行现象学的解读的关键。我们将在接下来的几章中来展示海德格尔的这种解读之实行。

就海德格尔对康德的《纯粹理性批判》的现象学解释，亦即将其解读成一次形而上学的奠基，从而探讨存在论的内在可能性来说，关键之点是要挖掘、保有并呈现出纯粹理性批判作为形而上学之奠基工作的根源，并能把这种根源的境域开放出来，达到任其涌流、让其生长的目的。但如果按照通常的对康德的《纯粹理性批判》的认识论解读来看，这本书的基本思想可以表述如下，康德试图调和近代经验论和唯理论的争论，他认为普遍有效的知识既不能完全来自内在的主体，像唯理论者那样，因为来自主体先天的知识虽然具有普遍有效性，但却无法扩展到外在的经验范围和客观世界领域，因此无法拓展知识的内容和范围。但也不能完全来自外部的经验世界，因为休谟的温和怀疑论已经证明，完全来自经验的知识不过是"习惯性联想"的结果，只具有或然性而不具备普遍必然性。因此，在主体和客体二元分立的背景下，走让主体符合客体，让知识符合对象的道路走不通。于是，康德便实行了哥白尼式的革命，不是让主体符合客体，知识符合对象，而是反过来让客体符合主体，对象符合知识。一方面，通过感性接受物自体的刺激形成杂多表象和显像（Erscheinung），继而经过加工整理后形成经验。感性感官之所以能接受物自体的刺激形成经验，主要是因为先天感性直观形式——时间和空间的作用，其中，空间是外感官的直观形式，时间是内感官的直观形式。另一方面，通过知性为经验提供先天的认识形式，即范畴。这两方面的结合就保证了知识的普遍必然性和客观有效性。因为，感性经验本源于外在的物自体的刺激，这就保证了它为知识提供的质料能够扩展知识的范围，而知性提供的先天认识形式则足以保证知识的客观有效性。这样，只要能阐明先天综合判断的可能性，这个思路就可以得到证成，从而就可以为普遍必然性的知识提供证明了。但在这个思路中却存在着明显的困难，即经验属于感性，范畴属于知性，怎样才能一方面将感性经验带给知性范畴，另一方面又能将知性范畴带给感性经验呢？康德在1781年出版的第一版《纯粹理性批判》中将解决这个问题的任务交给了先验想象力。但在第二版中却从这种相对激进的位置和立场上后退了，弱化了先验想象力的作用。恰恰在此基础上，海德格尔认为康德被自己的发现吓到了，退缩了。

因此，如果就《纯粹理性批判》的第一版的内容来说，解决具有普遍必然性的知识如何可能这个问题即先天综合判断如何可能的问题就必须至少要涉及三个关键性因素：感性直观、知性范畴和先验想象力。如前所述，海德格尔对康德的《纯粹理性批判》和先天综合判断都进行了存在论解读，但如果要将这种解读贯彻下去，实现自己的哲学目标，就必须能对这三个要素进行存在论的解读，并表明康德的《纯粹理性批判》在讨论这三者以解决"先天综合判断"如何可能的问题时为何是在探讨勾画存在论的内在可能性的形而上学奠基问题，以及在这个过程中康德何以向着时间性思想走了一程，又如何被自己的发现吓到了而没能向前更进一步走向基始存在论。本文接下来就将对海德格尔对康德的感性直观、知性范畴和先验想象力的现象学解释，尤其是这三者与时间之间关系的现象学解释进行研究。就本章而言，将主要研究和展示海德格尔对康德先验感性论部分的现象学解读，指出在海德格尔看来，存在论知识之所以需要由纯粹直观和纯粹思维两部分组成，并且它们之间的契合需要追溯到纯粹综合，主要是因为人只具有派生的直观而不具有源始的直观能力，这又本源于人类此在的有限性，此在的有限性是主体的主体性的最重要的特征。

2.1 人类此在的有限性与有限性直观

2.1.1 主体的主体性与人的有限性

我们在前文已经指出，海德格尔认为康德的《纯粹理性批判》提供的是一次为形而上学奠基的任务，这也就是去探究存在论的内在可能性问题。解决这个问题的关键是具体而微地澄清超越问题，或者循着超越这个方向去向存在论知识的根源及其奠基的境域掘进。海德格尔指出，康德的这个思路与传统形而上学的基本思路也是合辙的。因为无论是特殊形而上学还是一般形而上学，其研究内容①都已经超越了经验。所以康德不是从经验中，而是向着人类理性，尤其是纯粹理性的方向前进去解决形而上学的奠基问题，如果从存在论的视角来看，也就是要去遵循主体的主体性，亦即此在对自身存在的存在论领会的方向去解决这个超越问题。但超越之所以可能，是因为它内在地植根于人类此在的有限性。

海德格尔指出，康德哲学的主题内在地与人类此在的有限性紧密相关。康德哲学致力于解决这样几个问题：1. 我能够知道什么。2. 我应当做什么。3. 我可以希望什么。《纯粹理性批判》致力于解决第一个问题，《实践理性批判》致力于解决第二个问题，《判断力批判》和《纯然理性界限内的宗

---

① 海德格尔指出，在亚里士多德的哲学中，形而上学可以分成两部分内容。一部分是研究所有存在者的终极依据的神学，另一部分是研究作为存在者的存在的学科，这也被称作第一哲学。作为 Metaphysics 这个词的词根的 meta–，无论它的意思是"元"，还是"在……之后"，其实都可以归结为 tran–，而 tran– 这个词根的基本意思是"超越，越过"。因此无论是神学还是第一哲学都已经超越了经验。经验不可通达的领域有三个，一个是作为整体的世界，一个是作为世界的根据的上帝，另一个是不朽的灵魂。以这三者为研究对象的形而上学是特殊形而上学（metaphysica specialis）。还有一种形而上学是一般形而上学（metaphysica generalis），它的研究内容是 τò ὄv ἦ ὄv。关于"形而上学"，我们在 0.3.2 处也已经有所描述。

教》致力于解决第三个问题。这三个问题最后又可以归结到第四个问题即"人是什么"的问题上。所以，康德为形而上学奠基总是着眼于人类此在来进行。在海德格尔看来，康德致力于解决的这几个问题充分展示了理性和人类此在的有限性。理由如下：针对第一个问题，"我能够知道什么"，当谈及"能够"（Koennen）时，总是在这个问题和相应的表述中蕴含了"不能够"（Nicht-Koennen）。因此，在提出和解答这个问题时，其实就已经宣告了"我"的有限性，因为完满者或者说无限性不需要追问"能够"还是"不能够"的问题，它自身就是全能的（全知的）。针对第二个问题，"我应该做什么"，在谈论作为主体的"我"是否"应当"（Sollen）时，就总意味着在"应当"与"不应当"之间挣扎徘徊。"一个从根基上就对'应当'有兴趣的本质存在，是在一种'仍—未—完满'（Noch-nicht-erfuellt-haben）中知晓自身的，更确切地说，他在根本上应当怎样，这对他来说是有问题的。"① 海德格尔指出，在谈论"应当"时，凸显的"仍—未—完满"就表明，"我"在其根基处是有限的。因为无限者自身就是完满的，不会有所欠缺，也就不会"仍—未"或欠缺完满。针对第三个问题，"我可以希望什么"，当作为主体的人有所"希望"时，就意味着那希望的东西是"我"暂时欠缺的，因而这一个问题也同样说明，"我"是有限的，因为无限者自身是圆满的，所以不会有所欠缺。这样，在康德哲学中，通过追问这几个问题，"人类理性不仅暴露出其有限性，而且其最内在的兴趣也关联到有限性自身"。②

不过，当理性追问"能够"、"应当"和"可以"这三个问题而暴露出自身的有限性后，并不意味着有限性是一种缺陷，需要被克服或瓦解，毋宁通过提出这几个问题，要将人的这种独特的、本己的有限性保留下来，使它可以被居有、显露、展现和传达出来。进一步地，海德格尔指出，理性的这种有限性并不是外在的有限性，即有限性并不是理性的属性，不是可以从理性或人类外部外在地添加到或缚系在、粘贴在理性和人身上的性质，它也不是理性或人类身上的某种现成属性。实情毋宁倒是，这种有限性就本源于理性及人类此在的有限性之中，它是一种结构上的有限性，亦即理性和人类此在总是有终结的或者说总是有死的，"理性的有限性就是'使有终结'（Verendlichung），即为了'能够—有所终结的—存在'（Endlich-sein-koennen）而'操心'（Sorge）。"③ 因此，反过来，恰恰本源

① 海德格尔，《康德与形而上学疑难》，第206页。
② 同上，第206页。
③ 同上，第206页

于理性和人类此在的有限性，才能提出上述的那三个问题。

所以，海德格尔指出，形而上学之奠基工作，即对存在论的内在可能性的追问和厘定工作在对人的有限性的追问中有其根源。奠基工作即要将这个根基的源头敞露并揭示出来。这个工作就是《纯粹理性批判》的目标，"着眼于形而上学奠基，对人的有限性必然进行发问，而将这一基本的难题展露出来，就是……对《纯粹理性批判》正在进行的阐释工作的目标。"①在这种意义上，无论是康德在《纯粹理性批判》中明言了的，或者潜藏着的，或者意欲但未明言亦未暗示的思想就需要被一一揭示出来，这自然也包括康德思想的那些所谓的"前提"，而这就是指由人的有限性而来的知识的有限性主题。"现在这就意味着：在解释的开头，那些作为康德没有说出的'前提'而被突出来的东西，即知识的本质以及知识的有限性，都成了具有关键性的疑难问题。"②

从基始存在论的视野来看，此在的有限性就体现在此在的生存之中，此在生存的存在方式就是有限性。而正如我们前文所述，此在生存又总是包含有对存在的领会并惟有根据它，前者才为可能。"生存作为存在方式，本身就是有限性，而这种有限性的存在方式只有基于存在之领会才是可能的。"③这样，当我们把目光扭转回海德格尔对康德的《纯粹理性批判》的现象学解释时，也就更为清楚了，当海德格尔将康德的"纯粹理性批判"阐释为一次为形而上学奠基的工作时，恰恰是基于上文所说的存在之领会，才给予和保证了存在者在这种存在之领会中被知晓以及被熟知，相关的知识也要从这种存在之领会中发源。而这种存在之领会恰恰植根于此在也就是人亦即主体的有限性之中。

因此，当我们在超越问题、有限性论题上盘桓如此良久并澄清了相关背景问题后，接下来就可以切入到有限性知识的各个要素及《纯粹理性批判》之为形而上学奠基的具体实行了。我们需要追随海德格尔对康德哲学的现象学解释来表明，他怎样从对《纯粹理性批判》作为一次为形而上学奠基的任务而向《存在与时间》中的时间性思想走了一程，他又是怎样在自己的发现面前退缩的。以及通过这个解读过程，我们还要表明，海德格尔在解读康德哲学的过程中，有帮助他为完成《存在与时间》中提出的计划——即解构存在论历史——而做好铺垫吗？还是给他完成这一任务也造成了困难？

---

① 同上，第208页。
② 同上，第208页。
③ 同上，第218页。

海德格尔的基本思路是，沿着《纯粹理性批判》解决"先天综合判断"的路向来展开分析，即先考察构成知识的双要素——直观和思维，继而考察让它们彼此结合起来的机能从而向形而上学之奠基得以可能的源头处掘进。海德格尔对挖掘、敞露和展示形而上学奠基的这个源头比较感兴趣。海德格尔自己也明确指出，"形而上学奠基就是将我们的，即有限的知识'分解'（分析）为其要素。"① 在康德那里，构成知识要素的，最关键的就是直观、想象力和知性范畴。海德格尔将它们带入了有限性的论题和视域之中，从而最终对它们进行了生存—存在论的解读，即将它们与在—世界—之中—存在和时间性紧密地联系了起来，在我们将海德格尔对康德的现象学解释阐释清楚后，这一点会愈发清楚地得到展示。接下来，我们将首先进入海德格尔对直观的现象学解释，在他看来，源于人类此在结构上的有限性，直观也是有限的，人并不拥有源始的直观，而只具有派生的直观。

2.1.2 神的源始的直观与人的派生的直观

海德格尔指出，在"直观"中包含两个环节，一个是作为活动的直观，它指向被直观到的对象，这种意义上的直观需要在 *intendere* 意义上来理解。另一个环节是作为直观活动直观到的结果意义上的直观。它指的是通过直观活动直观到的内容，这种意义上的直观需要在 *intentum* 意义上来理解。但康德却没能在这二者之间进行区分。在康德那里，"直观意味着让某物如它自身所是的那般来呈现；直观意味着让存在者在它的给予性中被遭遇"② 。因此，在这种意义上，直观毋宁意味着直接展现、直接呈现，是"让……被遭遇"。

海德格尔又将"直观"这个词追述到它的拉丁语词源 *intuitus*，并指出，在中世纪和近代哲学中，"直观"是上帝的一种绝对意义上的认识方式，神在"直观活动"中直观到对象，并且神只能靠这种直观活动来产生知识。这就意味着，神除了直观之外不需要借助其他方式或手段来形成知识。因此，上帝的直观是神圣的、无限的认知。海德格尔将神的这种绝对的、无限的认知方式的直观称作"源始的直观"（*intuitus originarius*）。上帝的这种"源始的直观"不仅可以在直观中让知识直接呈现，而且甚至就在直观中让作为认识对象的存在者生成，作为认识对象的存在者的存在是由神的直观创生的。"作为直观的无限直观是那被直观到的东西之存在的

---

① 同上，第 207 页。

② Heidegger, *Phenomenological Interpretation of Kant's Critique of Pure Reason*, p.58.

源泉；其存在发源于直观活动自身之中。"①

与归属于神的"源始的直观"不同，人类此在的直观不是源始的，而是派生的，是"派生的直观"（*intuitus derivativus*）。这是因为，人类在直观活动中并不能创生作为认识对象的存在者，毋宁相反，它直观的是那已经存在的东西。因此，人类直观必须预先假定那已经存在的东西作为自己的认识对象。后者在人的直观活动中被遭遇和呈现。"无限的直观与有限的直观之间的区别就在于：无限直观在其对个别东西，即对一次性的单个存在者总体的直接性表像中，将此存在者首次带入其存在，辅助其形成发生（*origo*〔起始〕）。"② 因此，神的认识方式就是直观，而人的认识则不能只依赖于直观，同时还需要思维。需要思维这重事实复又证明了人类直观的有限性。

在康德那里，知识的形成需要直观和思维共同发生作用。因为人类是有限的，所以只有感性才有直观，知性则无法直观，对于康德，知性直观或者说理智直观是不存在的，知性的功能只能是思维。在这二者中，直观可以为知识的形成提供原材料，而知性则为知识的形成提供加工和整理这些原材料的规则，必须让二者结合在一起才能产生知识。对于人类来说，只有直观或只有思维都无法形成知识。康德明确地说，"无感性就不会有对象被给予我们，无知性就不会有对象被思维。思想无内容则空，直观无概念则盲。"③ 在认为知识的形成既需要直观，也需要知性这一点上，海德格尔与康德是一致的。"有限直观（感性）自身需要通过知性来进行规定，而自身已是有限的知识，反过来也要指靠直观。"④ 但与康德不同的是，海德格尔对康德的解释采取的是现象学的进路，他认为在直观和思维、感性和知性这二个形成知识的因素中，直观处于主导地位，知性和思维处于从属地位，它们臣服于直观。

综上所述，人类直观作为派生的直观之所以是有限的，就在于作为原始的直观的神的无限性直观在形成知识的过程中并不需要独立自存的存在者作为依据，相反神在自己的直观活动中反倒创生了存在者，形成了知识，而人类的有限性直观作为派生的直观在直观过程中却无法创生存在者，因此，有限性直观在形成知识的过程中必须有赖于和已经存在了的存在者之间发生某种关联。"有限性直观将自身视为依赖于可被直观的东西，而这

---

① Heidegger, *Phenomenological Interpretation of Kant's Critique of Pure Reason*,p.59.

② 海德格尔，《康德与形而上学疑难》，第 20 页。

③ 康德，《纯粹理性批判》，A51/B75，第 83 页。

④ 海德格尔，《康德与形而上学疑难》，第 31 页。

一可被直观的东西则是某种源于自身的、已然的存在者。"① 这种关联就是有限性直观对那些已经存在并进入其境域的存在者的可领受性，也就是有限的直观的"接受性"。但与康德完全在认识论层面来谈论直观的这种"接受性"不同，海德格尔对它进行了存在论解读，在海德格尔看来，直观的这种"接受性"总是和此在的生存及其他存在者发生了关联，"我们的作为让存在者在其存在方式中被遭遇的直观，就包括对那已经实存着的存在者的存在指涉了。"② 但因为人类此在的直观是有限的，它必须要接受那遭遇着的存在者的激发（affect），同时那被遭遇的存在者必须激发人类此在的直观，此时，直观才能发动，那在直观中被遭遇的存在者对于认知着的存在者，即人类此在来说，才是切身相关的。

因此，海德格尔说："直观的有限性实际上是由激发（affection）决定的。"③ 而真正进行激发和自我激发的，就是时间。至于其背后的理据，我们将在后文中一步步详细讨论。为了更好地展示海德格尔在对康德哲学的现象学解释过程中是怎样向形而上学奠基的源头处前进的那些关键性步伐，接下来，我们将转入海德格尔对直观的类型的讨论。

2.1.3 有限直观的两种类型：经验性的直观与纯直观

在海德格尔看来，直观有两种类型，一种是无限性的直观，也就是源始的直观，这种直观在直观活动中形成知识的同时创生作为对象的存在者，它归属于神。人的直观则是有限性的直观，派生的直观。有限性直观在直观活动中并不能创造作为对象的存在者，相反它要依赖于已经存在了的存在者的激发活动。被激发和自我激发着的有限性直观，又包括两种类型，一种是经验性的直观，一种是纯粹的直观。康德指出：

> 我们的知识产生自心灵的两个基本来源，其中第一个是接受表象的能力（印象的感受性），第二个是通过这些表象认识一个对象的能力（概念的自发性）；通过前者，一个对象被给予我们，通过后者，该对象在与那个（仅仅作为心灵的规定的）表象的关系中被思维。因此，直观和概念构成了我们一切知识的要素，以至于无论是概念没有以某些方式与它们相应的直观、还是直观没有概念，都不能提供知识。这二者要么是纯粹的，要么是经验性的。如果其中包含有感觉（它以

---

① 同上，第21页。

② Heidegger, *Phenomenological Interpretation of Kant's Critique of Pure Reason*, p.59.

③ Ibid, p.60.

对象现实的在场为前提条件），它们就是经验性的；但如果表象未混杂任何感觉，它们就是纯粹的。人们可以把感觉称为感性知识的质料。因此，纯直观仅仅包含某物被直观的形式，而纯概念则只包含思维一个对象的一般形式。只有纯直观或者纯概念才是先天地可能的，经验性的直观或者概念则只是后天可能的。①

在这段话中，康德区分了经验性的直观和纯粹直观。按照康德的观点，区分这两种类型的直观的标准和依据是是否"包含有感觉"。而所谓的感觉，是以"对象现实的在场为前提条件"。如果从存在论的观点和立场来看，这里的"对象"就是指和直观相关联而发生作用的存在者。"在场"的意思则是指与直观发生作用的存在者是否"激发"直观从而让自身前来遭遇。如果在直观中包含有这样的存在者的刺激，那么这种类型的直观就是"经验性的直观"，而如果"未混杂任何感觉"，也就是说，其直观内容并不依赖与外部的存在者发生关联、不依赖前来遭遇的存在者的"激发"，那这样的直观就是纯粹直观。但就人类直观是一种派生性的直观、一种有限性的直观而言，人类的直观的发动总需要被"激发"，又鉴于纯粹直观的实行不需要感觉，亦即不需要与外在的已经存在的存在者发生关联，不需要受其激发而发动而言，纯粹直观便总是一种自身激发。

如果从认识论的进路来看，"经验性的直观"中总是包含有"感觉"，亦即包括由外在的物自体对人类感官的刺激而形成的未被规定的感性杂多，这些感性杂多之所以能被人类感官感觉到，主要是因为人具有先天的感性直观形式，恰恰是因为认识主体具有先天的感性直观形式，所以在接受物自体的刺激后才会形成相应的感性杂多。这样，在人的先天的感性直

---

① 康德，《纯粹理性批判》，A50/B74，第83页。

观形式的作用下,感性杂多相应地才会成为"现像"(Erscheinungen)①。这样,人们的知识不是关于物自体的知识,而是关于"现像"基础上的经验的知识。因为物自体超越了人类的经验范围,人们无法形成关于它的知识,否则,只能得到先验幻相。

然而,如果从海德格尔的现象学进路来看的话,"物自体"和 Erscheinungen 的分别就没有如认识论进路那般泾渭分明了(物自体存在于主体之外,Erscheinungen 则在主体的经验界限范围之内;物自体不可知而 Erscheinung 可知)。在海德格尔看来,物自体和 Erscheinungen 都是和人类的有限性直观相关联而"显现"出来的"现像",只是它们和"直观"关联起来及"显现"出来的方式并不相同。与物自体相关联的是无限直观,与 Erscheinungen 相关联的是有限直观,但这并不意味着物自体不会与有限直观发生关系。就前者而言,物自体是在神的无限直观中被创生出来的,也就是被显现出来的,它具有一种"站—出"(Ent–stand)的特质,它自身也是在这个过程中显现出来、展示出来,从而"现""象"出来,在这种意义上,物自体是和人类此在同等级别或同等地位的存在者,人类此在也是这样自身"绽—出"(Ex–stase)的存在者,它的存在也具有类似的特征。就人类此在基本的生存论建构是在—世界—之中—存在,并在这种生存方式中通过筹划活动将其他存在者或者以现成在手(Vorhandenheit)或者以当下上手(Zuhandenheit)的方式组建进此在的周围世界的意义上而言,物自体作为一种存在者也总是"显现"出来的过程。在这种意义上,物自体不是别的,就是"现象"(Phaenomen)。此在通过有限的直观与它发生关联,对它有所领受,从而让它在此在的这种领受性的直观中开放出来。"宽泛意义上的现象 (Phaenomen) 就是'对象'的一种方式,即是有

---

① 关于 Erscheinung,我们要充分注意到它在康德思路和海德格尔思路中的差异。在李秋零教授翻译的《纯粹理性批判》中,他将 Erscheinung 翻译成"显象",我们认为这是有道理的。因为在康德那里,人类理性无法超出经验界限范围而形成关于物自体的知识,它只能认识人类经验界限范围内的东西。在康德那里,经验的形成从 Erscheinung 开始。但 Erscheinung 并不是物自体,它是对象刺激人类感官之后形成的产物。但在海德格尔那里,他采取现象学的进路来理解康德哲学,对康德那里的 Phaenomen,Erscheinung,Gegenstand 都做了现象学的解读。在他看来,Erscheinung 和"显现"相关,是作为现象的 Phaenomen 脱落了的产物,因此它不是第一层级的"象",而是第二层次的"像"。参见海德格尔,《存在与时间》(修订译本),第 33—37 页;海德格尔,《康德与形而上学疑难》,第 28 页。但我们需要留意,海德格尔在《存在与时间》中对 Erscheinung 的描述和分析与《康德书》中的阐释略有不同。因此,Erscheinung 这个词在康德的认识论进路和海德格尔的现象学进路中,具有不同的内涵。但鉴于本文既会涉及《纯粹理性批判》,又会关涉《存在与时间》和《康德与形而上学疑难》。为了避免引起混乱,在行文中将会统一将 Erscheinung 翻译成"现像",特此说明。

限的认识，作为思维着、领受着的直观，使之开放的存在者自身。"① 相对于这种广义上的"现象"，Erscheinungen 的意思则要狭窄得多。海德格尔指出，当物自体也就是现象向人类的有限直观显现出来时，总会有与有限直观相关联的关联项，它是由主体的思维从广义的"现象"上剥离下来的，因此它是作为知识的关联项的对象。因此，在上述意义上，存在者就可以有作为广义上的"现象"和狭义上的"对象"两种意义。前者是在无限直观中自己"站—出"的，后者是当它激发有限直观后而从广义现象上脱落下来的知识的"对象"。"作为'物自身'与作为'现像'存在者的这一双重特质，就和存在者能够赖以与无限和有限认知相关联的两重方式遥相呼应，这两种方式就是：站出的存在者与作为对象的存在者。"②

经验性的直观和狭义的"现像"（Erscheinung）相关，并总是让作为"现像"的存在者前来遭遇，而纯粹的直观则既不受制于作为"现象"的物自体，也不受制于作为"现像"的"对象"，在这种意义上，纯粹直观作为一种领受着的、作为"让……来遭遇"的有限性直观，其领受的东西必定不是前来照面的现成存在者，毋宁"那纯粹的、正在领受着的表像必定表现出了某种能表像的东西自身。因此，纯粹直观必然在某种意义上是'创生性'的"。③ 在康德那里，纯粹直观有两种：时间和空间。

2.2 现象学视域中的作为纯粹直观形式的时间和空间

2.2.1 作为纯直观的空间与时间

康德指出，纯粹直观指的是其表象中未混杂任何感觉。而按照海德格尔的现象学思路，纯粹直观是其存在不需依赖作为"现象"的存在者的激发而自身就能发动的有限性直观。纯粹直观有两种，即时间和空间。这也就意味着时间和空间本质上并不是各种存在者中的一种，那应该如何理解时间和空间这种非存在者式的纯粹直观的本质呢？在现象学上又该怎样领会时间和空间在作为存在论知识的先天综合判断的形成过程中的作用呢？

接下来我们首先跟随海德格尔来解决第一个问题，以便将海德格尔对康德的先验感性论中的时间学说的现象学解读的思路——呈现出来，这种

---

① 海德格尔，《康德与形而上学疑难》，第28页。
② 同上，第29页。
③ 同上，第40页。

研究似乎陷入了对文本的细枝末节的读解之中，反倒不如长篇宏论来得痛快。然而，恰恰是通过对这样的细节的梳理，才往往能让我们追踪并发现一些大哲学家们的哲思之路及其运行方式，甚至有可能帮助我们抓住其运思之路的关键点，最终帮助我们学会如何做哲学。恰恰在这种意义上，海德格尔说哲学首先是个动词，是哲思，而不是由各种各样的哲学理论体系所组成的知识汇编。对于我们走上哲思之路来说，这些既有的知识体系就类似于登上房顶的梯子，学会并从事哲思便需要"上房拆梯子"，当然，"拆梯子"不是首要目的，上房子才是。回过头来，针对这第一个问题，康德在《纯粹理性批判》中分别对空间和时间进行了形而上学阐明，从而解决时间和空间的先天性的问题。海德格尔将康德的思路概括为如下四个论断："1. 空间和时间不是经验性的概念；2. 空间和时间是必需的先天表像（Vorstellung）^①；3. 空间和时间不是推理性的，即不是普遍概念；4. 空间和时间是无限的，被给予的量。"^②

　　针对第一个论断，海德格尔分析道，康德运用这个命题的主要目的是要表明，空间和时间不是经验性的表像。这是因为经验性的表像总是对外部经验或内部经验抽象的结果。但空间和时间却显然不是对经验进行抽象而得到的结果。这是因为，首先，如果空间是经验性的表像的话，也就意味着，空间其实是各种各样实存的存在者的一种，就必然和其他的存在者发生某种位置联系，即它总要处于其他的存在者所构成的整体之间的某个位置——譬如"在……之旁，在……之下，在……之上"的关系。但如果这是实情的话，空间就首先必须存在于空间之中了，因为"无论哪种实存的东西，从一开始就总已经在空间中了"。^③但空间存在于空间之中，这显然既存在着理论的悖谬，也存在着事实的悖谬，因此不符合实情。所以，海德格尔指出，空间毋宁是存在者前来照面之所以可能的根据，因此空间不能是经验性的表像，因此不能是经验性的概念。而就它仍然是一种表像

---

① 需要指出的是，在康德哲学的语境中，Vostellung 通常被翻译成"表象"。但王庆节教授指出，在海德格尔对康德的解读中，Vorstellung、Erscheinung 和 Bild 相似，多是在知识论层面上理解的第二层意义上的"象"，而与存在论意义上的，第一层意义上的"象"即 Phaenomen，Einbildung，Gegenstand 有别。为了突出这两个系列的词汇的不同，因此采用和"像"相关的词来翻译第一组中的几个词，把它们分别翻译成"表像"（Vorstellung）、"现像"（Erscheinung）和"图像"（Bild），而采取和"象"相关的词来翻译第二组，把它们分别翻译成"现象"（Phaenomen）、"想象"（Einbildung）和"对象"（Gegenstand）。我们认为王庆节教授的这种说法是有道理的。因此采取同样的译法，特此说明。参见海德格尔，《康德与形而上学疑难》，19 页，脚注 1.

② Heidegger, *Phenomenological Interpretation of Kant's Critique of Pure Reason*, p.78.

③ Ibid, p.79.

来说，只能是纯粹的。其次，就时间来说，道理也十分相似，根据同样的逻辑，时间也不是某种实存的存在者，毋宁是那实存的存在者前来照面的基础和根据。因此，时间也不是经验性的表像，同理也就不是经验性的概念，而只能是纯粹的。

海德格尔指出，康德对时间和空间的这第一个形而上学阐明有消极和积极两方面的意义。就消极意义而言，这个阐明表明空间和时间并不是实际存在的存在者，因而不能像它们被通达的那般方式和途径——即不能通过经验性的直观的方式——来通达。就积极意义而言，这就意味着空间和时间是那些前来照面的存在者之照面的"根据"或"基础"。但这种根据并不是"在……下面"或"在……背后"意义上的根据，因为那样的话，会让时间和空间陷入另一个悖谬之中。海德格尔指出，"根据"或"基础"在这里是功能性的，亦即"存在论的"意义上的。它的意思是"使存在者如其所是地显示自身成为可能，使它们作为显示在这儿、在那儿、现在、那时的实存成为可能"。①

针对第二个论断，海德格尔分析道，根据我们在对第一个论断中得到的结论，时间和空间不是经验性的概念，因此也不是经验性的表像，它们既不是某种实际存在的存在者，也不是依赖于某种实存的存在者而存在，不是实存的存在者的属性或者附属物。毋宁时间和空间反倒要作为那些实存的存在者前来照面得以可能的"根据"或"基础"。因此，时间和空间就意味着在逻辑上总先于经验性的表像，并且其实它们还是经验性的表像得以可能的前提条件。这样，时间和空间就总是在经验之先而在心灵中产生的，并且是经验性的表像得以可能的功能性根基。在这种意义上，时间和空间就只能是"先天的表像"。

根据上述两个论断，时间和空间作为先天的表像，是经验性的表像之所以可能的条件，也是那前来照面的存在者之存在的根据或基础。但一旦这样来看待时间和空间，前来照面的存在者和时间与空间的关系似乎就成为了特殊与普遍的关系。在这种意义上，时间和空间似乎就成为了某种基于关系而来的推理性的普遍概念，并因而成为普遍者。比如，在柏拉图那里，世界被二元化为理念世界和现象世界，现象世界从理念世界那里获得了自己的真实性，而理念世界又可以区分为最高的善的理念以及一般的数理理念，善的理念是一般的数理理念的根据，使后者成为可能。因此善的理念就是最高的理念，具有最高的真实性。数理理念要分有或摹仿善的理

---

① Ibid, p.79.

念而获得真实性，而它自身又是现象世界中各种实存物的依据。因此，数理理念和现象世界在一定程度上都与善的理念相关并从它那里获得自己的某些规定。在这种意义上，善的理念与数理理念和现象界的诸种存在者之间、数理理念和现象界的各种存在者之间，就有一种基于关系而来的对推理性的普遍性的分享，善的理念因而也是一种建立在此基础上的普遍概念。那么，空间和时间也是类似于善的理念这样的普遍者吗？

海德格尔接下来指出，在第三个论断中，上述想法遭到了康德的驳斥。"空间不是一个关于一般事物的关系的推理概念，或者如人们所说是一个普遍概念，而是一个纯直观。"① 这是因为，无论人们是在谈论不同的空间还是在谈论空间的不同部分，都首先需要一种有关空间的先天直观作为基础。空间向来已经是一个单一的整全。海德格尔指出，"因为所有的空间概念基本上都是这一单一的整全的空间的限制，这个本质上的单一空间必须已经在任何空间概念之先被给予了。"② 因为空间是一个单一的整全，并且在任何经验性的直观之前统一地被给予，所以只能是纯直观。时间也是同样的情况。在第四个阐明中，海德格尔指出，"时间和空间"作为"无限的量"，也就是作为"单一的和统一的整体"，"只能是直观，只能是那被直观到的东西或者某种被直接遭遇的东西"，③ 因此总已经预先被表像为被给予的了。

于是，海德格尔指出，在康德那里，作为纯粹直观的时间和空间首先是直观活动的模式，其中既包括在心灵中运作着的作为活动的直观，也包括作为直观活动直观到的内容，即先天的表像。就时间和空间是有限性的直观而言，它们并不像源始的直观那般能创生其直观对象，而是一种"让……被遭遇"，其自身的实行需要有某种激发。虽然时间和空间是派生的有限性直观，不具有源始性直观的创生性，但就其具有能够"让……被遭遇"的特质而言，自身也具有一定的创生性。作为纯粹直观的时间和空间的这种源生性，"来自于有限的主体自身，即它们植根于超越论的想象力中"。④ 关于此点，我们在此只是稍做提示，关于超越论的想象力与纯粹

---

① 康德，《纯粹理性批判》，A24/B39，第 60 页。

② Heidegger, *Phenomenological Interpretation of Kant's Critique of Pure Reason*, p.81.

③ Ibid, p.83.

④ Ibid, 84. 同时，关于超越论的想象力，在康德哲学中也被翻译为先验想象力。鉴于康德哲学和海德格尔哲学的差异，当我们在康德哲学的语境中谈论 transcendental imagination 时将利用"先验想象力"的译名，在海德格尔哲学的语境中，我们将利用"超越论的想象力"这个译名。特此说明。我们在第四章中将详细讨论海德格尔对康德的先验想象力的超越论解读。

直观和时间的关系，我们将在第四章详细说明。在这一节中，我们展示了，与经验性直观相比，时间和空间是纯粹直观。但这种理解毕竟还没有深入到时间和空间的内在和本质之中，接下来我们将进一步深入到时间和空间的内部去探讨和展示，从海德格尔的现象学的视角来看，作为纯粹直观形式的时间和空间在知识形成过程中究竟起着怎样的作用，又如何起作用。

2.2.2 作为纯粹直观形式的时间与空间

关于纯粹直观，除了我们上文所述内容之外，康德还给出了进一步的界定，即"纯直观仅仅包含某物被直观的形式"①。在这种意义上，时间和空间作为纯粹直观其实也就是纯粹的直观形式。

一提及"形式"这个词，总是会让我们想到"质料"。在西方哲学史中，"形式"和"质料"往往作为一对概念在相互对待的意义上出现。它们在亚里士多德那里颇为知名。在亚里士多德哲学中，尚没有在近代哲学主客二分意义上的认识论，与认识论相比，他的哲学更多关注本体论的问题，尤其是关于作为最真实的、作为存在之存在的"实体"问题。另外，在古希腊，最基本的认识论问题即主体对客体的认识如何可能尚未出现，甚至压根就不是一个哲学问题，乃至作为认知论意义上的"主体"（subject）② 在古希腊就还没有进入哲学家的视域之中，它是近代哲学的产物。对于古希腊人来说，我认识到的世界就是世界本来的样子，在"我"与"世界"之间并未隔着一道认识论的帷幕。在亚里士多德那里，他的问题是"实体"是什么。关于亚里士多德的实体究竟是什么，这个问题曾经引起过广泛的争论，如若我们不深入这争论之中并追踪其在亚里士多德哲学中的思想根源并想给予亚里士多德的哲学一个融贯性的解读，而只停留在争论和貌似分歧的理论的表面的话，就会知道这个争论主要说的是，第一实体究竟是个体物还是形式的问题。而偏偏这两种看法在亚里士多德的文本中都有根据。在亚里士多德这里，"形式"和存在者之"是其所是"即"本质"相关而与"质料"对立。在亚里士多德的意义上，质料（ὕλη）总是和某一个存在者的材质有关，而形式（εἶδος）总是和某一个存在者的本质相关。譬如对于一张桌子来说，它的颜色、材料、质地、硬度这样

---

① 康德，《纯粹理性批判》，A51/B75，第 83 页。
② 我们的意思是，subject 与人联系起来表达"主体"这层意思，是从近代哲学开始的。但这并不意味着近代哲学以前没有 subject 这个词，它来自于拉丁文 subiectum 和 subiectus，而后两者又来自于古希腊单词 ὑποκείμενον。ὑποκείμενον 最基本的意思是"躺在下面的东西"，从而引申出"基底"、"载体"、"主词"的意思。

材质性的东西都是质料，而决定它作为桌子之为桌子的东西便是"形式"。

　　但在康德这里，作为"直观形式"意义上的"形式"却和亚里士多德意义上的"形式"有巨大差别，二者根本不是一回事。在康德这里，就直观是人的直观而言，直观形式则是由作为认识着的认识主体提供的，它的作用是当物自体刺激感性而激发人类感官运作起来之后，让符合时间和空间形式的杂多能够进入感觉，亦即赋予感性杂多以时空秩序。在这种意义上，时间和空间作为纯粹直观的形式就是对那知识的形成来说起着规定作用的东西。海德格尔指出，因为人类的直观是有限性的直观，是"让……来被遭遇"。因此，作为纯直观的空间和时间就应该是为让对象前来被遭遇亦即前来显现预先提供了秩序，或者说，时间和空间是那让对象前来被遭遇之所以可能的预先决定因素。在这种意义上，时间和空间作为纯直观也就是在直观性的行为中让与杂多的遭遇的发生具备可能性的决定者。在这个过程中，前来遭遇的对象即杂多被赋予了秩序。不过，就这种杂多被赋予的秩序向来具有整体性而言，被赋予的秩序也就是一个统一性的、整体性的秩序整体。

　　就杂多之被赋予的秩序总是处于某种空间关系之秩序整体和时间关系之秩序整体之中的意义上而言，杂多表像在直观中之所以能被赋予相应的秩序，总需要以一个先行的作为统一体的秩序作为依据和前提。譬如，海德格尔指出，"杂多的秩序性只有在一个秩序整体预先被给予了的情况下才得以可能，根据这个秩序整体，那被赋予了秩序的东西才以被如此赋予秩序的方式而聚拢起来。"[1] 也就是说，如果没有先行的整体的秩序，那么对于空间来说，像"在……之前"、"在……之后"、"在……之上 / 下"之类的空间关系就都无法被规定。对于时间来说，像"前后相继"、"同时"之类的时间关系也就无法被规定。因此，作为纯粹的直观形式的时间和空间为在直观这种"让……被遭遇"的活动中前来照面的对象提供预先的统一的整体性的秩序。不过，在海德格尔对康德的《纯粹理性批判》的现象学的解释进路中，他把物自体解读为"现象"（Phaenomen），将这种现象与作为主体的此在的作用的关联项称为"现像"（Erscheinung）。而现像是现象的脱落了的形式。在这种意义上，直观和"现像"相关。于是，纯粹直观就变成了一种"成象活动"（bilden）。我们不能在一种客观化的意义上来理解它。毋宁应该从一种现象学的解释学的揭示、敞开的意义上来理解它。在这种意义上，时间和空间作为纯粹直观形式总是经验性直观的决

---

① Heidegger, *Phenomenological Interpretation of Kant's Critique of Pure Reason*, p.88.

定性因素，因为它们不仅为经验性直观中前来照面的对象提供了秩序，而且亦为经验性直观中的赋予秩序的行为预先提供了有关秩序之整体的"图像"（Bild）。"空间和时间作为直观活动的形式意味着，它们是决定直观活动如何发生——即，在那构成了纯粹的彼此并列或前后相继的东西之先的成象活动基础上——的源初方式。"① 也恰恰在这种意义上，作为纯粹直观形式的时间和空间也为经验性的直观预先提供可供其使用的"图像"。

当海德格尔进一步尝试对作为"成象活动"的时间和空间进行界定的时候，他援引了 Heinze 的一句话："因此时间是感觉的运作条件，而空间是格式塔（Gestalten）的运作条件。"② 在这里，Spiel/spielen 这个词既有"游戏"，又有"运作"的意思，而海德格尔则将 Heinze 这句话中的"运作"替换成了"游戏"。这样，作为纯粹直观形式的时间和空间的直观活动亦即"成象活动"就被海德格尔描述成"游戏活动"。在海德格尔看来，"游戏"这种活动在运作中是自由的活动，因此便没有什么限制和束缚。作为纯粹的成象活动的空间和时间的活动就是游戏，它们在这种活动中"预先—形像"（vor–bilden）出"游戏空间"（Spiel–Raum），这种游戏空间是一种境域，存在者只有在这种境域中才能被遭遇。在这种意义上，作为纯粹直观形式的时间和空间，它们的成象活动与超越论的想象力便紧密相关。关于此点，我们到第四章讨论超越论的想象力与纯粹直观和时间的关联时将会进一步地讨论。接下来，我们将转入讨论，从海德格尔的现象学的视角出发，他如何处理作为纯粹直观形式的时间和空间之间的关系。

2.2.3 时间之于空间具有优先地位

在康德那里，虽然时间和空间同样都是纯粹的直观形式。但二者之所从出的感官并不一样，空间是外感官的直观形式，因此又被称作外直观的直观形式。而时间是内感官的直观形式，因此被称作内直观的直观形式。在康德哲学中，无论是外直观还是内直观都不能和物自体直接打交道，即不能直接形成对物自体的感知，因为物自体超越了人的经验的界限范围，它们只是相关于物自体的刺激，并为这种刺激所激发，只和感性杂多打交道，因而是接受性的，并不具备自发性。但在海德格尔的现象学的视域中，物自体已经被他做了现象学的解释而转化为了"现象"。通过这种方式，在康德那里作为认知主体和作为存在者的物自体之间的不可跨越的认

---

① Ibid,p.89.

② Heinze, *Mataphysikvorlesung*, S.191, 转引自 Heidegger, *Phenomenological Interpretation of Kant's Critique of Pure Reason*, p.90。

知界限便被他超越了或者说跨越了。在海德格尔看来,"外直观"是指"让非我们自己所是的存在者被遭遇"①。而那让我们自己所是的存在者得以被遭遇的决定者就是"内直观"。关于时间和空间这二种纯粹的直观形式之间的关系,海德格尔指出,康德在《纯粹理性批判》B50–B51处提供的关于时间的两项规定值得特别留意。在第二条中,康德指出,"时间无非是内感官的形式,即直观我们自己和我们的内部状态的形式。因为时间不可能是外部现像的规定。"②在第三条中,康德则指出"时间是所有一般现像的先天形式条件"。③在这两条关于时间的规定中,前者明言时间这种内直观的形式只与人类主体或灵魂的内部状态相关,而和外部现像无关,而后者却似乎推翻了前面的这条规定,认为时间不只是内部显像的先天形式条件,而且也是外部现像的先天形式条件。那么,在康德的这两个命题之间不就存在着明显的矛盾吗?

康德的意图究竟是什么?

毫无疑问,作为先天直观形式的空间,只和外部表像相关,它无法形成关于人类内在状态的表像。但无论是外直观还是内直观,都是人类心灵的表像,因此必然和人类的内直观形式亦即时间相关,都会落到时间之内,尽管它与外直观形式之间的关系可能是一种间接关系。因此,在这种意义上,海德格尔指出,康德的意思其实是说,不管是何种存在者,如果要让它们能够前来被遭遇,预先都需要纯粹的时间序列亦即作为纯粹的直观形式的时间的成象活动作为存在者能够前来相遇的境域,虽然空间亦是纯粹的直观形式,但显然它只能呈现外直观的表像,因此不如时间更为源初。在海德格尔的现象学的视域中,作为纯粹直观形式的时间和空间的这种作为"让……被遭遇"之所以可能的预先的成象活动,是经验着的主体的生存依据,因此时间和空间便体现出了主体的主体性。而在时间和空间这二者中,毫无疑问时间更为源始、更为优先,更具主体性,"作为内感官形式的时间在某种程度上要比空间更具主体性"④。于是,与空间相比较,康德在时间和主体,亦即"我"、"我思"或人类此在之间建立起了更为密切的关系。

我们在这里有必要对前述内容做一小结,在海德格尔看来,与神的无

---

① Heinze, *Mataphysikvorlesung*, S.191, 转引自 Heidegger, *Phenomenological Interpretation of Kant's Critique of Pure Reason*, p.100。

② 康德,《纯粹理性批判》, B50/A33, 第 67 页。

③ 同上, 第 67 页。

④ Heinze, *Mataphysikvorlesung*, S.191, 转引自 Heidegger, *Phenomenological Interpretation of Kant's Critique of Pure Reason*, p.103.

限的、源始的直观相比，人的直观是有限的、派生的直观。人的直观之所以是派生的直观，就在于人在直观中无法通过直观创生存在者并让作为相关的知识直接现身。因此，人类直观具有领受性的特征，需要被激发。而在直观中，又可以区分出经验性的直观和纯直观。经验性的直观总是关涉前来照面的存在者，其实行因而相应地被激发了。纯粹直观包括两类，即时间和空间。在海德格尔的现象学的思路中，作为纯粹直观形式的时间和空间是"让……被遭遇"，它是经验性直观得以可能的条件。而在时间和空间这两种纯粹的直观形式之间，时间又更为源始，比空间更具优先性。但正如我们前文所说，时间因为是有限性直观，因此其实行总需要被激发，而它又是"纯粹的"，所以，时间其实便是一种自我激发，此时作为纯粹直观形式的时间就和超越论的想象力内在勾连。经过如此分析，便向着存在论知识之所以可能的源始境域更前进了一步。

我们接下来需要将目光转向作为有限性知识之建构因素的另外一方的纯粹思维，因为知识的形成毕竟是直观和思维、感性和知性共同作用的结果。因此，我们需要检视一番海德格尔对纯思维的现象学解释。在这个基础上以查验海德格尔对有关纯粹直观与纯粹思维之间的连接和统一的根据即纯粹综合的思考，因为在海德格尔看来，纯粹综合是存在论知识得以可能的一个关键，它也是为形而上学奠基的关键，同时更是返回形而上学奠基之所从出的源头的关键性中点。这样，我们就看到，海德格尔对康德《纯粹理性批判》进行现象学解释时，体现了他自己的现象学解构方法和现象学的解释学的鲜明特点，就是他对康德的解读先从拆解知识的构成性要素开始，将围绕知识构成的基本要素都一一阐明、厘清之后，再进一步将分析深入推进到下一个阶段，他甚至还会在这些不同的环节之间进行往返，让这些解读在相互运动中彼此进一步相互阐释，从而深化理解。于是他的解读往往会展现出一种"循环"的特征，但这是解释学意义上的循环，是有意义的循环，而不是单纯的循环论证。因为在每一次循环中，往往会有新的理解，新的内容从中生发出来或被带将出来，海德格尔的《康德书》、《存在与时间》都体现出了这种特征。不过，他的这种方法在读者看来有时却不免琐碎，甚至会有缺乏条理、没有线索之感，不过，正如他曾指出的那样，读者理解这种解释学循环的最好方法是同他一起进入这个循环。

2.3 作为存在论知识之二元素的纯粹直观与纯粹思维之本质统一性

2.3.1 作为知识的另一组成要素的纯粹思维

在康德那里，人类的知识除了由感性直观提供的材料之外，还需要知性为它提供形式。这一方面说明了人的直观的有限性，另一方面也说明了人的知识从其根源和本性上就是有限的，这也就自然说明了人自身就是有限的存在者。

但在讨论知识形成的过程中，与康德赋予思维以优先性或主导性不同，海德格尔认为在直观和思维之间，直观处于主导地位，思维处于从属和服从地位。"作为有着规定性功能的表像，思维的目标在于直观中直观出的东西，这样，思维仅仅为直观服务。"① 这是因为，在知识的形成过程中，首先需要直观尤其是时间这种纯粹直观形式的发动，在预先的"成象活动"中给出存在者能够前来被遭遇的境域。不过，因为人的直观是有限性的直观，因此在对象呈现出来或现像出来时，人的直观提供的总是某种个体性的表像，也就是康德意义上的杂多表像，它们需要一般表像的介入或者说在一般的表像中才能被作为总体性的个体性表像。海德格尔指出，这里的一般表像就是概念。"概念的表像活动就是让众多在这个单一之中聚合为一。"②

概念之所以能够提供让那在单一中聚合为一的表像活动，是因为在这种表像活动中事先已经被赋有了"单一的统一性"，也就是说，在概念中先天地就已经有了统一性，这样不同的表像才能够被这种统一性带向聚拢或带向统一。海德格尔认为预先提供或看到这种统一性是概念自身的一种根本性的行为或行动。这就是康德意义上的反思。"众多应在单一中聚合为一，这种对单一的先行看出就是概念构成的基本行为，康德称之为'反思'。"③ 如果我们反过来看，在这个反思行为中，将多归拢到一起的那个"一"的表像，需要首先提供出来或被看出来，继而将"多"归拢到"一"之下才为可能。而这个表像，其实也就是概念。于是，海德格尔指出，概念是经由反思提供出来的。这样的话，概念提供的预先的统一性似乎来自于反思活动提供的统一性了？但实际情况却并非如此，因为反思着的"合

---

① 海德格尔，《康德与形而上学疑难》，第47页。
② 同上，第47页。
③ 同上，第48页。

一活动"如果可能的话，也预先需要某种统一性活动，唯有在它基础上，反思的"合一活动"这里透露出来的合一之一般才为可能。而这种预先给出的统一性活动，在海德格尔看来归属于知性的本质结构，是知性提供出的。"如果说统一性的表像的关键就在于反思活动自身的话，那么这就意味着：统一性的表像活动隶属于知性的基本行为的本质结构。"① 所以，在这种意义上，知性是更为源初性的或源生性的机能。它在自己的活动和运作中提供将多归拢为一的统一性。与时间和空间作为纯粹的直观形式类似，在这里，在知性的行为或活动中提供出的先行的统一性的表像的统一性，就是纯粹概念的内容，它预先提供了每一个具体的合一活动之所以可能的统一性。就纯粹概念的表像不能来自于现像而毋宁是在现像形成之先，并使它可能而言的意义上来说，只能是先天的。"概念，就其内容而言，乃是先天的给予。康德将之称为观念，*conceptus dati a priori*〈先天给予的概念〉。"②

　　这样，海德格尔对康德《纯粹理性批判》中构成知识之二要素的纯粹直观和纯粹概念进行了阐明，但与此同时，他的解释便也来到了一个关键处，即纯粹知识必须是纯粹直观和纯粹概念的综合统一下的产物。然而，二者之间的这种综合统一如何才能可能？它们是怎样综合统一在一起的？就他将康德的《纯粹理性批判》看作是一次为形而上学奠基的任务来说，海德格尔必须向二者之综合得以可能的源初境域掘进，并将其敞露出来。

2.3.2 纯粹思维与纯粹直观在纯粹综合之中的本质统一

　　在海德格尔看来，在纯粹直观形式和纯粹概念之间的结合对于知识的形成十分关键。但它们之间的综合不是一种外在的结合，否则，对二者的结合的解释始终会有为外部强力强拉硬拽在一起的痕迹，会有牵强附会之嫌。因此，就不能成功地阐明纯粹思维与纯粹直观形式之间的内在统一，进而就无法成功说明纯粹知识的可能性。在纯直观和纯概念之间的综合毋宁必须是一种内在的结合，即从让纯粹直观和纯粹思维之间的综合得以可能的这个综合内部出发来进行解释，判定这种综合的样式、可能性及它与时间和纯粹概念之间的内在契合，并阐明这种综合何以契合（fuegen）在时间和纯粹概念也就是范畴之间的缝隙（Fugen）处，这样才会将二者的综合带入一个源发的统一的源头处，从而才能让二者的这种综合从这个源头处自然生长并敞露出来，唯有如此，才能真切地证明与展示在作为纯粹

---

① 同上，第49页。
② 同上，第49页。

直观形式的时间和纯粹思维之纯粹概念之间的源始统一。因此，海德格尔接下来就需要追随康德的脚步来阐明，在纯直观和纯思维之间的这种综合如何可能。解决这个问题其实包含两方面的工作：一方面要阐明这种综合是怎样的一种综合，另一方面要厘清这种综合运作的可能性与不可能性，亦即综合产生与运作的源始境域。在某种意义上，这两方面的工作其实是内在一体、相互贯通、相互蕴含的。当然，在此基础上，还要能阐明提供纯粹综合的人类机能。

海德格尔指出，这种综合就其只是与纯粹直观和纯粹思维打交道、而不与经验性的内容打交道的意义上而言，是"先天的"，因而也就是"纯粹的"。于是，将作为纯粹直观形式的时间和纯粹思维的纯粹概念带向统一的综合就是纯粹综合。"'如果杂多……乃先天地给予'，那综合就叫纯粹的。"[1] 在纯粹综合之中，纯粹直观和纯粹概念之间的统一是本质的统一。

但对于纯粹知识来说，在作为纯粹直观形式的时间和纯粹概念之间的统一之所以必要并且是必须的，主要是因为：

首先，纯粹知识的形成是纯粹直观和纯粹思维共同作用的结果。我们在前文中已曾指出过，人不同于神，神是无限的，因此神的直观是无限的直观，神在其直观行为中不仅形成作为对象的存在者的知识，而且还赋予作为对象的存在者以存在。而人是有限的，这种有限性体现在两方面，一方面在于人是有终结的，因此人的存在是一种"向—终结—存在"，另一方面在于人认识结构上的有限性。人的直观是派生的直观，在人类的直观行为中并不能赋予作为直观对象的存在者以存在，它的发动必须以已经存在了的存在者为前提。恰恰在这种意义上，单凭人类的有限性直观并不能形成关于存在者的知识，而必需思维的介入。人类知识的形成是直观和思维共同作用的结果。而对于纯粹知识的形成来说，更是如此，它是纯粹直观和纯粹思维共同作用的结果。

其次，在上述第一点的意义上，对于纯粹知识的形成来说，需要纯粹直观和纯粹思维的共同作用。在此基础上，海德格尔指出，纯粹直观和纯粹思维在纯粹知识的形成过程中也的确彼此相互需要、各自为对方服务。一方面，对于纯粹知识的形成来说，纯粹直观需要纯粹思维。纯粹直观在这种意义上向着纯粹思维显现自己。"纯粹直观在根本上就是显现着的，而且是向着纯粹思维显现着。"[2] 这是因为，纯粹直观呈现出的是没有秩序的纯粹杂多，在这种杂多之中需要纯粹思维提供的纯粹概念的整合活动。

---

[1] 同上，第 58 页；Heidegger, Kantbuch, S.63。

[2] 同上，第 57 页；Heidegger, Kantbuch, S.62。

因为杂多需要被抓取或聚拢在一起，需要获得某种统一性。而提供统一性就是纯粹概念的作用。另一方面，纯粹直观在本质上又具有优先地位，纯粹思维本质上又服从于纯粹直观。因为纯粹思维本质上并不能"遭遇"存在者的存在，后者是在纯粹直观主导下的经验性直观的功能。提供杂多是直观的任务，恰恰在这种意义上，"我们的纯粹思维在本质上依存于纯粹杂多"①，"我们的纯粹思维任何时候都处在向它扑面而来的时间面前"②。这样，纯粹直观和纯粹概念就各自为了对方的需要而从自身之中出发来为着对方而前来遭遇。

因此，一方面，纯粹知识是构成纯粹知识的二因素——纯粹直观形式和纯粹概念——的本质性统一。这种统一对于纯粹知识的形成来说是必要且必须的。另一方面，这二个因素的本质性统一是在纯粹综合之中发生的。纯粹综合应该是一种内在的综合，它一方面与纯粹直观相连，另一方面与纯粹概念相连，内在地使纯粹直观形式和纯粹概念能够相互"契合"（fuegen）。"在这一综合活动中，两个纯粹要素总是从自身出发来相遇。综合弥补了各自方面的缝隙，这就构成了某种纯粹知识的本质统一性。"③

但纯粹综合的这种"契合"究竟是怎样发生的？它是怎样将纯粹直观和纯粹概念"契合"起来的呢？

纯粹综合一方面和纯粹直观相连。在纯粹直观中，已经有了与杂多相应的规整活动，尽管它比较低级，尚没有达到纯粹概念的自觉性统一活动的高度。海德格尔指出，这种对杂多的规整性活动是一种"合一性"的活动，它来自作为纯粹直观形式的时间。这种"合一性"活动就是"综观"（Synopsis）。纯粹综合与纯粹直观相连就是与"综观"提供出的合一性的结果相契合。纯粹综合另一方面则与纯粹概念相连。在纯粹概念中，提供出统一之为统一的基本依据。海德格尔指出，在纯粹综合中其实已经有了对统一性的表像，而它也在自己的表像中表像出统一性。就纯粹综合提供出对统一性的表像而言，它就和纯粹概念紧密地契合在一起了。因为纯粹概念在反思性的纯粹思维中，提供了对统一性的表像。这样，纯粹综合就一方面与纯粹直观中的合一性的"综观"相连接，另一方面与纯粹概念中的纯粹思维的反思行为提供的统一性表像相连接，因而便从内部将这二者契合起来，提供了它们源始的统一性。所以，海德格尔指出，"纯粹综合就是纯综观性地（synoptisch）在纯粹直观中，同时也是纯反思性地

① 同上，第 57 页。
② 同上，第 57 页。
③ 同上，第 57 页。

（reflektierend）在纯粹思维中作用。"①

　　然而，纯粹综合何以可能？它的基本结构又是怎样的？纯粹综合又是怎样将作为纯粹直观形式的时间与作为纯粹概念的观念（范畴）统合在一起的？这一统合具有可能性吗？如果可能，它的过程又是怎样的？和我们研究的主题亦即时间问题有关系吗？如果有的话，究竟又是一种怎样的关系？循着这些问题，海德格尔就进入了对康德的《纯粹理性批判》中最精彩但也最困难的部分——先验演绎的现象学解读环节了。当然，在海德格尔的现象学的视角中，先验演绎也就变成了超越论的演绎。

2.3.3 纯粹综合之可能性的依据——超越论演绎

　　那么，作为纯粹知识之二要素——作为纯粹直观的时间与作为纯粹概念的范畴——之间的源始统一性之保证的纯粹综合是可能的吗？它之可能与不可能性的边界在哪里？海德格尔指出，在康德的《纯粹理性批判》中，承担这一任务的是"超越论演绎"（transzendentale Deduktion）。

　　然而，众所周知，在康德哲学的语境中，我们通常将"transzendentale Deduktion"翻译成"先验演绎"。我们之前在 1.3.3 中曾经解释过，基于认识论进路和存在论进路的区别，这两种翻译在康德哲学和海德格尔哲学各自的语境中都是有道理的。在康德哲学那里，《纯粹理性批判》要解决的是具备普遍必然性的知识如何可能的认识论问题。康德提供的思路是让感性直观提供作为知识的质料的杂多，让知性范畴提供作为知识的形式，从而形成先天综合判断，一方面通过前者确保能够拓展知识的范围，另一方面通过后者确保能保证知识的普遍必然性。但这个思路想要成功，却有一个工作必须要完成，即他必须要能论证范畴应用于感性经验的客观有效性。这就是他的"先验演绎"要完成的任务。

　　"演绎"是康德从法学领域借鉴过来的词汇。"法学家在谈到权限和僭越时，在一桩诉讼中把有关权利的问题（*quis iuris* 有何权利）与涉及事实的问题（*quid facti* 有何事实）区分开来，而由于他们对二者都要求证明，他们就把应当阐明权限或者也阐明合法要求的前一种证明称为演绎。"② 因此，我们也可以把"演绎"看作一种阐明是否具有相关的合法性权利的方法。具体到康德的问题，他要用先验演绎来证明范畴运用到经验上的合法性或正当性问题。康德对范畴的先验演绎又可以分为"主观演绎"和"客观演绎"两部分。

---

① 同上，第 58 页。
② 康德，《纯粹理性批判》，A84/B116，第 108 页。

对这两个部分的不同处理就形成了第一版演绎和第二版演绎的区别。康德在第二版批判中，删掉了第一版演绎中的"主观演绎"，只保留了"客观演绎"。如果按照康德的思路和目的来说，在两版演绎之间有此差别是有道理的。这是因为康德整部《纯粹理性批判》的任务在很大程度上就是要为知识的普遍必然性和客观有效性做论证。因此，如果过分强调范畴的主观演绎，更为侧重强调想象力在连接感性杂多和知性范畴之间的作用的话，那么有可能会引起人们的误解，即他把知识的客观有效性的依据奠立于想象力之中，实质上不过是构建了另一种经验心理学或发生心理学而已。因此为了避免有可能产生的误解，康德才在第二版演绎中删去了主观演绎而只强调客观演绎。

在康德的两版演绎中，海德格尔更为看重第一版，鉴于他以现象学的视角来解释康德哲学，因此康德的"先验演绎"转换成了"超越论演绎"。在海德格尔看来，超越论演绎要解决的其实并不是范畴应用于感性经验的有效性问题，康德的意图毋宁是要用超越论演绎来解决在纯粹直观形式和纯粹概念之间的纯粹综合是否可能的问题，从而也就是解决存在论综合是否可能的问题。"演绎"在海德格尔的眼中相应地也根本不是什么知性范畴应用于感性经验上的权利与合法性问题，毋宁是要为解决纯粹综合是否可能的问题服务。"'演绎'的根本意图在于开启纯粹综合的基本结构。"①

那么，纯粹综合之可能与不可能的判定依据是什么呢？海德格尔指出，纯粹综合是对作为纯粹直观与纯粹概念的综合，这一综合的目的最终是为纯粹知识提供基础。其中，纯粹直观提供可供纯粹概念即知性范畴加以整理的质料即杂多，纯粹概念即知性范畴提供可为纯粹直观提供的杂多进行整理的形式即规则。如果从这个角度来看，似乎提供规则的知性范畴更具有主导性和优先地位。但海德格尔否认了这种看法，在他看来，知性范畴即纯粹的概念虽然在思维的反思活动中提供了表像规则的统一性并且预先贡献出可供成为规则的东西，"纯粹的概念〔*conceptus reflectentes*（反思性概念）〕却是这样的一些东西，它们将上述的规则统一性，视为其惟一的内容。它们不仅仅提供规则，而且，作为纯粹表像活动，它们还首先并且预先就给出可以成为规则的东西"。②这种预先提供统一性的表像规则的行为被海德格尔称为"让对象化"。但知性概念的这一应用却恰恰从根源上体现了人类的有限性，因为一方面鉴于人类知识的形成却必须依赖于纯粹概念，就充分证明了人类的直观是有限的派生的直观，而不是神的无限

---

① 海德格尔，《现象学之基本问题》，第63页。

② 海德格尔，《康德与形而上学疑难》，第69页。

的源始的直观，对于后者来说，神在其无限直观中就已经创生了存在者。另一方面，海德格尔指出，知性范畴在它的源初活动即"让对象化"之中充分体现了它对纯粹直观的服务地位，因为在让存在者"转过来面向……"的过程中，领受性的直观总已经被激发了起来，知性范畴在这个"让对象化"的过程中就对纯粹直观产生了依存关系，它服务于纯粹直观。"仅当纯粹知性作为知性是纯粹直观的奴仆，始能保持其为经验直观的主人。"①所以，海德格尔在这里依然坚持了直观具有优先性，思维为直观服务的看法。

这样，在进入对超越论演绎的现象学解释的初始环节，海德格尔指出，在纯粹直观和纯粹思维的本质性统一之纯粹综合的环节中，展现或者说揭示了知性范畴和纯粹直观在纯粹知识形成过程中各自的作用，并在这个过程中充分展现了人类的有限性，即人类知识的形成依赖于预先已经存在的存在者作为认识的对象。认识的形成因此便需要让存在者能够站出来并站到一个有限的本质存在即此在的对面去，只有这一步工作完成了，这一存在者才会成为有限的本质存在的对象。而这一切之所以可能有赖于此在的一个基本能力，即"在让对象化中转过来面向……"②。而在这个"在让对象化中转过来面向……"的过程中，就保持了一个源始的境域，在这个境域——亦是一种"游戏空间"——中，有限的本质存在即此在和作为对象的存在者相互对待、勾连、育成。海德格尔进一步指出，使这一切得以可能的，实质上是超越。当我们追随海德格尔把问题推及这里之后，超越论演绎也就变成了对超越的揭露。而就超越是基始存在论的重要内容，是此在基本的生存—存在论规定——超越即此在向着"在—世界—之中—存在"的超越——来看，在康德的超越论题和海德格尔基始存在论意义中的超越论题之间，就有了沟通的可能性。这也是海德格尔从《存在与时间》能走到对康德的先验演绎、先验想象力以及时间学说进行现象学解释的重要原因之一。

我们通过本章的分析展示了，海德格尔认为康德哲学，尤其是《纯粹理性批判》的主要意图不是去解决普遍必然性的知识何以可能的认识论问题，毋宁是要解决形而上学的奠基问题，亦即判定存在论的内在可能性。于是，他认为在康德那里，知识的构成要素有两个，一个是直观，另一个是思维。前者又可以进一步区分为经验性直观和纯粹直观，经验性直观要以纯粹直观为基础，纯粹直观比经验性直观更为源始。纯粹直观形式又有

① 同上，第70页。
② 同上，第65页。

空间和时间两种，其中，时间比空间更为优先。在纯粹直观中已经有了对杂多进行整理和合一的"综观"；后者实质上也可以依据是否和经验发生关联而区分开来，其中完全先天的部分是纯粹概念（观念），纯粹概念通过反思性的活动提供统一性的表像。纯粹知识是由纯粹直观和纯粹思维结合起来而获得的。但二者之间的结合不是一种外部结合，毋宁在其根源处就已经植根于纯粹综合的"契合"活动中了。而纯粹综合之所以能起到这样的作用，是因为它一方面与纯粹直观中的"综观"活动契合，另一方面与纯粹概念中的统一性活动契合。这种纯粹综合之所以必要，是源于人类本质上的有限性以及人类知识的有限性，因为人类生存结构和认识结构上的有限性，便无法像神那样在源始的直观中直接创生作为认识对象的存在者，而必须依赖于已经存在的存在者。与此同时，作为有限的本质存在的人恰恰是超越的，在自己的超越活动中通过自己的主体能力以让存在者站出来并转到有限的本质存在的对面并相向于人类此在而站立，这样就由人类此在的主体能力的"让对象化"活动中构建了一个超越的源始境域，在其中直观活动和思维活动契合在纯粹综合之中。于是，超越论演绎最终就变成了对有限的人类此在的超越活动的揭露。以这种方式，海德格尔又将对康德哲学的现象学解释向前推进了一步，进入到了超越论演绎对超越之可能和超越之实行的揭露。那么，这一超越是如何可能，又如何实行的呢？存在论综合又究竟是怎样在这一超越活动中将作为纯粹直观形式的时间与纯粹概念"契合"在一起的呢？这就涉及对康德的先验演绎的具体论证过程的现象学解释以及对他的图式说的解释了，恰恰是在这个过程中，海德格尔对康德的时间学说进行了关键性的，也是创造性的解读，这是我们下一章的研究内容。

第3章 超越论演绎、图式与时间

正如我们前文所述，在海德格尔看来，康德的《纯粹理性批判》从事的就是一次为形而上学奠基的工作。康德在论证"先天综合判断"之可能性与必然性的时候其实并不是想解决具有普遍必然性的知识如何可能的认识论问题，而是想解决形而上学是否可能以及如何可能的存在论问题。康德之所以有这样的看法，是因为以往的形而上学的根基都不够牢靠，因此陷入了危机之中。而要解决形而上学的危机，就需要为它奠定一个新的、稳固的基础。

要实现这个目标，首先需要能够深入到形而上学的基础或源头处，并将这种基础或源头敞露出来，然后才能探讨为形而上学重新奠基是否可能的问题。正是秉持了这样的看法，海德格尔对《纯粹理性批判》的现象学解释才首先将知识拆分成了二重要素，即直观和思维，继而对它们的纯粹形式即纯粹直观形式和纯粹概念进行了分析，然后将他的解释重点推进到了将这二重要素勾连在一起的"纯粹综合"处。

海德格尔指出，纯粹综合之所以能够将纯粹直观与纯粹概念内在"契合"（fuegen）在一起，是因为它一方面与纯粹直观中对杂多进行整理的合一性的"综观"活动相连，另一方面与纯粹概念中提供统一性的表像相连。不过需要我们注意的是，这里的"相连"不是普通意义上的连接，它具有更深一层的含义，在海德格尔看来，纯粹综合是"综观"的合一性和纯粹统觉的统一性的根源，后两者提供出的"合一性"从本质上来说来源于纯粹综合的"合一性"活动。

既然纯粹综合具有如此关键的作用，那么，对于通过解决"先天综合判断"是否可能以及如何可能而来为形而上学奠基的工作来说，就有必要清理和展示纯粹综合的结构。于是，海德格尔就追随着康德的脚步来到了先验演绎这道裂隙面前。不过，由于海德格尔认为康德意欲从事的是一种存在论的工作，因此在康德那里的认识论视角下的"先验演绎"便变成了他的存在论视角中的"超越论演绎"。在海德格尔看来，超越论演绎的主要目标是论证超越的可能性。而超越之所以可能，主要归功于超越论想象力及作为它活动结果的图式。恰恰是图式在纯粹综合中起到了勾连纯粹直观和纯粹概念的作用。而恰恰是在对图式以及超越论想象力的现象学解读的过程中，海德格尔指出，康德向着时间性思想和基始存在论走了一程。按照海德格尔的思路，如果康德能遵循自己的脚步和意图继续前进，就会走到基始存在论上来，就能遵循图式论和超越论想象力而构建起一种"在—世界—之中—存在"的时间。然而，康德最终没能走出这决定性的一步。这背后的原因何在呢？我们将在下一章中讨论这一点。而在本章中，我们接下来将会展示海德格尔对康德的先验演绎和先验图式的超越论解读。

3.1 超越论演绎与超越之可能性问题

3.1.1 海德格尔对康德先验演绎的超越论解读

在康德解决具有普遍必然性的知识如何可能的《纯粹理性批判》之中，他之所以要提供对知性范畴的先验演绎这项工作，主要有如下两重原因：

一是因为，康德指出为具有普遍必然性的知识提供论证的必由之路是论证先天综合判断如何可能，他解决这个问题的基本思路是这样的：如果能论证知识实质上是由感性提供的经验和由知性提供的范畴共同作用的结果的话，就可以证明先天综合判断的可能性，从而论证知识的普遍必然性和客观有效性。因为由感性提供的经验保证了知识的内容和范围能够被拓展开来，由知性提供的范畴则保证了知识的普遍必然性。但这一思路要想成立，却必须要解决一个关键性的问题，即既然范畴是由知性提供的先天认识形式，而感性经验是由在作为感性直观形式的时间和空间接受对象的刺激所形成的感性杂多的基础上形成的，那么，从根本上来说，作为来自知性的先天认识形式和来自对象的刺激而形成的感性杂多、经验现像，就是不同类的东西，它们是异质性的。于是，如何沟通二者——从而一方面证明知性范畴应用于感性经验具有客观有效性，另一方面证明感性经验可以被提供给知性范畴——便成了一道难题。在某种意义上，这道难题在康德面前敞漏了一道沟壑，能否成功度过这道沟壑便成了康德的先验哲学能否实现预期目标的关键。其实，如果我们回顾一下哲学史就会发现，类似的沟壑并不少见，譬如在柏拉图的现象界和理念界之间，近代哲学的主体与客体、理性与经验之间等等。对于康德来说，解决这个问题的任务，就自然而然地落在了对知性范畴进行先验演绎的工作上来。

二是因为，康德哲学的主要任务一方面是为了解决人类知识的普遍必然性何以可能的问题，另一方面是为了解决在一个严格遵守自然的机械式因果法则的世界中人的自由如何可能的问题，于是康德自觉地坚持了在物自体和现象界之间的二元论划分。这种二元论的后果就导致了他一方面将具有客观性和普遍必然性的知识严格限制在了现象界的领域内，另一方面则导致了人类无法认识物自体，无法获得关于物自体的知识。因为物自体已经超越了人类经验的界限范围，如果主体无视这一限制而让知性范畴超出经验界限去认识物自体的话，就会形成超验地运用，这样不仅不会形成有关物自体的知识，反而会形成先验幻相。那就意味着作为我们感性被激发起来的根据的物自体本身不可知，可知的只是作为物自体刺激我们的感官而在感觉中留下的印象，但由于感性杂多是通过不同的人类感官进入到主体心灵之中的，它们彼此必然是分散的，于是，一个重要的问题就由此产生了，即在经验界限范围内的认识对象究竟如何可能？

基于以上两点原因，康德在先验演绎环节要完成的任务实质上有两个，一个是解决知性范畴应用于感性经验的合法性问题，一个是解决认识对象亦即经验对象的形成问题。众所周知，康德在1781年和1787年两版《纯粹理性批判》中提供了两个不同版本的先验演绎，在第一版中他更侧重主观演绎，第二版中删除了主观演绎而只强调客观演绎。我们认为，如果从康德哲学的主旨和内在脉络来看，在两版演绎之间的这种变化是有道理的，因为在主观演绎中，康德更侧重强调作为感性和知性的共同根基的先验想象力的作用。但由于在第一版批判中，康德对先验想象力的论述有可能会让人认为它是不同于感性和知性之外的第三种人类的认知机能，过分强调它的作用有可能弱化知识的客观有效性，《纯粹理性批判》也会被误会为是建构了一种经验心理学或发生心理学，于是，出于捍卫知识的普遍必然性的目的，他在第二版演绎中弱化了先验想象力的作用。不过，虽然他在第二版演绎中弱化了先验想象力的独立性，但对于完成先验演绎的任务来说，先验想象力仍然是不可或缺的，它在沟通感性和知性之间的作用很难被替代。

不过，如果从海德格尔的现象学视角来看，康德的先验演绎解决的不是知性范畴应用于经验现象的客观有效性及合法性这样的认识论问题，毋宁是要展示沟通纯粹直观形式和纯粹概念的纯粹综合的结构，以及探讨纯粹综合的内在可能性问题。鉴于纯粹综合唯有在超越之中才有可能，所以超越论演绎最终要解决的就是超越的可能性问题。

从海德格尔的现象学视角来看，纯粹知识的形成之所以需要纯粹综合以及超越论演绎，主要原因在于人的有限性。因为人在生存结构和认识结构上的有限性，无法像上帝那样在源始的直观中创生作为认识对象的存在者，而必须依赖预先已经存在的存在者。因此，对于知识的形成来说，就需要人必须通过自己的主体性能力让这样的存在者能够站出来并转到有限的本质存在即人的对面而立，这样，存在者才能与人遭遇，人才能与它发生关联，从而直观和思维才会被发动，进而才能形成知识。"一个正在进行有限认知的本质存在〈Wesen〉，只有当其能够在自身中遭遇已然现成的存在者时，它才可能与它自身所不是，也并非它所创造的存在者发生关联。"[①] 人与存在者的这种遭遇活动，是知识形成的存在论前提。海德格尔指出，人之所以能与存在者发生这种遭遇，是主体的主体性能力事先活动的结果。主体亦即人的这种主体性能力便是"在让对象化中转过来面向……"（entgegenstehenlassenden Zuwendung-zu……）[②]。在这里，海德格尔使用了几个和 Gegenstand（对象）有着词源关联的词，比如 entgegenstehen, Gegenstehenlassen。海德格尔在使用这几个词的时候，更强调这几个词的字面意思，比如他就将 Gegenstand 拆开为 gegen 和 stand 两个部分来理解，取"站到对面"的意思，与此类似，entgegenstehen 相应地也可以被拆解为前后两部分，意为"站立在……对面"。这样，Gegenstehenlassen 就有了"让……在对面而立"的意思。海德格尔之所以把问题弄得复杂，其实并不是在故弄玄虚，他的意图在于展示康德意义上的对象之所以能成为对象的存在论依据。在海德格尔看来，一个对象在成其为对象的过程中总是首先需要能够站立到一个面对主体而立的位置上，只有这样才能与有限的本质存在遭遇。而在这个作为对象的存在者与人亦即有限的本质存在相互遭遇的活动中，在它们相互对待的关系中，同时也构成了一个存在论意义上的源始的境域，唯有在这个境域中康德意义上的经验对象才能够产生。接下来我们再来看 entgegenstehenlassenden Zuwendung-zu……（在让对象化中转过来面向……）这个词组中的后一个词，即 Zuwendung-zu 中的 Zuwendung，这个词的本意就已经有转过来的含义，再加上后面的那个介词 zu 就更把对象相对于主体而立的这一层含义展现出来了。在这种意义上，海德格尔就把我们上文谈到的康德哲学的先验演绎致力于解决的第二个问题即经验对象的形成问题转化成了有限

---

① 海德格尔，《康德与形而上学疑难》，第 64 页。

② 同上，第 65 页；Heidegger, *Kantbuch*, S.71.

的本质存在让其他存在者前来遭遇的问题。就其他的存在者前来与有限的本质存在相遇的活动中会有对象产生，而这又是有限的本质存在即主体的能力而言，海德格尔即将主体的这种让对象前来 遭遇和呈现的能力称为主体的"让对象化"能力，而对象的生成活动也就是 主体的"让对象化"活动。

"让对象化"之所以关键，主要是因为，唯有首先有这一"让对象化"的活动，其他的存在者才能够在这种活动中前来与有限的本质存在发生存在关系，才能被直观形式所遭遇，进而才能在后者的领受活动中被接受，这样，人类的有限知识才有了形成的可能性。"正是在某种能够'让对象化'中，在最初形成某种纯粹对应物的'转过来面向……'中，某种领受着的直观才能够进行。"① 既然"让对象化"活动如此关键，那么，它究竟是谁的功能呢？ 海德格尔指出，主体的"让对象化"的能力是知性确切地说是纯粹知性的能力。"纯粹知性显露自身为'让对象化'的能力。"② 不过，正如我们在 2.3.3 中所揭示的那样，在纯粹知性活动时，在它对表像提供统一性时，它对纯粹直观有种依赖性，因此便显露了自身的有限性。而与人的这种有限性相应，需要一种超越性。超越本身是知性提供的"让对象化"的活动得以开展的依据。而超越又是纯粹直观和纯粹概念在纯粹综合的契合中显示出来的，或者换种说法，是纯粹综合使超越的发生得以可能。所以，揭示和呈现纯粹综合的结构以及可能性就十分关键。对纯粹综合的结构以及可能性的探究和展示需要在具体地展示超越论演绎的实行过程中来实现。

3.1.2 超越论演绎的两条道路以超越论想象力为结构性中点

在海德格尔的现象学视角中，康德的先验演绎变成了超越论演绎，而超越论演绎主要关心的是纯粹综合之勾连纯粹直观形式和纯粹概念的结构和可能性。正如我们前文所述，存在论知识如果可能，需要预先给出"让对象化"活动得以实行的境域，在这个境域中存在者能够与有限的本质存在遭遇。海德格尔指出，使这些得以可能的，就是超越活动。前来遭遇的存在者在转到有限的本质存在对面而立这种活动中与人一起构成了一个源初的境域，在这 个境域中，前来遭遇的存在者会被作为纯粹直观形式的时间预先有所掌握（vorgreifen），在这种意义上，纯粹概念的统一活动就向来与纯粹直观合二为一了。"对于一个有限的本质存在来说，存在者只

---

① 同上，第 67 页。
② 同上，第 68 页。

有在某种先行的、自身转过来面向中的（sich zuwendenden）'让对象化'的基础上，才可以相遇。这种'让对象化'事先就将可能相遇的存在者，置于某种可能的、共同隶属关系的统一境域中。面对着相遇者，这种先天就合一的统一必须事先有所掌握（vorgreifen），而这一相遇者自身，通过在纯直观中已经先设定的时间境域，也事先就已得到了把握（umgreifen）。因此，纯知性的、事先就有的合一的统一，必须事先就已经和纯直观合而为一。"① 因此，在海德格尔看来，超越论演绎的关键是解释超越如何可能的问题，也就是"让对象化"的活动如何开展的问题，亦即纯粹综合的结构问题，而这其实也就是纯粹直观与纯粹概念之间的内在契合问题。

解决这个问题就是康德的先验演绎的任务。海德格尔更喜欢康德的第一版先验演绎。如果从他的现象学的视角来看，这是有道理的，因为康德在第一版演绎中更为强调先验想象力在知识形成过程中的作用。他把感性和知性都归属于想象力这一知识形成的第三个基源。而海德格尔恰恰就十分看重这个超越论想象力在知识形成过程中的作用。海德格尔指出，在超越论演绎中，有两条道路，一条是从知性出发，"下降"到直观，以揭示二者的统一性，说明知性对于时间的依赖。另一条道路则相反，从直观出发，"上升"到知性，以揭示二者的统一性。通过这两条道路的循环往复，从而也就揭示出了纯粹综合的可能性与现实性。但海德格尔对这两条道路却都并不欣赏，对感性和知性这两个知识形成过程中的端点并不感兴趣，相反，他对构成它们的结构性中点也就是超越论的想象力更为看重，也更感兴趣。在他看来，超越论演绎的这两条道路最终并不是要呈现知性的主导性作用或感性的主导性作用，毋宁在这两条道路的循环往复中，在知性和感性这两个端点之间来来回回的往返运动中，最终会将它们的结构性中点呈现出来。这个结构性中点对于纯粹综合、对于超越来说才是最重要的。"这两条道路总是一定要经过合一的中点，因此，这中点自身就会展现。在这两个终端的来来往往中，就会有纯粹综合的揭露。"②

然而，既然感性和知性的这个合一性中点要在感性和知性这两个终端的来往返复中展示出来，纯粹综合也是在这个过程中揭示出来的，那么，我们就有必要对超越论演绎的这两条道路进行一番考察。

对于第一条道路，海德格尔指出，从知性出发，下降到直观，康德的根本意图是要表明知性对直观的依赖，这最终会展示出知识的有限性和人类的本质存在的有限性。因此，对于我们理解超越论演绎来说，必须

---

① 同上，第71页。

② 同上，第72页。

要充分注意到这点，即超越论演绎其实已经把人的有限性作为一种前瞻（Vorblick）而纳入自身并贯穿超越论演绎的整个过程中了。"演绎从一开始就已经着眼于纯粹有限知识的整体。通过紧紧地把握住这一着眼点，那种关于将整体嵌合在一起的结构性关联的明确揭示，就会一步一步地展示出来。倘若没有对超越的有限性的这种贯穿始终的前瞻（Vorblick），超越论演绎的所有命题就还保持 为不可理喻的。"① 海德格尔在这里使用的"前瞻"这个词，充分地体现了现象学的解释学特征。因为如果我们从海德格尔哲学的整体来看，在某种意义上，"前瞻"（Vorblick）其实和"先行具有"（Vorhabe）、"先行视见"（Vorsicht）以及"先行掌握"（Vorgriff）是一个层面上的事情。②

　　海德格尔说，知识的形成要把人的有限性作为"前瞻"，意思就是说人因为其有限性，能获得的知识就是有限性的，形成知识的机能也是有限的—— 在这里尤其是指纯粹直观和纯粹概念是有限的。因此，在人类知识的形成过程中总需要让那已经存在的存在者预先站出来并转到有限的本质存在即人的对面而立，也就是说在知识的形成过程中总需要"让对象化"这种超越活动。在此活动中，前来遭遇的存在者和认识着的有限的本质存在一起构成了一个源始的境域，在这个境域中，纯粹直观的领受性活动才得以可能和实行。

　　那么，按照海德格尔的现象学思路，超越论演绎的这第一条道路说的是，在纯粹直观的领受性活动发动时，尤其是作为更具有优先地位的纯粹直观形式的时间在发挥其对杂多的规整性的"综观"活动时，纯粹知性也通过纯粹概念即范畴提供了统一状态的纯表像。海德格尔指出，"纯粹概念作为对统一状态之一般的意识，必然就是纯粹的自我意识。"③ 这就是"超越论统觉"。是这一超越论的统觉，给出了或奠定了"关于统一状态的'让对象化'的表像"④，它实质上和第二版演绎中的"我思"是一回事儿。

　　海德格尔指出，超越论统觉对表像的统一活动之所以能够提供统一性，其实有一个前提，就是要以具有"合一"功能的"综合"为前提，或者说要从综合的合一功能那里取得自己的"统一"之为统一的根据。在这种意义上，统觉的统一功能必须从属于综合的合一功能。"统一的表像活动作

① 同上，第 72 页。
② 关于"先行具有"（Vorhabe）、"先行视见"（Vorsicht）和"先行掌握"（Vorgriff），参见海德格尔，《存在与时间》（修订译本），第 175—178 页。
③ 海德格尔，《康德与形而上学疑难》，第 73 页。
④ 同上，第 73 页。

为某种合一而自身展开出来，而对合一的结构整体来说，则要求先行拥有统一。康德毫无顾虑地说，超越论统觉以综合'为前提'。"①这就意味着，在统一的表像活动中预先就已经有了"合一的统一"。这里，提供"综合"的是纯粹的想象力，亦即生产性的想象力。这样，在海德格尔这里，他就把纯粹想象力安置在一个比超越论统觉更为基础或者说更具源头性的位置上了。

同时，既然纯粹综合必须是先天的，它提供的合一实质上就该是"先天的合一"，它的这种"先天的合一"要合一的东西因而就必须先天地向综合给出，海德格尔指出，这只能是由纯粹直观形式给出的表像，即时间。于是，纯粹综合就又和时间联系起来，时间在它之中取得"综观"之依据的合一性。在这种意义上，"它〈纯粹想象力〉才展现自身为超越论统觉与时间之间的中间人。"②这样来看的话，超越论演绎从知性开始下降到直观的第一条路其实最后到达的，还是作为感性与知性，直观（尤其是时间）与统觉之间的结构性中点，即提供纯粹综合之合一性活动的纯粹想象力。

对于第二条道路，即从直观出发，上升到知性，海德格尔指出，作为纯粹直观形式的时间对存在者的领受性活动之所以能发生，或者说存在者之所以能前来为纯粹直观形式所遭遇，势必建立在与纯粹直观形式相关联的想象力的基础上。想象力在这个遭遇活动中不仅塑造了存在者前来遭遇的超越论境域，而且和时间一起给出了"规整性的合一"，使纯粹直观中的"综观"活动得以发生。"时间作为纯粹普遍的直观就是：在那里，一般说来同时发生着关联，而且联结能够形成。"③同时，既然纯粹综合涉及合一性的活动，而在所有的合一性活动中又总是应该包含有了"统一性的先行表像"，而后者向来是由超越论统觉提供出来的，那么，当存在者在"让对象化"活动中前来遭遇这个意义上而言，便必然需要超越论统觉的参与。不过，海德格尔指出，就正如第一条道路中所展示的那样，超越论统觉在提供统一性表像之前，总已经有了"合一性"的表像活动中所形成的统一作为"前瞻"了，就这样，超越论演绎的第二条道路最终也走到了作为纯粹综合之合一性活动的纯粹想象力面前了。海德格尔指出，对于超越论演绎来说，最重要的就是这个居于纯粹直观和纯粹概念之间的纯粹综合以及发动纯粹综合的纯粹想象力，正是通过对它们的揭示，"超越论演

---

① 同上，第74页。
② 同上，第75页。
③ 同上，第77页。

绎阐明了纯粹知识的本质统一性的内在可能性"①。于是,海德格尔在解释人类有限性知识的形成过程中不是赋予知性以优先地位,恰恰相反,他通过上述对超越论演绎的两条道路的解释剥夺了知性在知识形成过程中的优先地位,而将其让渡给了纯粹综合及其依据——超越论想象力。"而正是在两条道路的来往过程中,知性放弃了它的优先地位,而且通过这一放弃,知性就在其本质中呈报出自己本身。知性的本质就在于:必须建基在与时间相关的超越论想象力的纯粹综合之基础上。"②

这样,我们就解释清楚了在海德格尔的现象学视角中,超越论演绎实质上要解决的是超越的可能性以及纯粹综合的可能性问题。在我们上述对海德格尔的思路的梳理中,其实展现出了超越论演绎的两重后果:一方面展现了作为感性和知性的结构性中点的纯粹想象力之于纯粹综合的重要作用。另一方面展现了纯粹综合的运作机制。关于前者,即超越论想象力的作用,我们将在第四章再继续进行讨论。我们在这里依然将目光紧盯住纯粹综合,以便抓住海德格尔在对康德的《纯粹理性批判》进行现象学解释的基本思路,从而将他向形而上学奠基的源头处掘进的关键环节一一呈现出来。不过,尽管在超越论演绎中,海德格尔已经说明了纯粹综合作为将纯粹直观形式和纯粹概念契合起来的机制,然而却依然有一个问题有待澄清,即纯粹综合内在综合活动或者说"契合"活动究竟是怎样实行的呢?它又是依赖什么工具,从而把时间和范畴勾连起来,将二者被相互带到对方呢?对这个问题的解答是图式论的任务。海德格尔对康德的图式论的现象学解读也是他对康德的《纯粹理性批判》进行现象学解释的一个重点。

3.1.3 勾连纯粹直观形式与纯粹概念的纯粹图式具有重要地位

经过上述说明,我们就看清楚了在海德格尔的现象学解读的视角下,康德那里本用来阐明知性范畴应用于经验现像的客观有效性和经验对象之形成过程的先验演绎,便变成了超越论演绎。在海德格尔看来,超越论演绎要解决的是超越之可能性即让存在者"对象化"的问题。本源于人类生存和认知的有限性,存在者必须在主体的这种"让对象化"活动过程中被有限的本质存在即人遭遇。在这种遭遇之中,纯粹直观形式即时间和空间提供了本源于纯粹综合的整理杂多的"综观"活动,它自身具有低级的合一性的功能,与此同时,本源于纯粹综合的源始的"合一性"

---

① 同上,第79页。
② 同上,第79页。

的超越论统觉提供了统一性表像，在此基础上，纯粹综合将作为纯粹直观形式的时间和纯粹概念内在地"契合"（fuegen）起来。在这个过程中，纯粹综合活动之所以能起到"契合"纯粹直观与纯粹概念的作用，也就是"让对象化"之所以可能，主要是源于有限的本质存在的"超越"活动。当我们把海德格尔的这一解释思路梳理一遍之后就会发现，他对康德《纯粹理性批判》的现象学解释的思路非常清晰，那就是首先将它看成一次为形而上学奠基的努力，之后一直向着"先天综合判断"之所以可能的源头处追溯，于是就追踪到了纯粹综合、超越论演绎和超越论想象力。但是，到目前为止，那判定形而上学和存在论之可能性与不可能性的"源头"尚未完全暴露出来，因此，还必须进一步向形而上学奠基的根源处追溯。

根据上一小节的研究，我们来到了将知性和感性、直观与概念勾连在一起的想象力的综合活动面前。纯粹综合及它的发动者纯粹想象力是将纯粹直观和纯粹概念"契合"起来的关键。然而，尽管海德格尔得到了这个结论。但纯粹综合活动究竟是怎样将纯粹直观和纯粹概念契合起来的？更进一步的细节我们还依然并不清楚。对于康德来说，解决这个问题是图式论（Schematismus）的任务，海德格尔相应地也追随着康德的脚步和思路对他的图式论进行了现象学解释，赋予图式论以重要地位。

为了更好地理解海德格尔对康德的图式论的现象学解读，我们接下来先 到康德那里考察一下图式论对于康德哲学的意义。在某种意义上来看，康德 是被他自己的哲学思路推动着、逼迫着走到图式论面前的。因为尽管他在先 验演绎环节阐明了知性范畴应用于经验现像的正当性和有效性，并解决了经 验对象的形成问题，但他却依然留下了一个尾巴没有处理好，即如何一方面 将感性经验带给知性范畴以给后者提供形成知识的质料，另一方面将知性范 畴带向感性经验以给后者提供形成知识的形式的问题。虽然他在先验演绎中提出了先验想象力，并强调了先验想象力在这个过程中的作用，曾把它当作感性和知性、直观和概念之间的共同根或者说基源，但鉴于感性和知性、直观和概念之间存在异质性，它们之间的沟通问题依然没能实质性地解决。恰恰是面对这样的一个非解决不可的问题，康德才被迫走到了图式论的面前。康德就运用图式论来解决这一关键问题。

因此，我们可以认为图式论和先验演绎对于康德解决"先天综合判断如何可能"的问题具有关键性的意义，甚至在某种意义上可以不无夸张地说，他的先天综合判断如何可能的问题乃至他的第一批判的成功与否都系于能否成功地处理好这两个问题，尤其是图式论部分。因为在康德那里，范畴的先验演绎环节只要能证明知性范畴运用到感性经验上具备客观有效性就可以了。而实质性地沟通经验和范畴，沟通作为直观形式的时间和作为先天认识形式的范畴的工作却必须依赖于图式。海德格尔敏锐地捕捉到了图式论的重要性，他指出，"图式化这一章在奠基过程中的位序，暗示着它在系统中的位置，仅仅这一点就已经泄露出，《纯粹理性批判》书中的这十一页必定是全部著作的核心部分。"①

但先验图式何以能沟通双方呢？康德指出，先验图式（Schema）是一个中介性的表像，它既是感性的，又是知性的，既是范畴性的，又是现像性的，因此一方面与经验现像相连，另一方面与知性范畴相连，因此才能够完成它的任务。"如今显而易见的是，必须有一个第三者，它一方面必须与范畴同类，另一方面与现像（Erscheinung）同类，并使前者运用于后者成为可能。这个中介性的表像必须是纯粹的（没有任何经验性的东西），并且毕竟一方面是理智的，另一方面是感性的。这样一个表像就是先验的图式（Schema）。"②

在康德这里，图式作为沟通直观和概念的中介性因素，是由介于感性和知性之间的第三种机能即先验想象力所造成的，但它与先验想象力之间的关系又有点儿复杂。因为在康德看来，图式并不是先验想象力的形式，它是先验想象力作用的后果，与此相对，时间和空间却是感性的先天直观形式，范畴是知性的先天认识形式。那么，康德这里的先验图式究竟是什么呢？不恰当地说，其实就是时间，用康德的术语来说，就是"先验的时间规定"。"知性概念包含着一般杂多的纯粹综合统一。时间作为内感官的杂多的形式条件，从而作为所有表像的联结的条件，包含着纯直观中的一种先天杂多。于是，一种先验的时间规定就它是普遍的并且依据一种先天规则而言，与范畴（构成时间规定的统一性的范畴）是同类的。但另一方面，就杂多的任何经验性直观都包含时间而言，时间规定又与现像是同类的。因此，范畴应用于现像凭借时间规定就成为可能，时间规定作为知性概念的图式促成后者被归摄在前者之下。"③由此可见，康德这里的先验图式最终归结到了"时间"上，这也是海德格尔特别看重康德图式论的原因所在。

海德格尔指出，《纯粹理性批判》中的图式论之所以重要，除了上述理由之外，还因为它事关超越是否可能、为存在论知识进行内在奠基是否可能的问题，并且正是在图式论中，他看出了在时间与存在之间存在着一

① 同上，第83页。
② 康德，《纯粹理性批判》，A138/B177，第164页，译文根据德文本有改动。
③ 康德，《纯粹理性批判》，A139/B178，第164页，译文根据德文本有改动。

种内在关联。恰恰是在这种意义上，当海德格尔写完《存在与时间》后，欲按照基始存在论中提供的思路去解构存在论的历史以展现存在的意义时，他把康德当作"避难暂栖地"。"避难暂栖地"的意思是他认为通过现象学的三重方法即还原、建构和解构可以在康德的图式论中清理出时间与存在之间的内在关联，循着这种关联可以展示存在的意义。当然了，这部分工作他最终并未能完成，我们现在看到的《康德书》，或者扩大一下范围，包括他对康德的全部现象学解释作品，都不过是在为这一工作做"准备"。《康德书》完成的工作实质上是从《纯粹理性批判》到《存在与时间》，亦即从"先验哲学"走到"基始存在论"的工作。这一工作的目标是为了给《存在与时间》呈现一个"历史性导论"，以表明他的基始存在论在康德那里有其根源，他的《存在与时间》与康德哲学的主旨一样，都是在处理形而上学的奠基问题，而不是为了构建一种哲学人类学。不过，尽管如此，我们依然可以在他对康德的图式论的现象学解释中瞥到些许端倪。那么，在海德格尔眼中，康德的图式论在纯粹综合中究竟怎样起作用？它在形而上学奠基中的关键性地位又是怎样的呢？

3.2 成象活动与图像、图式和式—像

3.2.1 图像和图式在感性化活动中成象 (bilden)

要了解和展示图式论在形而上学奠基过程中的重要作用，我们就必须对图式论的基本内容有所了解，要清楚图式（Schema）的功能、内容，和它的形成过程。并且，在这个过程中我们也要梳理清楚它与"图像"（Bild）之间的关系。为了更好地回答这些问题，我们再来回顾一下在前文中展示出来的海德格尔的基本思路是有益的。

在海德格尔看来，有限的本质存在即人是有限的，因而有限的知识是纯粹直观和纯粹知性共同作用的结果。在二者之中，纯粹直观具有更优先的地位，纯粹知性依从于纯粹直观。二者之间的"契合"由纯粹综合来完成。纯粹综合一方面与纯粹直观中纯粹直观形式对杂多的"综观"相连，另一方面与纯粹知性中超越论统觉的统一性表像活动内在相连。因此，纯粹综合是"源始的合一"活动。它是纯粹想象力的机能。在纯粹想象力提供的纯粹综合活动中，呈现出有限的本质存在的超越，即首先要能让存在者站出并转到人的对面而立，这也是纯粹知性提供的"让对象化"活动，

在这个活动中，存在者才能前来被遭遇。

海德格尔指出，在存在者前来被遭遇的活动中，一方面，在它被"让对象化"的活动中与直观发生关联时，纯粹直观预先就已经提供了"成象活动"，唯在此基础上经验性的直观才得以可能。这种意义上的纯粹直观以超越论想象力为基源。另一方面，若使存在者的前来遭遇活动得以可能、直观活动得以发动，还需要那让存在者前来遭遇的境域能够先行被给予，在这种意义上，这一境域首先要能够将自身提供出来。"一个有限的本质存在必须要在一个存在者作为已然现成的东西公开之际，才能领受那存在者。但领受要成为可能，需要某种像'转过来面向'这样的东西，而且这不是一个任意的'转过来面向'，而是这样一种'转到对面'，它先行的使得那与存在者的相遇成为可能。但是，为了存在者能够将自身作为这样的存在者供奉出来（anbieten），其可能的相遇活动的境域必须要自身具有奉献的特质。这种'转过来面向'本身必须是带有某种前象式的、具有奉献特性的持有活动。"①

因此，在上述意义上，在存在者的"让对象化"的活动中——如果这一过程是可能的，就意味着需要如下几个条件，一是存在者要能站出来转到有限的本质存在的对面；二是前述第一点运行于其中的境域，这一境域的形成也就是超越的形成过程；三是有限的本质直观在其纯粹直观形式即时间的预先"成象活动"（bilden）中，要不仅能为经验性直观中前来照面的对象提供秩序，而且还要能为经验性直观中的赋予秩序的行为预先提供有关秩序之整体的"图像"（Bild）。鉴于人类拥有知识这样的事实，因此这些条件便既是可能的，又是现实的。在这种意义上，作为纯粹直观形式的时间就预先对存在者前来被遭遇的境域进行了直观，从而"从自身出发'形象出'〈bilden〉奉献品的外观"②。纯粹直观的这一活动本质上与纯粹综合内在相关，而纯粹综合又总是纯粹想象力的活动，所以纯粹直观的这一"成象活动"（bilden）本质上就是纯粹想象力的活动。因此纯粹想象力在对上述第三点中提及的境域进行"成象活动"（bilden）的同时，就形象出了"图像"（Bild）。海德格尔认为，超越之可能性的根基就在"成象活动"（bilden）和"图像"（Bild）这双重成像的过程中展露出来。

如果换一种角度来看，人类在形成知识的过程中之所以需要超越，是因为人具有有限性，是有限的本质存在，因此在这种意义上，超越也是有限的超越。在超越之中，便也需要将超越的境域形象出来，就这种形象总

---

① 海德格尔，《康德与形而上学疑难》，第 84 页。
② 同上，第 85 页。

是和纯粹直观形式的成象活动相关——尽管这种成象活动本质上必须和纯粹的想象力相联系才能有此活动，海德格尔就把对境域的成象活动称为"感性化"（Sinnlichmachen）。

在超越活动以及与之相联系的纯粹综合活动中，不止需要纯粹直观和纯粹想象力的活动，也总需要纯粹知性的参与，它也和纯粹知性的活动内在勾连在一起。纯粹知性在这个过程中的作用是，通过自己的活动在纯粹综合活动和"让对象化"活动中提供统一的表像。所谓的"统一的表像"是纯粹概念从事的统一性活动产生出来的结果。在这种意义上，超越活动中自然也存在着纯粹概念的感性化。鉴于纯粹概念只是提供统一的表像和统一的规则，必然就是先天的，因此，纯粹概念的感性化就势必是纯粹的感性化。海德格尔指出，作为纯粹概念的纯粹感性化活动的产物的，就是图式。纯粹概念的纯粹感性化是有限的，它要在领受活动中才能形成图式。"纯粹的感性化必须是对某种东西的领受活动，而这种东西首先只是在领受活动自身中才会成形；另外，纯粹的感性化还是一种外观，但这种外观同样也不会提供出存在者。"① 纯粹的感性化的活动方式或者说发生方式就是"图式化"（Schematismus）。"纯粹的感性化以一种'图式化'（Schematismus）的方式发生。"②

经过上述分析，我们看到，"图像"（Bild）和"图式"（Schema）实质上都和"成象活动"相关，本质上都关联于超越论的想象力。二者在本质上是同一种东西。只是前者和直观与经验相关，后者则是概念感性化的产物。在康德那里，他在"图像"和"图式"之间的区分实质上对应的是经验性想象力和先验想象力的区别。康德认为"图像"是经验性想象力的产物，"图式"则是先验想象力的产物。因此，从海德格尔的视角来看，无论在"图像"的形成过程中，还是"图式"的形成过程中，都可以看到超越论想象力亦即纯粹想象力的作用。海德格尔指出，作为纯粹想象力活动的产物的，是"式—像"（Schema-Bild）。那么，图像（Bild）、图式（Schema）和"式—像"（Schema-Bild）各自又有哪些特点和规定？它们彼此之间又有着怎样的关系呢？就这三者本质上都包含"像"而言，我们接下来考察一下海德格尔对"图像"（Bild）的解释和说明。

3.2.2 作为成象活动结果之一的图像及其不同类型

我们在上一节中已经表明，图像和图式在感性化活动中成象（bilden）

---

① 同上，第86页。
② 同上，第86页。

出来。在海德格尔的眼中感性化之所以重要，是因为他对康德的《纯粹理性批判》的解释采取的是现象学的进路，这和康德的进路有些区别。在康德那里，他的先验演绎只要解释清楚范畴应用于感性经验的有效性，并阐明在这个过程中经验对象也同时形成就可以了。他的图式论只要解释清楚图式作为一种经验现像和范畴之间的居间协调者的地位也就够了。但在海德格尔的现象学的进路中，他要展现的是，这些认识论思路背后的存在论根据和存在论结构。也就是说，在康德那里的对象形成的存在论根据是什么，将感性和知性综合起来的源泉是什么，这一源泉的存在论结构和存在论根据又是怎样的；作为沟通现像和范畴即概念的图式，它又有着怎样的存在论规定。总之，海德格尔要做的工作是展现康德哲学背后的存在论根据。在这个追问过程中，海德格尔力图运用现象学解构的方法，逐渐向使他的哲学得以可能的根基与源头处掘进，以期将之大白于天下。

因此，海德格尔对感性化的理解和经验论者对感觉的理解是不同的，他运用这个词时不是意指通过感觉感受到了什么内容，而是想探究感觉的发动过程、感觉活动的产物以及它们背后的存在论根源。正如我们上文所述，人类在生存结构和认识结构上具有有限性，无法像神一样在源始的直观中创生作为认识对象的存在者，人的知识的形成必须依赖于预先已经存在的存在者。但这样的存在者与有限的本质存在即人之间是同级别的存在者。如果要形成有关它的知识，人就必须与这样的存在者发生一种存在论上的关系，即能够让它前来遭遇。这种遭遇的基本状况是，存在者要能够站出来并转到有限的本质存在对面而立，这个过程是形成对象的过程。这种"让对象化"活动源自于有限的本质存在的主体性能力。在对象形成的过程中，前来被遭遇的存在者与有限的本质存在之间形成了一个源始的境域。在这个境域中，有限的本质存在的直观活动得以对与人相对而立的存在者有所"领受"（hinnehmen），对方以这种方式被有所获悉、有所掌握。

海德格尔指出，在人的"让对象化"活动中，实质上就包含了两个方面，一个是"让……站到对面"（entgegenstehenlassen），另一个是"使……得到获悉"（Vernehmbarmachen）。这二者实质上是同一个过程。在这个过程中，那站到有限的本质存在对面而立的存在者向人"奉献"（anbieten）出"图像"（Bild）。海德格尔把形成图像的活动称为"形象活动"或"成象活动"（bilden）。"图像"的成象活动可以分出两种，一种是关联于纯粹想象力的纯粹直观形式的"成象活动"（bilden），另一种是以前者为基础的经验性直观的"成象活动"（bilden）。当然，这两个"成象活动"并不是两种不同的成象活动，它们毋宁是一体的，共同成像出"图像"来。我们之所以在这个描述过程中把它们拆解开，是为了便于理解海德格尔解释康德的思路。这个"图像"成像出来的过程就是海德格尔所说的"感性化"。

不过，只有来自感性直观奉献出的"图像"并不能形成知识，知识的形成还需要来自知性提供的规则和秩序，因为如果没有知性预先在与纯粹想象力的关联之中通过纯粹概念提供出统一的表像，那么，"图像"和以之为基础形成的经验现像就缺乏统一的秩序。海德格尔指出，将感性和知性"契合"起来的是纯粹综合。只有借助于想象力的纯粹综合的作用，感性获得的作为图像的联合体的杂多表像才能被带给知性范畴以供后者加以规范和整理，这才能为知识的形成提供质料，而另一方面知性范畴也才能被带向感性提供的作为图像的连结体的杂多表像以为后者提供秩序和规则。但纯粹综合的这种"契合"作用之所以能够达到预期目标却需要依赖某种工具或手段。而这个手段要能够既属于感性又属于知性、既属于现像又属于纯粹概念，这个东西就是"图式"（Schema）。所以，纯粹综合在纯粹直观和纯粹概念之间的"契合"（fuegen）活动实质上是通过"图式"来完成的。

这样，我们就把上文中略显杂乱的分析做了一个综合性的阐述。根据这一阐述，海德格尔就将康德在《纯粹理性批判》中提供的为形而上学的奠基之路深入推进到了图像、图式、式—像以及相应的形象活动这一层面上了。但这几样东西到底是什么呢？它们的内容是什么？又有着怎样的规定？

关于"图像"（Bild），我们可以分别依据纵向线索和横向线索来对其进行阐明。所谓的横向线索，是指就不同种类的"图像"而言的。所谓的纵向线索，是指就不同层次的"图像"类型而言的。而这两种线索意义上的"图像"又是相互结合在一起的。海德格尔对"图像"也进行了现象学意义上的阐发。

就横向线索而言，康德在 1770s 年代的《形而上学讲稿》的"心理学"[①]部分区分出了三种"图像"，即"映象"（Abbildung）、"后象"（Nachbildung）和"前象"（Vorbildung）。在康德的语境中，"映象"是最基本的，它是指在直观行为发生时当下形成的"图像"；"后象"是在过去形成的"图像"，它与过去相联；"前象"则是在预期之中形成的"图像"，它依然有待来临，所以可以说是尚未形成的"图像"。因此，"后象"和

---

① 参见 Kant, *Lectures on Metaphysics*, trans by Karl Ameriks and Steve Naragon, Cambridge Uni-versity Press, 1997, pp.52–56。

"前象"都有赖于"映象"，因为只有在"映象"中"后象"和"前象"才会成象，才会被串联起来。"映象"实质上贯穿于这三者之中。但海德格尔却不认同这种看法，他认为在三者之中，"前象"更为优先。至于为什么如此，我们在 4.2 中讨论想象力与时间性的关系问题时会给出详细的说明，在此处只要展示出"图像"的种类就可以了。

就纵向线索而言，海德格尔指出，"图像"总和"外观"（Anblick）相关，"形象活动"（bilden）在形成"图像"的过程中总是提供出了某种"外观"（Anblick）。从这种意义上说，他认为康德的"图像"又有三个不同层次："某个存在者的直接外观"（unmittelbarer Anblick eines Seienden）、"某个存在者的现成的映像外观"（vorhandener abblildender Anblick eines Seienden）和"关于某物一般之外观"（Anblick von etwas ueberhaupt）。①海德格尔指出，第一种"图像"是在经验直观中展现出的"外观"（Anblick），这种意义上的"图像"总是个体性的，是"这一个—亲临到此"（Dies-da）。海德格尔在这里总是强调"图像"的动态意义，即它"到此"显现、成像的过程。"图像总是某个可以直观的一个亲临到此。"②第二种意义上的"图像"，即作为"映象外观"意义上的"图像"在某种意义上是第一种意义上的"图像"即"某个存在者的直接外观"的脱落了意义上的"图像"，"这种在第二层意义上获得'图像'，现在不再仅仅意味着是对某个存在者直接地直观，而是像去购买或制作一幅照像一样。"③在这里，我们可以做个不恰当的比方，这第二层意义上的图像就有些类似于以第一种意义上的图像为摹本制作出来的仿制物的呈像，譬如蜡像馆中的蜡像人，就是这种意义上的"映象"。海德格尔指出，在这种"映象"的基础上，还可以有一种"后象"（Nachbild），譬如对蜡像人拍下的照片，就是这样的东西。这样，海德格尔指出，在这几种意义上的"图像"——比如一个人直接呈现出来的"外观"，仿制这个人的蜡像人的"外观"（Abbildung）与对这个蜡像人的相片的"外观"（Nachbild）——之间总是表像出了某种共同的东西，因此在它们之间内在地总是含有一种统一性的东西。

而提供这种统一性的东西实质上是概念的任务。既然前几者都可以诉诸图像，这提供统一性的表像的概念自然也需要，也必须能够诉诸图像，也就是说，概念要能够被感性化。通过概念的感性化活动，实质上就

---

① 参见 Heidegger, *Kantbuch*, S.93。
② 海德格尔，《康德与形而上学疑难》，第 88 页。
③ 同上，第 88 页。

带来了或者说形成了第三种意义上的"图像"，即"关于某物一般之外观"（Anblick von etwas ueberhaupt）。我们前文已经指出过，图式本质上就是概念的感性化活动的产物。那么，概念的感性化活动和图式之间有着怎样的关系？在图像和图式之间又有着怎样的关系？

3.2.3 图像、图式与式—像之间的关系

然而，概念真的能通过感性化活动而进入"图像"吗？康德在《纯粹理性批判》中不是曾经明确说过，概念不能直接与图像发生关系，图像也不能直接与概念发生关系吗？如果图像和概念要发生关系的话，必须通过图式来进行。"种种图像永远必须凭借它们所标示的图式才与概念相结合，就其自身而言并不与概念完全相应。与此相反，一个纯粹知性概念的图式是某种根本不能被带入任何图像之中的东西，它只是根据统一性的规则按照范畴所表达的一般概念所进行的纯粹综合，是想象力的先验产物。"① 那么，概念的感性化究竟是怎么回事儿？当海德格尔说概念可以通过感性化活动形成"关于某物一般之外观"的"图像"时究竟是什么意思？图式与图像之间又具有怎样的关系？

海德格尔对康德进行解释，想要说出他的未竟之言，那么当然就不能明显地违背康德的论断！事实上，海德格尔的解释与康德的这个论断的确也不冲突。我们不妨来看他究竟是怎样的一种思路。海德格尔指出，概念的感性化不是指从概念中获得像"直接外观"和"映像"这种意义上的"外观"。因为概念的确无法在个别性的或者说个体性的表象中通过表象被表象出来，因为后者始终呈现的是个体性的"外观"，而概念表象的却是普遍，是有关统一性的表象。因此，概念必然无法诉诸"外观"（Anblick），即无法形成某种"图像"。海德格尔认为，这就是康德说的纯粹知性概念无法被带入图像的意思所在。显然，海德格尔说的概念的感性化必然不是这一种意义上的，那它是什么意思？

海德格尔在论述概念的感性化的过程中，举了对"房子"这个概念进行感性化的例子。他指出，当人们运用"房子"这个概念时，并不是诉诸或形象出某一个具体的房子的外观（Anblick），而是对"房子"的周遭际遇、周遭范围有所规整、有所描画（vorzeichnen），从而使提供出一所房子的外观这样的事情成为可能。海德格尔指出，这样的"规整活动"和"描画活动""是对诸如'房子'这样的东西所意指的东西之整体进行'标

---

① 康德，《纯粹理性批判》，A142/B181，第166页。译文根据德文本有改动。

明'〈Auszeichnen〉"。① 而在这个过程中，总是需要或者说关涉到将整体中的各种表像在某一个具体的"房子"的"外观"中聚拢起来并表现出来这种事情。对于聚拢来说，必然需要将这些表像相互关联、相互隶属在一起的规则规整并提供出来。这就是概念式表像的功能或作用。海德格尔因此指出，概念式表像实质上就是预先给出各种相互联结和相互隶属所遵循的规则。在这种意义上，给出规则便总是和某种"外观"联系在一起，因为，在"外观"的形象活动中，总是会涉及关联于周遭范围的表像之联结和聚拢这种事情。这就是海德格尔意义上的概念的感性化方式。"惟有在这样的方式下进行表像，即通过规则，把指向性标志（Hineinzeichnen）规整到某一种可能的外观中，概念的统一之一般才可能表像为一体性的、通用于杂多的统一。如果概念之一般就是服务于规则的东西，那么，概念式表像说的就是：某种可能的外观形态，在其规整方式中，其规则事先就已给出了。于是，这样的表像在结构上，必然和某种可能的外观相连，并因此自身也就是某种本己的感性化方式。"②

因此，概念的感性化方式与上述的"直接外观"、"映象"和"后象"都不一样，它给出的不是"外观"，而且从其本性来说，概念也无法形成一个"外观"，即无法形成一个图像。它的感性化方式是通过规则的规整性作用而让各杂多表像能够聚拢、联结在一个"外观"之中。反过来，从外观这一角度来看，外观在显现、展示的过程中，也把规则及其规整性活动展示出来了。"正是在经验的外观下，规则以规则规整的方式显现出来。"③ 海德格尔指出，规则之规整活动通过一种自由的成像活动而在外观之展示的过程中显现、展示出来。这种自由的成象活动的运作不受经验、现成的存在者的影响和束缚。因此，这种自由的成象活动必定是纯粹的，它只能是想象力活动的结果。不过，想象力包括纯粹想象力和经验性的想象力，经验性的想象力活动的结果是给予"图像"，而纯粹想象力的活动结果是"图式"。在这种意义上，概念的感性化作为一种"获得图像"（Bildbeschaffung），其结果必定就是形成图式。反过来，图式获得图像的过程就是"图式—成象"（Schemabildung），也就是概念的感性化的过程，海德格尔指出，这个过程就是"图式化"（Schematismus）。而鉴于经验性的想象力给予的是"图像"，提供纯粹的"图式"是纯粹想象力的功能。所以概念的感性化亦即图式化，只能是纯粹想象力活动的结果。

① 海德格尔，《康德与形而上学疑难》，第90页。
② 同上，第90页。
③ 同上，第90页。

这样，图式就不仅和概念相关，而且在图式的形成过程中，亦即在概念的感性化这种"获得图像"的过程中其实就也和图像连接了起来，从而与经验现像连接在一起。就图式是概念的感性化活动的产物而言，图式是规则的表像，就图式在形成过程中是"获得图像"（Bildbeschaffung）而言，图式中便也就含有了图像的成分或者说要素。不过图式中含有的图像只能是纯粹的，和"直接外观"、"映象"这样的图像都不同，海德格尔将图式中的这种纯粹的图像称作"式—像"（Schema-Bild），意思是说它兼有图式和图像的特质，但又与双方都不完全等同。海德格尔指出，"式—像就是对那在图式中表像出来的描画规则的一种可能的描画。"[①] 在这种意义上，"式—像"便总是与规则的统一性相关。但另一方面，"式—像"因为也与图像相连，所以也有某种外观特征，海德格尔指出，"式—像"的外观特征不是来自于"直接外观"或"映象"、"后象"这样的图像，而是"它从在其规整中表像出来的可能的描画中产生，在这样的过程中，它仿佛也就将规则注入了可能的直观领域中"[②]。

这样，经过上述繁琐的描述和解释过程，海德格尔也就证明了，概念是可以被感性化的，也是可以被带入图像的，只是这种图像不是像"直接外观"、"映象"这样的经验性的图像，而是"式—像"（Schema-Bild）。所以，无论是经验性的概念，还是纯粹的概念，都可以被感性化。就概念总是包含有统一性的表像，而"直接外观"和"映象"这样的图像中又总是已经包含有"联结"这样的统一性而言，概念的感性化对于图像的形成，进一步地对于现像（Erscheinung）、现象（Phaenomen）和知识的形成就具有关键意义。在这种意义上，海德格尔指出，外观和图像的形成，在某种意义上需要一种作为"前瞻"（Vorblick）的图式化活动，它能够预先给出"直接外观"作为一个可能的整体进行显现的统一性条件。

在这种意义上，图式化也便和"让对象化活动"勾连了起来，就后者总意味着超越而言，超越便与图式化联系了起来。经过我们上述的长程分析，就可以看到，从根本上来说，超越作为"让对象化"活动其实总需要图式化作为条件，甚至可以说，超越活动的发生其实就是图式化的过程。"超越的发生在其最内在的状况上就必定是一种图式化。"[③]但图式究竟是什么呢？从实质上来说，图式就是时间。可图式怎么能是时间呢，这是怎样的情况？

---

① 同上，第93页。
② 同上，第94页。
③ 同上，第96页。

3.2.4 海德格尔现象学视域中的图式与时间

那么，图式究竟是什么呢？康德又为什么需要图式呢？康德在《纯粹理性批判》中之所以必须引进图式论，是为他的思路所强迫的结果，是他自己的运思将他推到了图式论的面前。这其实主要还是因为他在某种意义上秉持了西方传统哲学的基本思路，即只有性质相同者才能相互勾连，才能产生同一关系，性质相异者彼此不同，无法形成同一关系。因此若要让两个性质不同的东西之间产生统一关系，必须找到一个第三者，它要保证和双方都有一致之处或同一之处。在西方哲学史上，在柏拉图那里，这个问题表现得特别明显，他在解决"理念"和"现象"这两个完全不同类的、性质相异者之间如何可能具有一致关系这个问题时，先后提出了"分有说"和"摹仿说"，但却都不能完全成功地解决这个问题。现在，在康德这里，他在面对并解决如何沟通感性和知性、经验和范畴这种不同的异质者之间的沟通问题时，面对的困境和柏拉图是类似的。其实，这种问题无论是在后世的黑格尔那里，还是在中国哲学那里，都不是问题。在黑格尔那里，精神的辩证运动会很容易地化解掉这个异质性存在者之间的沟通问题。而在中国古代哲学那里，"生"、"易"、"变"的思想也会自然而然地把这个问题消解掉。譬如在《易经》中会有"生生之谓易"（《易经·系辞上》）、"易有太极，是生两仪，两仪生四象"（《易经·系辞上》）这样的思想，在《老子》中会有"天下万物生于有，有生于无"（《老子》四十章）、"道生一，一生二，二生三，三生万物"（《老子》四十二章）这样的思想。但在康德这里，他并没有黑格尔意义上的辩证法，也没有中国古代哲学意义上的"生"、"变"和"易"这种思想资源，而在异质性的感性和知性、经验现象和知性范畴之间如何沟通的问题却又是他必须解决的问题，如果他无法成功地解决这个问题的话，他的"先天综合判断"就无法成立。

于是，正是被这个问题所逼迫，他才走到了图式论的面前。他通过图式来解决异质性的直观形式和知性范畴之间的沟通问题。图式一方面必须具有经验现象（Erscheinung）的特质，另一方面必须具有知性范畴的特质，唯有如此它才能把二者沟通起来。可是与此同时，这也就意味着，图式既不完全与经验现象一致，也不完全与知性范畴一致。在这种意义上，它如果要想能将双方真正地勾连在一起，就必须不能有经验性的成分，因此只能是"纯粹的"。康德把这样的图式称为"先验的图式"。不过，到目前为止，我们围绕图式进行的各种分析都只是对图式的特征进行描述，无论是在康德哲学本身意义上还是在海德格尔的现象学解释的意义上，都没能切入对图式本身的考察，那么，具备如上特征和功能的图式究竟是什么呢？为了更好地理解康德赋予图式和图式论的角色以及海德格尔对它的现象学解释，我们都必须从正面切入对"图式"的分析。接下来，我们首先来看康德对"图式"的界定，之后再来分析图式和图式论在海德格尔的现象学进路中的位置。

康德在《纯粹理性批判》中给"图式"下了一个这样的定义："我们想把知性概念在其应用中被限制于其上的感性的这种形式的和纯粹的条件称为该知性概念的图式，把知性使用这些图式的做法称为纯粹知性的图式法。"① 康德在这里明言，图式是知性应用于感性之上并在这种应用中和感性相关的"形式的和纯粹的条件"，这也就是说"图式"一方面是知性应用于感性之上的条件，另一方面它也是感性反过来用来限制知性之应用的条件。因此它既和感性的被限制相关，又和知性的应用相关。因此它不能是经验性的，而只能是纯粹的。这样的图式，只能是时间，确切地说，是先验的时间规定。恰恰是通过时间和先验的时间规定，图式才能真正地沟通感性和知性、现像与范畴。"一种先验的时间规定就它是普遍的并且依据一种先天规则而言，与范畴（构成时间规定的统一性的范畴）是同类的。但另一方面，就杂多的任何经验性直观都包含时间而言，时间规定又与现像是同类的。"②

在康德上述的说明中，后半部分理解起来比较容易。因为对于经验性直观来说，它总是需要依赖于纯粹直观形式的空间和时间，而在二者之中，时间又具有优先地位，空间需要在时间的基础上才得以可能，比如有关某一个房间的空间表像总需要前后相继这样的时间表像作为基础和前提。当然，在这个过程中总需要先验想象力的综合作用和先验统觉的统一作用。但先验想象力的综合作用和先验统觉的统一作用也必须建立在时间表像基础上才能生效。不过对于前半部分来说，我们理解起来可能就有些难度了。康德说先验的时间规定和范畴是同类的，原因在于先验的时间规定依据一种先天规则，而范畴就构成了时间规定的统一性。但我们知道在康德这里，他对时间的看法向来坚持的是传统的时间观，即时间是线性的、前后相继的、均匀流逝着的，那也就是说，在他看来，在流逝着的时间中为时间表像提供统一性的是范畴，这也就意味着范畴与先验的时间规定之间的关系和先验的时间规定与现像（Erscheinung）之间的关系不是一种关系，因为对于后者来说，现像在形成过程中就已经有了先验的时间规定和作为直观

① 康德，《纯粹理性批判》，A140/B179，第 165 页，译文根据德文本有改动。
② 同上，A139/B178，第 164 页，译文根据德文本有改动。

形式的时间的参与，甚至毋宁说时间就已经存在在现像之中了，二者之间是一种统一关系。但对于前者来说，范畴提供给先验的时间规定的统一性却并不是类似的情况。因为先验的时间规定中并不存在范畴，甚至也不需要范畴，它就是先验想象力作用的结果。这样，就正如宫睿博士所指出的那样，"范畴与图式关系，更像是一种条件关系，也就是说更像是先验演绎任务的延续。"① 在这种意义上，如果先验图式的形成和作用可以脱开范畴的作用——因为先验想象力的运行不需要以知性的发动为前提，毋宁相反知性和范畴对经验现像的作用却必须依赖于先验想象力——那康德的事业就有可能会遭遇一种危险，为了解决这个问题，他在第二版中便将先验想象力归于先验统觉的统治之下了。关于这个问题，我们在第四章中还会进一步讨论。对于本节的任务来说，我们只要清楚，在康德那里，作为能沟通现像与范畴的图式，是时间，尤其是先验的时间规定就可以了。接下来，我们来看，在海德格尔的现象学进路中，对此是如何解释的，亦即作为图式的时间在为形而上学奠基的这条路上又究竟具有怎样的一个位置。

与在康德那里引入图式以解决现像和范畴、感性与知性之间的异质性问题并最终赋予范畴与知性在知识的形成过程中以主导性地位，从而解决普遍必然性的知识如何可能的认识论进路不同，海德格尔认为康德引入图式论是在解决形而上学奠基如何可能的存在论问题。海德格尔指出，存在论问题的关注焦点是超越。而超越在《纯粹理性批判》中表现为作为有限的本质存在在其有限的认识活动中让存在者对象化，以及在这个过程中作为站出并转到有限的本质存在对面而立的存在者与有限的本质存在即人相对而立所形成的境域的清理、区划和呈现的问题。海德格尔认为，在有限的人类知识的形成过程中，在纯粹直观与纯粹概念之间的纯粹综合是将二者"契合"在一起的关键，它是纯粹想象力的功能，而契合之所以能契合的关键则在于图式化（Schematismus）。海德格尔指出，在超越论的境域——即前来被遭遇的存在者被有限的本质存在遭遇所发生于其中的境域——中，前来被遭遇的存在者——即那站出来转到有限的本质存在面前而立的存在者——总是在这种遭遇活动中奉献出自己的外观，这同时就是人的"成象活动"（bilden）的过程，这个过程的结果形成了"图像"（Bild），当然，在"图像"的形象活动中也必然会和超越论想象力提供的纯粹综合内在勾连而通过"图式"和概念的感性化活动结合在一起。概念的感性化是对由概念提供的规整之规则的描画而呈现出来的外观，其结果

---

① 宫睿，《康德的想象力理论》，北京：中国政法大学出版社，2012年，第38页。

就是"式—像"（Schema-Bild）。所以，本质上来说，"图像"、"图式"和"式—像"都和"让对象化"这种超越活动内在相关，是在超越之中形成的。在这个基础上进一步而言，根据海德格尔的解释学原则来看，与"让对象化"活动内在相关的成象活动，在发动之前，需要有一种关于图像"外观"的"前瞻"（Vorblick），这是成象活动（bilden）能形象出"图像"的一个解释学前提，而提供这个前提的就是"图式化"。所以在这种意义上，海德格尔指出，"图式化必然属于超越"①。

关于这一点，还可以从不同的角度来看。海德格尔指出，因为人类是有限的，所以人类有限的知识的形成必然依赖于有限的直观活动，这种意义上，图式化实质上和人以及人的直观的这一有限性密切相关，便也和感性化密切相关。同样又鉴于人类的有限性，感性化因此也必然属于超越。所以，人类的有限性和超越对于图像和图式的形成，对于人类有限的知识的形成，才是最关键的。而在康德那里，直观又有经验性的直观和纯粹直观之分，虽然海德格尔并未明言，但与这二者相应，必然会有经验性的图像和纯粹图像之别。尽管海德格尔并未明确提及经验性的图像，但它隶属于我们在 3.2.2 中所谈及的某个存在者向有限的本质存在奉献出来的直接外观。在这二者中，纯粹图像又尤其关键，它是经验性的图像的基础或者说前提条件。

因为康德明确指出，概念的图式无法被带入任何图像，因此它必然无法进入经验性的图像。但因为海德格尔赋予了直观以优先地位，所以，概念的图式却又必须能被带入图像。"图式将自身，也就是说，将概念带入图像。"②"诸纯粹概念必须建基在诸纯粹图式中，而诸纯粹图式（Schematen）则将诸纯粹概念带入一个个图像。"③ 这样，海德格尔的解读就与康德本人的思想产生了明显的矛盾，为了解决这个问题，海德格尔指出，图式将概念带入图像的方式是对"可描画的外观的描画规则"带入图像，因此概念的感性化的后果也就是"式—像"。另外，我们在 2.3.1 中又的确曾经表明过，纯粹思维恰恰是通过纯粹概念预先为经验现象的形成提供统一性的表像，亦即提供统一性的规则。所以，海德格尔就通过自己的解读认为概念可以而且必须被感性化。

但是，图式对概念的感性化毕竟不能进入经验性的图像，所以，它对规则的感性化便只有一种可能，即和纯粹的图像连接在一起。而纯粹的图

---

① 海德格尔，《康德与形而上学疑难》，第 96 页。
② 同上，第 97 页。
③ 同上，第 97 页。

像便只能是作为纯粹直观的时间的产物。时间的图像或者说外观先于一切经验性的图像而形成，并是后者得以可能的根据。在这种意义上，时间的图像是纯粹图像。"但是时间作为纯粹的直观本身，在一切经验之先就获得了一个外观。在如此这般的纯粹直观中给出的纯粹外观（对康德而言，此乃现在序列的纯粹的先后相随），必须因此而被称为纯粹的图像。"① 这样的话，既然存在时间这样不包含经验性内容的纯粹图像，那么，作为概念的感性化的结果的图式以及对其提供统一性规则进行描画的式—像就势必可以进入这种纯粹图像，亦即进入时间之中了。

海德格尔指出，时间是纯粹图像，与此同时它也是式—像，"作为'纯粹图像'，时间是式—像，而不仅仅是站在纯粹知性概念对面的直观形式。"② 以这种方式，海德格尔赋予了时间以更多含义，即时间不仅是纯粹直观形式，而且也是纯粹概念的感性化的后果，即是对纯粹概念提供统一性表像之规则的描画。因此，在时间这种纯粹图像或者说"式—像"中，发生着纯粹综合实质上的"契合"活动。时间是纯粹综合得以可能的依据，它一方面与经验现像内在相通，另一方面与知性概念相连。纯粹知性概念的感性化，必然将自己的统一性表像的统一性提供给时间。"根据超越论演绎，在观念中表像出来的统一性，必然在本质上与时间有着关联，因此，纯粹知性概念的图式化必然会将这一统一性规整到时间上去。"③

这是问题的一个方面，另一方面，无论是作为"直接外观"的图像、作为"映象"和"后象"的图像，还是作为"某物一般"的图像，它们有一个共同点，就是总呈现了一种"外观"（Anblick）。那么，如果按照海德格尔的思路，既然纯粹概念能够感性化，那么，便势必也有一种外观，但鉴于其自身的性质，这种外观不能是经验性的，只能是纯粹的，而唯一的纯粹的图像就是时间。所以，这就意味着时间不仅是纯粹概念感性化后必然要将其表像的统一性归系于它身上的东西，而且同时也意味着，时间还承担起呈现纯粹知性概念外观的任务，而且它还是后者唯一可能的外观。"时间不仅仅是纯粹知性概念之图式的必然的、纯粹的图像，而且也是其惟一的纯粹外观可能性。这个惟一的外观可能性总只是在自身中显现自身为时间和有时间的。"④

经过上述两方面的说明，海德格尔表明，纯粹概念通过感性化活动以

---

① 同上，第98页。
② 同上，第98页。
③ 同上，第98页。
④ 同上，第99页。

图式的方式不仅将统一性带给了时间这种纯粹图像，从而与经验性的图像相连，而且还以时间为自己的唯一的外观。以这种方式，"观念的图式就将惟一的纯粹的外观可能性与纯粹图像的多样性勾连了起来。"[①] 于是，海德格尔最终就通过诉诸时间的方式解决了纯粹概念如何进入图像的问题。这样，海德格尔就把时间在形而上学奠基工作中的重要性敞露出来了：恰恰是作为图式的时间使纯粹综合这种超越活动得以可能，恰恰是通过作为图式的时间使"让对象化"这种超越活动得以可能，也恰恰是通过作为图式的时间，一方面经验现象才能被带给知性范畴，另一方面知性范畴才能被带入经验现象。

于是，我们看到，海德格尔对康德的《纯粹理性批判》的现象学解释，一步步地便来到了纯粹综合和图式论的面前。他认为，纯粹综合和图式论是为形而上学奠基之所以可能的关键。不过，如果要康德为形而上学提供奠基活动之所以可能的这个"源头"进一步清理出来并呈现出来，还必须对纯粹综合和图式的提供者进行解构和解释。如果不对此进行分析，那么，形而上学奠基之所以可能的源头便始终无法得到真正的敞露。正如我们前文所述，提供纯粹综合的主体性能力是超越论想象力，纯粹综合和图式都是超越论想象力活动的结果。然而，超越论想象力究竟怎样给出了纯粹综合？它怎样产生了作为时间的图式？它和时间之间又有着怎样的关系？为了对这些问题提供解答，就必须对超越论想象力进行解释。那么，海德格尔是怎样来解释超越论的想象力的呢？为什么他说康德曾经向着《存在与时间》中的时间性思想走了一程？他又为什么认为康德没能迈出那通往基始存在论的决定性的一步呢？我们将在下一章中尝试解答这些问题。

---

① 同上，第99页。

第4章　超越论的想象力、时间性与康德的退缩

在海德格尔对康德的《纯粹理性批判》进行现象学解释的过程中，随着他对康德解决"先天综合判断如何可能"这个问题的思路的解释，来到了形而上学奠基的源头处，即存在论知识的本质统一性这个环节。在海德格尔看来，存在论知识的本质统一性是指在纯粹直观和纯粹思维之间的本质统一，也就是直观和统觉之间的统一。这种本质统一是纯粹综合作用的结果，纯粹综合发动这种综合作用的手段和工具就是作为时间的图式。海德格尔指出，只有纯粹综合得以可能，人类的知识才得以可能。在这种意义上，纯粹综合活动及作为时间的图式便是人类知识形成的关键。

另一方面，人类知识的形成过程中之所以需要纯粹综合，需要纯粹综合将纯粹知识的二要素即纯粹直观和纯粹思维契合起来。主要原因在于人的有限性。因为人类在生存结构和认识结构上的有限性，人的知识总是一种有限性的知识，需要依赖对预先已经存在了的存在者的领受活动，需要纯粹直观和纯粹思维的共同作用。海德格尔指出，在纯粹综合的活动中，有着超越活动的发生。在超越活动中，作为站在有限的本质存在的人的对面而立的对象得以进入向人奉献自己的外观的境域之中。因此，人类知识的形成需要预先对此境域有所"形象"。而这就是作为纯粹图式的时间的功能。正是在上述意义上，纯粹图式和纯粹综合对于存在论知识的本质统一才具有决定性的作用，也正是在这种意义上，它们才是形而上学奠基之所以可能的关键。

海德格尔又进一步指出，提供纯粹图式并发动纯粹综合活动的，是超越论的想象力。"作为源初的纯粹综合，超越论的想象力形象出了纯粹直观（时间）与纯粹思维（统觉）的本质统一性。"① 而鉴于纯粹综合又是存在论知识的本质统一性的关键，因此，超越论的想象力才是为存在论知识提供本质统一性的真正关键，因此也就是形而上学奠基之所以可能的真正

---

① 海德格尔，《康德与形而上学疑难》，第121页。

关键了。"超越论的想象力是根基,存在论知识的内在可能性以及随之而来的一般形而上学的可能性都建基在它之上。"[1]具体来说,超越论想象力在形而上学奠基中的关键作用主要体现在:它不仅提供了将纯粹直观形式与纯粹思维"契合"(fuegen)在一起的纯粹综合,而且也是勾连经验现像与纯粹概念的关键的纯粹图式的提供者,同时也是感性与知性的结构性中点,如果更精确一点说,海德格尔不止认为超越论的想象力是感性与知性的结构性中点,它更是感性和知性共同的根。进一步地,海德格尔指出,这种作为感性和知性之根、作为纯粹图式和纯粹综合的提供者的超越论的想象力,还提供了源初的时间并就是这种源初的时间。但海德格尔认为,超越论想象力的这种力量对于康德来说却是不可知的,他恰恰是因为看到了超越论的想象力的这种不可知的力量,所以才受到困扰,在它面前退缩了。但尽管他"退缩"了,却依然被认为是向着将时间和存在联系起来进行思考、是"曾经向时间性这一度探索了一程的第一人与唯一一人"[2]。本文接下来将对上述内容提供详细说明。

4.1 超越论想象力的核心功能是为形而上学奠基

4.1.1 超越论想象力形象出超越

既然超越论想象力在海德格尔对康德的现象学解释中如此重要,那么,我们为了更进一步地展示海德格尔为什么认为从对《纯粹理性批判》的现象学解释可以走到《存在与时间》中的基始存在论和时间性思想,就有必要对海德格尔视野中的超越论的想象力进行一番检视。

但在我们详细考察海德格尔对超越论想象力的解释和说明之前,有必要对康德的"想象力"以及与其相关的一组词汇进行一个一般性的说明,这样可以让我们对接下来的工作有一个更明晰的认识。

在德语中,用来指"想象力"的词有两个,一个是 Einbildungskraft,一个是 Imagination。根据潘卫红博士的研究,Imagination 来自于拉丁语 *imaginatio*,这个词是对古希腊语 εἰκ-ἀσία 的翻译。这三个词即 εἰκ-ἀσία——*imagination*——Imagination 多用来指摹仿、复制和再生意义上的想象力,它和经验相关,服从经验的联想律。而 Einbildungskraft

---

[1] 同上,第 121 页。

[2] 同上,第 27 页。

则用来指一种神秘的力量，人们可以借助它在直观活动中直接把握真理。[①] 康德使用的则是 Einbildungskraft。在英文中，通常用 imagination 来翻译 Einbildungskraft 这个词。不过，宫睿博士指出，我们并不能把 Einbildungskraft 完全等同于英文中的 imagination，因为前者更强调的是作为主体的一种能力（Kraft），所以只有在 imagination 不是表达一种意识行为，而是表达一种主体性的能力——"想象力"这层意思时，才能等同于 Einbildungskraft。[②] 经过这一说明，在 Einbildungskraft 与 Imagination 之间的区别就显而易见了，前者指的是一种主体性的能力，后者指的是作为意识行为的"想象"。

海德格尔通过对康德在《人类学》中对"想象力"的说明的解释指出，康德在《人类学》中对"想象力"的说明，和《纯粹理性批判》中对"想象力"的说明比起来，有一点尤其值得注意，那就是，康德认为"想象力"指的是无需存在者在场就可以对存在者提供表像的能力。而这在海德格尔的眼里也就意味着，想象力其实有一种能力，那就是在存在者进入人类经验之前，就已经先行发动，它形象出了存在者前来遭遇的那个境域的外观。这是通过借助于作为纯粹图像的时间来完成的。海德格尔指出，"在对存在者有所经验之前，想象力就已事先形象了关于对象性自身的境域外观。但是，这种在时间的纯粹图像中的外观形象活动（Anblickbilden），并不在关于存在者的这种或那种经验之先，而是事先就已经在所有可能的经验之先了。因此，在提供外观时，想象力从一开始就完全不依赖于存在者的在场。"[③] 所以，在这种意义上，想象力发挥作用，并不依赖于作为对象的存在者的在场，因此便不依赖于经验，也不依赖于经验性的直观，毋宁和作为纯粹图像，同时也是图式的时间内在相关，它从作为纯粹图像的时间那里获得自己的表像。与此同时，想象力也与图式关联在一起。图式化的过程作为一种将统一性的规则引入图像的方式而与想象力联系在一起，前者作为自由的成象活动甚至就是在想象力中发生的。因此，海德格尔指出，"图式化也在更进一步的源初性意义上显现出想象力的'创生'本质。"[④] 在上述意义上，想象力和作为纯粹图像的时间以及作为时间的图式都关联在一起，因此便必然内在地和纯粹综合联系在一起。从而想象力也就形象着超越活动，为超越活动提供出外观之一斑。海德格尔指出，这种意义上的

---

① 参见潘卫红，《康德的先验想象力研究》，北京：中国社会科学出版社，2007 年，第 1 页。
② 参见宫睿，《康德的想象力理论》，第 1 页。
③ 海德格尔，《康德与形而上学疑难》，第 125 页。
④ 同上，第 125 页。

想象力"它不受经验制约，它是使经验首先得以可能的纯粹生产性的想象力"。①所以，纯粹生产性的想象力实质上形象着超越活动。在这种意义上，海德格尔把它称作超越论的想象力。

当超越论的想象力在把超越形象出来时，也就必然对超越进行揭示，也就是说对让对象化活动得以可能的纯粹综合得到展示。我们在前文中已经指出过，纯粹综合作为一种活动，将纯粹直观和纯粹思维"契合"（fuegen）起来。在这种意义上，超越论的想象力也就必然和纯粹直观与纯粹思维发生关系，鉴于超越论的想象力在自身的活动中形象出了超越，即开放了纯粹综合，所以也必然在自身的活动中让纯粹直观与纯粹思维的源初统一成为可能。那么，超越论想象力与纯粹直观和纯粹思维之间是一种什么关系呢？

4.1.2 超越论想象力是纯粹直观与纯粹思维的"根柢"

海德格尔指出，超越论的想象力就作为一种"能力"而言，是和纯粹直观与纯粹思维同等的"基本能力"。因此，人类的基本能力就有了三个：纯粹直观、超越论的想象力和纯粹思维。但是，在康德那里，他曾经明确地说过，人类的知识只有两个枝干或两个基源，即感性和知性。那么，人类的基本能力有三个，可是知识居然只有两个枝干，这之间不存在着明显的不对应关系吗？如何理解和解决这种矛盾和看似冲突之处呢？在海德格尔看来，超越论的想象力虽然是人类的一种基本能力，不过，与纯粹直观和纯粹思维这两种人类的基本能力有些不同，超越论的想象力提供出来的并不是知识的元素，它提供出来的是纯粹综合活动。恰恰是通过纯粹综合活动，保证了纯粹直观与纯粹思维之间的源初的本质统一。在这种意义上，海德格尔认为，超越论的想象力是纯粹直观与纯粹思维的源头或者说是它们的根。不过这种"源头"的意思不是说纯粹直观与纯粹思维是从超越论的想象力中生发出来的，即不是说纯粹直观和纯粹思维是超越论的想象力的活动的产物。它的意思是说，纯粹直观和纯粹思维的统一的源头，可以在超越论的想象力的活动中呈现出来，或显现出来。"描画出来的对源头的揭示意味着：这一能力的结构植根于超越论想象力的结构之中，而且，惟有在结构的统一中，这一能力才能与其他两个能力一起'想象'某种东西。"②

为了更进一步地表明超越论的想象力作为纯粹直观和纯粹思维的源头

---

① 同上，第126页。
② 同上，第131页。

的地位，展示它怎样通过纯粹综合的活动将纯粹直观和纯粹思维"契合"在一起，以及它又是怎样通过图式化将纯粹概念感性化而进入纯粹图像即时间之中，最终敞明超越论的想象力植根于源始的时间性之中，我们必须展示超越论的想象力的运作方式，以及它在自己的运作过程中是怎样展现出自己是纯粹直观与纯粹思维的根源的。其实海德格尔对这几个问题的解答充分展现了他对康德进行现象学解释时所运用的现象学方法的特点。当然，这个过程也是将我们在第二章、第三章中所探讨的那些貌似零散的内容重新综合起来的过程。

海德格尔指出，超越论的想象力之所以能成为纯粹直观和纯粹思维的源头，是因为它在自己的活动中形象出了超越，形象出了超越之境域。在超越和超越之境域中，存在着人的超越的超越建制。于是，我们看到，海德格尔对康德的《纯粹理性批判》之为一次为形而上学奠基的任务进行现象学解释，向奠基之为奠基的根据和源头处进行一步步追溯时，最终便来到了形而上学奠基之为奠基的源头处，即通过超越论想象力形象出的超越和超越之境域，以及在这个过程中所展现出来的超越建制。如果我们反过来看，通过这样的追根溯源活动，超越论的想象力一方面便证明和展示了自己是超越的根据和形象者，另一方面便展示了它自己何以是纯粹直观和纯粹思维的源头。

不过，海德格尔在达到了超越论的想象力这个纯粹直观和纯粹思维的源头处后，他接下来还要再从超越论的想象力出发，去展示它作为这种源头在存在论知识的形成过程中究竟是怎样具体起作用的。可是，海德格尔的这种做法不就构成了一种循环吗？的确如此！这是因为，海德格尔对康德的《纯粹理性批判》的解释采取的是现象学的方法，我们在第一章中曾经明确对此进行过分析，他的现象学是现象学的解释学，因此，他在这里提供的"循环"不是一种"循环论证"意义上的"循环"，而是一种"解释学循环"意义上的循环。按照海德格尔的想法，要正确地理解解释学循环，就要进入这个解释学循环之中去。只有这样，才能充分利用、展示和体现解释学的作用的方式。具体到《康德书》中来说，这本书中的解释学循环是这样的：首先，通过一步步追溯康德的知识如何可能这个问题——在他视角中则是形而上学奠基问题——而来到作为纯粹综合之发动者的超越论想象力面前。接下来又反过来从超越论想象力这个超越和纯粹综合的发动者，从而也是作为纯粹直观与纯粹思维之综合的源头处出发，具体地展示超越论的想象力作为纯粹直观与纯粹思维的根源又是怎样具体发生作用的。海德格尔认为，这后一步工作对于澄清康德的《纯粹理性批判》之为一次为形而上学奠基的任务来说，十分重要。因为纯粹综合、超越论演绎和超越论图式化的作用都需要通过超越论的想象力才能得到真正的解释和展示。特别地，对于纯粹综合来说，它提供了纯粹直观与纯粹思维之间的"契合"(fuegen)，而这种契合活动，从本质上来说又和图式化和超越论演绎内在相关，因为恰恰是图式化和超越论演绎在纯粹综合中带来"源生性的成一过程（Einigung）"。这种成一过程其实是需要从那正在成一的东西那里，在它的活动中让那成一的东西展现出来，只有这样，源生性的成一过程才能够可能。这里所说的那正在成一的东西，实质上就是超越论的想象力形象的超越活动。海德格尔指出，"因此，所设立的根据之根柢特征就第一次使得纯粹综合的源生性，即使得它的'让……生发'（Entspringenlassen）成为可领会的。"[1] 同样的道理，和纯粹综合内在相关的超越论演绎和图式化也需要通过对超越论想象力的阐明才能得到透彻的展示。"只有当超越论想象力证明自身为超越之根，超越论演绎和图式化中的问题才可以获得透彻的了解。"[2] 因此，具体地阐明超越论想象力作为"根柢"的作用就可以更进一步地表明超越论的想象力与超越和超越的境域以及人的超越建制之间的关系，从而进一步展现超越论的想象力作为形而上学奠基的源头这种关键性地位。

4.1.3 超越论想象力作为"根柢"的作用

由此，海德格尔赋予了超越论的想象力以重要地位。它不仅是人类知识双枝干的"根柢"，从而是形而上学奠基的源头，而且在自身的纯粹综合活动中形象出了超越和超越的境域，将纯粹直观和纯粹思维契合起来。不特如此，他甚至将超越论的想象力的这种重要性带出了理论理性领域而进入了实践理性领域，他甚至认为超越论的想象力也是实践理性的源头。如果海德格尔的这一思路成立，那么，康德在三大批判中完成的所有工作，最终无疑都会归结到一个问题：超越论的想象力是否可能的问题。那么，对于《纯粹理性批判》来说，就意味着在对纯粹理性进行批判的过程中，这种批判将纯粹理性消解在了批判活动中，却将纯粹想象力凸显了出来。这样，康德的第一批判与其说是对"纯粹理性"进行批判，倒不如说变成了对纯粹想象力的批判了。可是，海德格尔的这一思路是成立的吗？我们接下来就会展现，海德格尔对超越论想象力这种作为"根柢"的作用——不仅作为纯粹直观和纯粹思维的根柢，甚至也作为实践理性的根柢——是

---

① 同上，第 133 页。
② 同上，第 133 页。

如何解释的，它又是如何实行的。我们在本节中接下来将首先探讨超越论想象力与纯粹直观的关系，然后讨论超越论想象力与纯粹思维的关系，最后探讨超越论想象力与实践理性的关系。通过这个过程，将会更好地展示，超越论的想象力在形而上学奠基过程中的作用。

接下来我们将首先展示超越论的想象力与纯粹直观之间的关系。有关超越论的想象力对于纯粹直观的重要性，我们曾在 2.2.1 中提及，纯粹直观因为内在地相关于超越论的想象力，所以才具有了"综观"（Synopsis）的作用。那么，纯粹直观和超越论想象力之间的这种"内在相关性"，究竟是怎样的呢？它们是怎样内在地关联在一起的呢？这个问题解释清楚了，超越论想象力作为纯粹直观"根柢"的作用，也便展示了出来。我们接下来将分成两个方面来梳理超越论想象力与纯粹直观之间的关系。

一方面，我们从对纯粹直观的特征的分析来看超越论的想象力与纯粹直观之间的关系。我们曾指出，人的直观区分为经验性的直观和纯粹直观。其中，纯粹直观具有更优先的地位。但鉴于人的有限性，纯粹直观不能在自己的活动中创生存在者，因此便不是"源始的直观"，后者只能隶属于神。但人的有限的纯粹直观也具有一定的源生性。这体现在：在纯粹直观中，人们能够领受外观，这种对外观的领受并不依赖于作为对象的存在者的在场，它们可以自己发动，自己形象。这种形象是对时间和空间的表—像（vor-stellen）。所以，纯粹直观对时间和空间的外观（Anblick）的领受实质上是作为纯粹直观形式的时间和空间在自身活动中自己给出的。在这种意义上，有限的人的纯粹直观也便显示出了一定的源生性。"这些直观……事先将空间与时间的外观作为在自身中拥有杂多的整体表—像出来。它们领受外观，但这一领受自身恰恰就是自身给出东西的、形象着的、自身将自己的给出〈das bildende Sichselbstgeben des sich Gebenden〉。纯粹直观，究其本质而言，就是'源生性的'，这也就是说，纯粹直观就是对可直观的东西的让之生发的（entspringenlassende）描绘：*exhibitio originaria*（源发性展现）。"[①]

不过，纯粹直观的这种源生性，这种自己形象的活动要依赖于纯粹想象力的作用。因为如果没有纯粹想象力的"成象活动"，直观活动的发动将始终需要依赖于作为对象的存在者。在这种意义上，海德格尔甚至认为，纯粹直观实质上就是纯粹想象力。纯粹直观自身给出的时间和空间的外观实质上是纯粹想象力自身发动并进行形象活动的结果。"正因为究其本质

---

① 同上，第 134 页。

而言纯粹直观就是纯粹的想象力，所以，它才是'源生性的'。这一想象力以形象的方式从自身中给出外观（图像）。"①

　　另一方面，我们从纯粹直观的活动及作为它的直观活动的结果来看纯粹直观与超越论的想象力之间的关系。从纯粹直观的活动来看，尤其是作为纯粹直观形式的时间的活动中，预先就已经形象出或者说给出了直观到的东西的"统一性"。在它们的活动中，事先形象出了经验性的直观在直观活动中能直观到东西所发生于其中的境域的纯粹外观。因此，在这种意义上，纯粹直观实际上具有一定的统一性功能。但海德格尔指出，纯粹直观的这种活动虽然具有一定的统一性功能，但其实还不是真正的统一，因为它提供的是一种低级的统一。真正的统一是纯粹知性提供出来的。所以，纯粹直观的这种活动被称作"综观"（Synopsis）。海德格尔指出，"在纯粹直观中直观到的东西的整体不具有一种概念普遍性的统一性。因此，直观整体的统一性也不能从'知性综合'中源生出来。它是一种在给出图像的想象中事先窥见了的统一性。这个时空整体的'综'是形成着的直观的一种能力。"②

　　海德格尔指出，纯粹直观具有的"综"的这种提供"统一性"的功能，不是从纯粹知性那里得来的。这意思是说，纯粹直观并不是因为屈从于纯粹知性，所以才从后者那里获得了统一性的功能。它的这种功能本质上来自于纯粹想象力。海德格尔甚至说，纯粹直观本质上就是纯粹想象力，纯粹直观只有从纯粹想象力也就是超越论的想象力那里才能得到自己的"统一性"功能，也唯有植根于超越论的想象力，纯粹直观的综观活动才有其根源和依据，才能获得可能性。所以，纯粹直观只有植根于超越论的想象力之中，以其为根柢，才能具备提供"综观"的功能。

　　不特如此，作为纯粹直观活动的结果的东西其实也和超越论的想象力密切相关。那么，作为纯粹直观活动的结果的是什么呢？ *ens imaginarium*(想象的存在者)！鉴于 *ens imaginarium* 必然是纯粹想象力的活动产物，海德格尔便指出，"纯粹直观，究其本质的根基而言，也就是纯粹想象。"③ 这样,海德格尔便展示了超越论想象力作为纯粹直观之"根"的作用。

　　其次，要展示超越论想象力在形而上学奠基过程中的关键性作用，只表明超越论想象力是纯粹直观的"根柢"尚不够用，还必须表明它也是纯

①　同上，第 134 页。
②　同上，第 135 页。
③　同上，第 136 页。

粹思维的"根柢",乃至于也是理论理性的根源。只有这个工作也做到了，才能展示出超越论想象力何以能让有限的本质存在的超越开放出来。

但超越论想象力能成为纯粹思维和纯粹知性的根柢么？纯粹思维居然要从超越论想象力之中发源？这种想法乍一听似乎有些不可思议，尤其当我们联想到康德本人的哲学的话，情况就更是如此了。康德在第二版演绎中毕竟弱化了先验想象力的作用，将它归于先验统觉之下。因此，当海德格尔认为纯粹思维的源头竟也在超越论想象力之中时，的确会让人觉得有些诧异。那么，海德格尔为什么这样认为呢？他有充分的理由吗？他的依据何在？海德格尔认为，不应该把思维的基本能力只是界定为进行判断，那样离思维的本质尚有距离，毋宁应该将思维的基本能力看作是提供规则。所谓的提供规则是指给表像提供统一性。这个过程也就是"让对象化"的过程。"将这种持存着的统一性作为亲和性的规则整体的自一性表像出来，就是'让对象化'的基本过程。"①

"让对象化"，它是让存在者能够站出来并转到有限的本质存在对面而立的活动，它因而也就是有限的本质存在的超越活动。但其实，在这个"让对象化"活动的过程中，不仅需要存在者站出并转到有限的本质存在对面而立，而且也需要有有限的本质存在即人能够"自身转过来面向……"（Sich-zuwenden-zu）存在者而立，这两者实质上都是"让对象化"这种超越活动的内在组成部分。

海德格尔进一步指出，在"让对象化"活动中，在人的"自身转过来面向……"之中，会在这种"转向"中分离出来一个"自我"。"自我"会在人的这种"自身转过来面向……"的"让对象化"活动中外化、显现出来。以这种方式，"'我表像'就'伴随着'一切的表像"②。在这里，"我表像"实质上也就是康德那里的"我思"，海德格尔指出，如果表像的"自我转过来面向……"是纯粹的活动，那么，"纯粹思维的本质以及自我的本质就处在'纯粹自我意识'（reinen Selbstbewusstsein）之中"。③海德格尔认为，这种纯粹自我意识的存在必须要从自我存在处得到显明。这样，他在这里就把康德的"我思"与"我在"紧密地联系了起来。在这个基础上，海德格尔指出，"我思"之中的"我"，在它的先行的"自身转过来面向……"之中，促使范畴开始产生作用。就范畴又是纯粹图式的意义上来看，范畴在"我"先行的"自身转过来面向……"的活动中给出了统一性，

---

① 同上，第 142 页。
② 同上，第 142 页。
③ 同上，第 142 页。

这种统一性实质上归属于纯粹知性的活动。

纯粹知性提供统一性的活动是通过对概念的感性化活动亦即"图式成像"（Schemabildung）来实现的。这样，纯粹知性的活动实质上与"超越论图式化"便紧密相关了。海德格尔甚至进一步认为，纯粹知性的活动过程就发生在"超越论图式化"之中。"纯粹知性因此是一个'从自身出发'的，对统一性境域有所表像的前象活动（Vorbilden），是一个有所表像的形象着的自发性过程，这一过程的发生出现在'超越论图式化'中。"[①] 作为纯粹知性的这种自发性的形象活动的结果的，其实也就是图式和式一像，就后两者是超越论的想象力的产物而言，纯粹知性的活动便和超越论想象力内在勾连起来，甚至海德格尔认为，纯粹知性的自我形象活动就是超越论的想象力的行动。"在统一性思维中的纯粹知性，作为自发形象着的表像活动，它的明显的自我成就活动乃是超越论想象力的一种纯粹的基本行为。"[②]

在上述意义上，纯粹思维的自由的形象活动便本源于超越论想象力的活动。因此，作为纯粹思维的理论理性的根源便植根在超越论的想象力之中。这充分体现和展示了超越论想象力和理论理性自身具有的自发性的一面。这是问题的一个方面。问题的另一方面在于，超越论的想象力也是纯粹直观的根源，就纯粹直观一方面具有接受性，另一方面又有一定的自发性而言，超越论的想象力自身中也就既具有自发性，又具有接受性。这也就意味着，如果要表明超越论的想象力是纯粹思维的根源，就还需要证明纯粹理性自身也有接受性，而且这种接受性源自超越论的想象力。

海德格尔指出，在下述意义上纯粹思维自身具有接受性不仅是可能的，而且是必然的。因为知性自身就是对表像进行规整的能力，在它的规整活动中，知性给出了规整活动的规则，这些规则同时就是表像的规则。那么，知性的规整活动既可以是对其他的表像的规整，也可以是对自身进行的规整。在后一种情况下，思维在对自身进行规整时，就是一种自我规整。在思维的这种自我规整活动中，知性一方面提供自我规整的规则，但另一方面它必然要对规整的规则进行领受。"如果一种规整的规则那样的东西，在此只是以领受活动的方式让自我规整（Sich-regeln-lassen），那么，作为规整之表像活动的'理念'，它就只能以某种领受活动的方式来进行表像。"[③] 于是，纯粹思维自身在这种自我规整活动中，在对这种自我规整

---

① 同上，第 142 页。

② 同上，第 143 页。

③ 同上，第 146 页。

活动进行表像的活动中，就必然是以"领受"的方式进行的。在这种意义上，纯粹思维便恰恰具有了接受性。海德格尔在此基础上更是向前推进了一步，甚至有些极端地认为，这种意义上的纯粹思维就是纯粹直观，"在这个意义上，纯粹思维本身，在当下就是有所领受的，即纯粹直观。"① 这样，海德格尔就证明了纯粹思维具有接受性是必然的。因此，作为既具有自发性，又具有接受性，并且还需要通过感性化以为经验表像提供统一之规则的纯粹思维，从结构上来说就必然源自超越论的想象力，只有通过超越论的想象力的作用，纯粹思维自身所具有的功能才能生效。"因此，这个在结构方面统一的、接受着的自发性，为了能够是其所是，必须源出于超越论的想象力。"②

这样，经过我们上述两方面的分析，就展示了在海德格尔那里，纯粹直观和纯粹思维最终都以超越论想象力作为根柢或源头。因此，海德格尔对《纯粹理性批判》的现象学解释，从把对它作为一次为形而上学奠基的任务的解读开始入手，最终就来到了超越论的想象力这里。而当他来到超越论的想象力这里之后，他又反过来从超越论的想象力出发，展示了它何以是纯粹直观与纯粹思维的源头。于是，海德格尔就以他独特的解释学方式，清楚地展示了超越论想象力对于形而上学奠基事业的重要性。

在海德格尔那里，他不仅认为超越论想象力对于理论理性很重要，是理论理性的根源，甚至还认为，它也是实践理性③的根源。海德格尔指出，在《实践理性批判》中，康德展示了人对道德律令的尊重，这种尊重是自己立法、自己遵守。因此，人在用律令来约束自己、在遵守律令的同时也就是听命于自己本身，确切地说是听命于纯粹理性的自己本身。

---

① 同上，第 146 页。

② 同上，第 146 页。

③ 海德格尔对康德的道德哲学部分的现象学解释并不是本文关注的重点。由于篇幅以及我们的研究主题的限制，在这里无法进一步探讨他对康德的道德哲学，尤其是对康德的自由理论的解释工作了。通常人们会认为海德格尔哲学中缺乏伦理学维度，或者至少他没能提供出一套规范性的伦理学理论。其实，如果夸张一点说，他何止没能提供出一套规范性的伦理学理论，甚至他终生的哲学工作都没有提供出一套规范的哲学理论。当然，提供出一套规范的哲学理论这种事也不是他的兴趣所在。他本质上认为哲学和思想就不应该是体系性的，而应该是历史性的。在这种意义上，他在 20 年代末到 30 年代初这段时期里曾经短暂地深入到对康德的道德哲学的现象学解释，就尤其引人注目。他对康德的道德哲学的现象学解释不止在《康德书》中出现，在《现象学的基本问题》以及《论人的自由的本质——哲学导论》中都有所涉及和探讨。特别是在《论人的自由的本质——哲学导论》一书中，他从现象学视角出发，对康德的自由论题——先验自由和实践自由——进行了阐释，最终认为，自由是存在领会的条件。参见，Heidegger, *The Essence of Human Freedom—An Introduction to Philosophy*, trans by Ted Sadler, Continuum, 2002.

在这一对律令的"尊重"之中，展现出了超越论的想象力的源生性建制 (Verfassung)，因为它体现了源生性的接受性和源生性的自发性的合一。这种源生性的接受性和自发性的合一只能从超越论的想象力那里发源。所以只有从超越论的想象力这种超越活动的源头出发，才能够真正领会对律令的尊重的含义。"听命的、直接的对……献奉（Hingabe an……）就是纯粹的接受性，但律令之自由的自身向前给出〈Sich-vorgeben〉则是纯粹的自发性，这两者在自身中源初地成一（einig）。而且，惟有从超越论想象力而来的实践理性的这一源泉，才可以重新让我们理解到，在怎样的程度上，律令在尊重中——就像行动着的自我一样——不是被对象式地把握住的。"①

这样，我们在本节中就充分展示了超越论想象力在形而上学奠基进程中的重要地位，它不仅是纯粹直观和纯粹思维的根柢，而且也是纯粹理性和实践理性的根柢。于是，按照海德格尔的这个思路，可以说超越论的想象力是康德整个哲学体系的关键了。然而，如果从超越论想象力这个角度来看，它何以能发动让纯粹直观与纯粹思维契合起来的纯粹综合活动？它发动纯粹综合活动所凭借的工具和手段是什么呢？显然，因为作为纯粹图像的纯粹直观和纯粹图式都是时间，那超越论想象力的活动必然就和时间内在相关。

4.2 超越论想象力形成源生性的时间

4.2.1 超越论想象力产生了作为现在序列的时间

根据我们前文所述，超越论想象力是纯粹直观和纯粹思维的"根柢"，它发动了纯粹综合活动，并产生了图式，从而使得纯粹直观与纯粹思维之间的本质统一性得以可能。在这种意义上，纯粹直观、纯粹图式和纯粹思维的"根柢"都在超越论想象力那里。鉴于纯粹直观和纯粹图式原本就是时间，而纯粹思维对纯粹直观的作用也要通过作为纯粹图式的时间才可能，因此，时间的源头也在超越论的想象力这个根柢之中，超越论想象力在自己的活动中形象了时间。

海德格尔指出，时间源生于超越论想象力这一点可以通过对纯粹直观

---

① 海德格尔，《康德与形而上学疑难》，第 151 页。

的直观活动的分析得到展示。有两种纯粹直观形式——时间和空间，其中时间又具有根本上的优先地位。所以，真正的纯粹直观就是时间。但它的源头怎么竟然能是超越论想象力呢？按照海德格尔的思路，纯粹直观是有所领受的活动，不过与经验性的直观不同，作为一种"领受着的自己给出"，它不必与作为对象的存在者发生关联就可以先行发动。"领受着的自己给出，这在纯粹直观中根本就不与某种仅仅在场的东西相关涉，也完全不与现成的存在者相关联。"① 纯粹直观的活动是一种纯粹的成象活动，但作为成象活动就不止是对当下这一刻或当下在场者的成象，它总是要向后关联和向前关联，因为，仅仅对当下这一刻的形象活动，其结果必然只是一个片段的图像，无法形成一个完整的图像。所以，海德格尔指出"这种源生性的形象活动应当是在自身中的，尤其是正在看着的、向前和往后看着的活动"。② 因此，在纯粹直观的成象活动中，必须把这三者都同时展示出来。海德格尔指出，与正在看着的、向前看着的和向后看着的这三种活动以及由这三种活动所形成的相应的表像相对应，人类也拥有相应样式的"形象力"（bildende Kraft）。海德格尔指出，人类有三种"形象力"：映象（Abbildung）能力（Kraft）、后象（Nachbildung）能力（Kraft）和前象（Vorbildung）能力。映象（Abbildung）能力（Kraft）是与正在看着的形象活动相对应的形象能力，它产生的是当前时间的表像。因此它被称作"形象力"（*facultas formandi*）。不过，与上文中作为 bildende Kraft 意义上的"形象力"比起来，作为 *facultas formandi* 意义上的"形象力"是狭义上的形象力，它只是 bildende Kraft 中的一种；与过去给定但当下不在场的对象相关所形成的形象能力是后象（Nachbildung）能力，它产生的是过去时间的表像，因此它被称作"想象力"（*facultas imaginandi*），这种能力其实也就是再生性的想象力；与向前看着的形象活动相对应的形象能力是前象（Vorbildung）能力，它产生的是将来时间的表像，因此它也被称作"期望力"（*facutas praevidendi*）。③

这样，"形象力"（bildende Kraft）就形成了关于当下、过去和未来的时间表像。但正如海德格尔所指出的，尽管康德在这里并没有提到想象力，不过，统一的时间表像却是由纯粹想象力所提供的，因为作为过去时间表像的"后象"、作为当前时间表像的"映象"和将来时间表像的"前象"，彼此并不是相互割裂的、前后相继的表像关系，真实的情况毋宁是，

---

① 同上，第 165 页。
② 同上，第 165 页。
③ 同上，第 165 页。

这三者是彼此牵连、相互缠绕，"一下子"（in einem）地给出了时间这三重表像的统一体。在这种意义上，作为纯粹想象的纯粹直观才能形象出让存在者前来遭遇的境域。"时间作为纯粹直观一下子（in einem）就成了它直观到的东西的、形象着的直观活动（das bildende Anschauen seines Angeschauten）。这样就第一次给出了时间的全部概念。"①

在我们上述对海德格尔的思路的梳理中，似乎有些绕，甚至会让人觉得有些乱。其实，这是因为，在我们这段叙述中，隐含着两种意义上的时间，一种意义上的时间是由纯粹直观在自己的形象活动中形象出来的由当前时间的表像、过去时间的表像和未来时间的表像所组成的现在序列意义上的前后相继的时间。这种意义上的时间观还局限在西方传统的时间观之中。一方面，它是一种可以计算的时间，另一方面，它实质上是可以和是否在场联系起来而得到描述和界定。另一种意义上的时间是指使第一种意义上的前后相继的、现在序列意义上的时间得以可能的、更为源初的时间，它是一种源生性的时间。现在序列意义上的时间——如果我们可以把它界定为一种线性的时间的话——是扎根在源生性的时间之中，并从中生发出来的。这种源生性的时间是由超越论的想象力提供的。"毋宁说，超越论想象力才使时间作为现在序列得以产生，并且因此之故——作为这种让之产生的东西——它才是源生性的时间。"②超越论的想象力作为源生性的时间，不仅产生了流俗意义上的过去—现在—未来的这种前后相继式的、可计算式的时间，使作为时间的纯粹图式和纯粹直观成为可能，而且还在它的活动中产生了作为境域之总体的时间。这种意义上的时间境域，其实是一个不断开放、不断流动的整体域。海德格尔对超越论想象力作为源生性时间的分析，在他对三重综合的解释中得到了具体的展示和说明。

4.2.2 三重纯粹综合展示了超越论想象力之为源生性的时间

我们在本节需要进一步的证据和证明来展示，在超越论想象力之中存在着内在的时间性质和内在的时间特征，并需要进一步敞明超越论想象力这种作为源生性的时间对于形而上学奠基事业的作用。海德格尔是通过对作为超越论的想象力的活动的纯粹综合的分析来阐明此点的。

海德格尔指出，超越论的想象力是纯粹综合的发动者，而纯粹综合活动是把存在论知识的三个因素——纯粹直观、纯粹想象力和纯粹知性综合起来的关键。纯粹综合活动一共有三种：直观中统握的综合、想象中再生

---

① 同上，第 166 页。
② 同上，第 166 页。

的综合以及概念中认定的综合。海德格尔认为，在这三重综合之中，深刻体现了纯粹综合活动的内在时间的性质，甚至毋宁说三重综合活动唯有通过这种内在时间特质才得以可能。而就纯粹综合是超越论想象力的活动而言，如果能进一步展示出三重综合的这种内在时间特质，也就能进一步证明超越论想象力作为感性和知性之根柢的重要地位了。接下来我们就来展示，海德格尔究竟是怎样从这三重综合的具体运作中展示出它们的内在时间性质，进而说明超越论想象力就是源生性的时间的。

首先，三重纯粹综合中的第一重纯粹综合模式是纯粹统握中的纯粹综合。它何以具有时间性质呢？海德格尔指出，直观分为经验性的直观和纯粹直观。对于经验性的直观来说，总是在自己的直观活动中让"这个—亲临到此"（Dies-da）并因此获得将杂多性包含于自身之中的外观。鉴于这种杂多是一下子被直观把握到的，并且它们在"这个—亲临到此"（Dies-da）中积聚成一个"个体的表像"（*repraesentatio singularis*），因此海德格尔指出，"直观本身就是'综合性的'，这种综合具有这样的特质，它在先后相继的现在序列的境域中，'恰到好处地'（gerade zu）截取到（ab-nimmt）印象所提供的东西的一个个外观（图像）。"[①]这样的图像，就是"映象"。"映象"是关于"现在"的图像。海德格尔指出，使作为对"现在"的形象结果的"映象"成为可能的根源、使现在以及现在序列的时间可能的根源是纯粹地统握着的综合。"它首先恰恰使像现在和现在系列这样的东西得以形象。"[②]纯粹直观在自己的直观活动中给出关于现在的外观。而纯粹统握中的综合则在自己的活动中使现在的外观得到形象，它呈现出的是"当前之一般"。在此基础上，经验性的直观才能够与"现在"的存在者打交道。在这种意义上，海德格尔指出，纯粹统握的综合是"时间式地形象着"（zeitbildend）。由此，它就具有了"时间特性"（Zeitcharakter）。鉴于纯粹统握的综合源自超越论的想象力，所以，超越论想象力就也具有了时间特征。"在统握模式中的综合源生于想象力，因此，纯粹统握的综合就必然作为超越论想象力的一种模式而被谈及。但现在，如果这种综合是时间性地形象着，那么，超越论想象力本身就具有纯粹的时间特性。"[③]与作为纯粹统握的综合对应的时间性质是当前化。

其次，三重纯粹综合中的第二重纯粹综合模式是纯粹再生的纯粹综合。这种综合对应的是把先前曾经表像过的存在者的表像再次带向前来的综合

① 同上，第170页。
② 同上，第170页。
③ 同上，第171页。

活动。在这种意义上，它是一种让先前的表像"再生"的综合活动。海德格尔对这重纯粹综合的分析同样先从经验性的综合活动入手。他指出，对于经验性的再生综合活动来说，只有先行区分了时间，或先行拥有对时间的表像，像"现在"中经验到表像、"过去"中经验到的表像这样的行为才能够具有可能性和现实性，才能够得到保存。因此，如果再生性的综合是可能的话，就必定意味着有"不再现在"能先于经验性的再生性表像而事先被给予。而且，它还必须能够被带入现在，和现在的表像融合起来。海德格尔指出，"再生模式中的经验综合要成为可能，就必然在事先已经有一个'不再现在本身'（Nicht-mehr-jetzt als ein solches）能够先于一切经验地被重新提—供出来，并且，它还能够被整合到当下的现在之中去。"①而这就是作为纯粹再生的纯粹综合的活动。这种纯粹再生作为一种纯粹综合活动也是一种形象活动，它通过将过去的，也就是不再现在的境域带入现在的视野中并能保持开放，从而使对过去的境域的形象得以可能。作为纯粹再生的纯粹综合活动的形象结果是"曾在"。鉴于纯粹再生的纯粹综合活动也源生于想象力，所以，在这种意义上，"纯粹想象力就是时间式地形象着（zeitbildend）"。②海德格尔指出，作为纯粹再生的纯粹综合形象出来的是纯粹"后象"（Nachbildung）。这种纯粹"后象"自然关联于曾在这种时间性质。就纯粹再生的综合在自己的形象活动中总是要把"后象"带入当下表像的意义上而言，纯粹"后象"与纯粹"映象"总是源始地统一的。而纯粹统握的纯粹综合和纯粹再生的纯粹综合也是在超越论的想象力的纯粹综合活动中源初地统一在一起。也在同样的意义上，"当前"和"曾在"这两种时间状态也源始地勾连缠绕在一起。不过，对于时间来说，不止有"曾在"和"当前"这两个环节，它还有"将来"一个环节，这是作为纯粹综合的第三种模式即作为纯粹认定的纯粹综合的任务。

第三，三重纯粹综合的第三重纯粹综合模式是作为纯粹认定的纯粹综合。如果说和纯粹统握的纯粹综合对应的纯粹知识要素是纯粹直观、和纯粹再生的纯粹综合对应的纯粹知识要素是纯粹的再生性的想象力的话，那么，和纯粹认定的纯粹综合对应的纯粹知识要素则是纯粹思维以及纯粹统觉。但纯粹思维和纯粹统觉可能具有时间性质么？康德不是曾经明明说过，纯粹理性无关乎时间、不听从于时间形式么？海德格尔指出，作为纯粹再生的纯粹综合如果想把它形象出来的结果即"后象"与作为纯粹统握的纯粹综合形象出来的结果即"映象"有机地结合起来保持为同一者的

---

① 同上，第172页。
② 同上，第173页。

话，就需要一种能将它们统一起来的纯粹综合活动。而这种纯粹综合活动就是第三重纯粹综合模式，即纯粹认定的纯粹综合的活动。海德格尔指出，在这三重纯粹综合的模式中，这第三重纯粹综合模式即作为纯粹认定的纯粹综合具有主导性地位。"作为第三种综合浮现出来的东西恰恰是第一位的，也就是说，它是导引着先前已经标画过的两种综合的首要的综合。"① 纯粹认定的纯粹综合的这种将前两种纯粹综合活动统一起来的功能来自于它的形象方式。海德格尔指出，纯粹认定的纯粹综合在综合活动中预先将未来的境域形象出来，这种活动被他称作是对"可持驻性之一般"（Vorhaltbarkeit ueberhaupt）的境域的"侦察活动"，它是对将来的境域的"预先的粘连活动"（Vorhaften）。以这种方式，纯粹认定的纯粹综合活动就形象出了"将来"的源初性形象。在这种意义上，这第三重纯粹综合活动也同样是时间式地形象着（Zeitbildend）。它形象出的是纯粹的"前象"（Vorbildung）。就纯粹认定的纯粹综合也是纯粹综合活动的一种、而纯粹综合活动是超越论想象力的活动来说，在对纯粹认定的纯粹综合活动形象出"将来"的源初性形像的解说中，又再一次表明超越论的想象力形象出了时间，而这种时间并不是一种前后相继意义上的线性时间，毋宁是一种源始的时间，或者说是源生性的时间。"如果超越论想象力——作为纯粹形象的能力——本身形象为时间，即让时间得以源生出来的话，那么，我们就会无可回避地直对上面已说出的命题：超越论的想象力就是源生性的时间。"② 那种前后相继的线性时间观毋宁只有在这种源生性的时间中才能得到理解和领会。

这样，通过我们对作为纯粹综合活动的三种样式即作为纯粹统握的纯粹综合、纯粹再生的纯粹综合以及纯粹认定的纯粹综合的分析，就展示出了，它们的形象活动都是"时间式地形象着"，因此作为它们的发动者的超越论的想象力也就在自己的活动中与源生性的时间发生了密不可分的关联，它毋宁就是源生性的时间。在这三重纯粹综合所形成的时间形象中，作为纯粹统握的纯粹综合形象的是当下的时间表像，它提供的是"映象"，形象的是当前化本身，作为纯粹再生的纯粹综合形象的是过去的时间表像，它提供的是"后象"，形象的是曾在本身，作为纯粹认定的纯粹综合形象的是将来的时间表像，它提供的是"前象"，形象出的是将在本身。这三种时间图像之间并不是前后相继的彼此依次相互衔接的关系，即不是线性的从过去流淌到现在，再流淌到未来的单向度前进的时间，毋宁是彼此缠

---

① 同上，第176页。
② 同上，第177页。

绕、相互粘连在一起而统一的到时。鉴于在这三种时间表像中，"前象"不仅预先给出了一个对象保持为同一个对象的同一性的境域，而且唯有通过它"后象"和"映象"才能统一起来的意义上，就更具有优先性。所以，时间实质上是从"将来"到时（zeitigt）的，在这种意义上，海德格尔认为，康德的分析其实已经朝着《存在与时间》中的时间性学说走了最近的一程。然而，若要真正走到基始存在论面前，还必须面对一个问题，那就是作为先验统觉的"我思"是时间性的吗？它究竟是在时间之外抑或毋宁就是时间本身？

4.2.3 时间与"我思"之间具有本质性的关联

通过上述分析，我们看到，作为勾连纯粹直观与纯粹思维的纯粹综合的发起者的超越论想象力就是源生性的时间。而它又是纯粹感性和纯粹思维的根柢，亦即是纯粹理性的根柢，它在自己的活动中形象出了超越，而超越又源自于人的有限性。因此，在这种意义上，海德格尔说："超越论的想象力才能够将曾经宣称过的、人之主体的特定有限性的源初统一性和整体性承载和形象出来，而这种人之主体的特定有限性就是某种纯粹的感性的理性（als einer reinen sinnlichen Vernunft）。"[1] 海德格尔在这里使用的"纯粹的感性的理性"这个词实质上是想表达，对于人来说，有关知识的形成需要感性和理性、直观和思维的共同作用，这恰恰体现出了人的有限性，恰恰是因为人在生存结构上和认识结构上的有限性，因此不能像神在源始的直观中那样创生作为认识对象的存在者。那么，既然作为具有有限性和超越性的人在形成存在论知识时有赖于纯粹综合和超越论想象力，而超越论想象力就产生了源始的时间，那就意味着，主体的主体性或者说自我的自我性最终就奠定在这种源始的时间之中。"将自我的自我性把捉在自身中就是时间性的"[2]，"'主体之外'的时间'什么都不是'。"[3]

但自我的自我性何以就是时间性的（zeitlich）呢？

海德格尔指出，这一点只有从有限的本质存在的超越活动中才能得到进一步的展示。因为人是有限性的，因此在形成知识的过程中总是有超越的活动。所谓的超越活动就是"让对象化"。在"让对象化"的活动中，才能让存在者能够站出来转到人的对面面对人而立。不过，这种与存在者打交道的让对象化活动是经验性的。还有另一种纯粹的"让对象化"活

---

① 同上，第178页。
② 同上，第178页。Kantbuch, S.187. 译文有改动。
③ 同上，第178页。

动,它是纯粹的"自我转过来面向……奉献"[1]。在这种纯粹的让对象化活动中,势必激发了作为纯粹直观形式的时间的活动。因此,这是一种纯粹的自我激发,同样在这种活动中,作为我自身的纯粹统觉也参与了进来。"纯粹地激发,这就意味着,完全将某个'反对—它的东西'〈ein Gegen-es〉,对举物,置放到它的对面,这个'它'就是纯粹的'让对象化',即纯粹统觉,那个我自身。"[2]在这种纯粹的"让对象化"活动中,也就是纯粹的自我激发中,作为纯粹直观的时间被发动了起来,同时,作为纯粹想象的图式也参与了进来,海德格尔把这个过程称为纯粹形象的过程。从本质上来说,纯粹直观因为关联于纯粹想象力,所以才能形成纯粹图像,在这种纯粹图像中已经包含了作为一个统一体和一个整体的"后象"、"映象"和"前象"。其中,"前象"又尤其重要,因为它不仅将"后象"和"映象"统一起来、结成为一个整体,而且它还可以将对有关未来的"图像"粘连过来,从而保持图像外观的整体性。而这自然只能而且必须是时间表像。"时间只是纯粹直观,这样它就可以从自身出发,对其后续者的外观进行预先形象(vorbilden),并且将这个外观本身——作为形象着的领受活动——趋—往自身(auf sich zu-haelt)。"[3]因此,在这种意义上,时间就存在于"让对象化"的内在可能性之中。鉴于"让对象化"活动是纯粹统觉的活动,因此,时间便与纯粹统觉发生了内在关联。

海德格尔认为,时间是人的有限的纯粹直观。就人具有有限性而言,纯粹直观比纯粹思维更具有优先性,纯粹思维要依从于纯粹直观。而纯粹直观的活动就是一种纯粹的领受活动。对于内直观来说,它的领受活动也势必是由内部,即对"自我"的领受而得来。"在纯粹的领受活动中,内在的感触必然来自纯粹自我,也就是说,它在自我性本身的本质存在中自己形象,并因而首先形成这个自我性自身。"鉴于纯粹的领受活动就是作为纯粹直观的时间,在这种意义上,有限性自我的心灵特质实质上是通过时间才得到了规定和表像。时间因此和统觉与自我并非是全然割裂的。相反,时间就存在于统觉之中。"作为纯粹自身感触的时间并不在纯粹统觉'旁边'的'心灵中'出现,相反,它作为自我性的可能性的根据,早已存在于纯粹统觉之中,而且,心灵也正因如此,才会成之为心灵。"[4]

通过这种方式,海德格尔就将"时间"和"我思"沟通了起来,在他

---

① 同上,第180页。
② 同上,第180页。
③ 同上,第179页。
④ 同上,第182页。

看来，这两者实际上是内在相通的，甚至毋宁说就是同一种东西。康德在自己的工作中，实际上已经把"时间"和"我思"带到了一个源初的统一的层面。但是，在海德格尔看来，康德却并没有能够看到二者之间的这种统一性或者自一性。"时间和'我思'不再是互不相融或异质反对的东西，它们是同一种东西。……这样，康德就将两者一起带到了它们源初的自一性上，当然，康德自己并没有明确地看到这一自一性本身。"① 至于康德为什么没有能够看到二者之间的这种"自一性"，其实原因至少有如下几点：首先，当康德在《纯粹理性批判》中遵循解决"先天综合判断如何可能"这个问题而致力于对纯粹理性进行批判的时候，海德格尔认为他是在从事一种为形而上学奠基的事业。而奠基之为奠基就必须向基础之所以能够成立的源头处追溯，海德格尔认为在康德那里作为形而上学奠基的源头的，便是超越论的想象力。但因为超越论的想象力这种力量太过神秘和幽暗，所以康德被自己的这一个发现吓到了，从而退缩了。其次，海德格尔认为，康德对主体的看法依然秉承的是自笛卡尔以来的近代哲学的传统看法，虽然他看到了人的有限性，但却并没有能够从"此在"（Dasein）的角度来重新理解人。第三，康德对时间的看法依然秉承的是近代哲学以来的时间观，尤其受到牛顿物理学的时间观的影响很大。这种时间观把时间看作是一种前后相继的、从过去走向现在再到未来的单向度的、均匀流逝的、可计算的时间。然而，海德格尔指出，这种时间只是一种现在序列的时间，它并不是源始的时间，源始的时间是在超越论的想象力中形成的，由将来所引导的曾在、当前化和将来的共属一体。这种源始的时间由将来到时，它是一种"境域—绽出"式的。因此，康德并没有能够看到在时间和"我思"之间的决定性关联，也没有能够看到在"图式论"之中时间和存在之间有一种内在的关联。但海德格尔却依此展示了，康德的形而上学奠基活动最终走向了超越论的想象力，并且在超越论的想象力之中，形象出了源始的时间，这样，在形而上学奠基活动中，最终展示的或凸显的基础就是时间，"形而上学奠基活动在时间的地基上成长"②。

形而上学奠基总是在追问存在问题，就康德的批判哲学而言，他通过追问"我能够认识什么"、"我应当做什么"和"我可以希望什么"而突出了人的有限性之后，又将这三个问题归结到第四个问题即"人是什么"上。在康德追问的这几个问题中，深刻地展示了人的有限性。因此，海德格尔认为，康德在为形而上学奠基的过程中，实质上对有限性的人的超越活动

① 同上，第 182 页。
② 同上，第 193 页。

进行了探索，也就是对有限性的人的存在进行了探索，而他的这种探索实质上就是在追问存在问题，而且是就人的有限性来追问存在问题，海德格尔认为，在康德那里，他的工作可以最终通过超越论想象力而走到"绽出—境域式"的时间性面前来。于是，海德格尔通过这种解读就认为，康德向着《存在与时间》和基始存在论走了一程。只是很可惜，因为种种原因康德在他决定性的发现面前退缩了，并没能向前迈出那关键性的一步。然而，康德为什么在超越论的想象力这个发现面前退缩了？他的视域和哲学中又存在着怎样的缺陷从而导致他没能进一步前进？究竟在何种意义上，从康德哲学出发能走到《存在与时间》和基始存在论面前，也就是说究竟在何种意义上，海德格尔对康德的《纯粹理性批判》的现象学解释构成了他的《存在与时间》的"历史性导论"了呢？我们将在下一节中处理这些问题。

4.2.4 康德在超越论想象力这道"深渊"面前退缩了

康德终究是没能走到《存在与时间》与基始存在论的面前来，尽管海德格尔认为他是向着《存在与时间》中将存在和时间联系起来去思考存在的意义问题这种思路走得最近也是唯一的一人。海德格尔认为，康德并不是没有瞥到这一重可能的思路，他恰恰看到了这种可能的思路。但是，海德格尔认为，这个思路在康德面前挖掘了一道未知而幽暗的深渊，面对这道深渊，康德退缩了。作为这一退缩的结果的是，他在 1787 年出版的第二版《纯粹理性批判》中删去了主观演绎部分，削弱了先验想象力（在海德格尔眼中是超越论想象力）在解决"先天综合判断如何可能"这个问题中的作用，将它归属于先验统觉的统辖之下。那这也就意味着，在康德面前敞露了一道深渊的，是超越论的想象力。那么，面对超越论想象力，康德看到了什么？他为什么退缩？他在担忧什么？他又在恐惧什么？

他恐惧的当然是超越论想象力的力量！根据我们之前的论述，人是有限性的，因此人的存在论知识需要纯粹直观和纯粹思维，将它们"契合"（fuegen）起来的力量是纯粹综合，或者说存在论综合。人类有限的知识的本质统一性就在纯粹综合中得到保证。因此，对于人类的知识的形成来说，真正重要的既不是感性，也不是知性，既不是纯粹直观，也不是纯粹思维，而是作为它们的结构性中点的超越论的想象力。恰恰是超越论的想象力形象出了人类的超越活动。因此，超越论想象力作为感性和知性共同的"根柢"是形而上学奠基活动之所以可能的关键性力量和源泉。人的本质存在的本质建制（Verfassung）就植根于超越论想象力之中。海德格尔认为，康德并没有意愿去看清楚植根于超越论想象力之中的人的本质建制，他认为人的本质建制是"不可知的"。但是，按照海德格尔的解释学原则，人们在讨论一个主题的"可知"与"不可知"的时候，总已经有了由该主题事先而来的引导和前理解，此时人总已经对相关的主题和论题域有了前认识论意义上的领会。因此，当康德指出人的这一本质建制是"不可知"的时候，在海德格尔看来，并不是说这种东西是完全不可知的，而只是说人们在认识它的时候遇到了困难或窘境。如果它是完全不可知的话，那么人们可能甚至压根就不会提出"可知"还是"不可知"这样的问题来。"这一源初的、'植根于'超越论想象力中的人的本质建制是'不可知'的。如果康德曾说起过'我们不可知的根源'，那康德就一定已经看到了这一点。因为，这种不可知的东西并不就是我们根本一无所知的东西，而是在已认知到的东西中面向我们挤迫过来的、让人困扰不已的东西。"①

所以，在海德格尔看来，康德对于植根于超越论想象力中的人的本质建制是有所体察的。只是超越论想象力和人的本质建制让他觉得有些困扰、有些恐惧而已。要将这一点进一步揭示出来，我们必须回到海德格尔对康德两版演绎之间的差别的比较性解读上来。

从第一版演绎到第二版演绎，最大的区别就在于第二版删去了第一版中的"主观演绎"部分而只强调"客观演绎"。那么，在现象学的视角中，什么叫"主观演绎"？什么叫"客观演绎"？为了解释清楚这个问题，我们要回顾一下什么是超越论演绎。我们曾经在 3.1 中介绍过，超越论演绎解决的是超越的可能性问题。而所谓的超越，就是指"让对象化"活动。而在"让对象化"活动中，又可以拆分出两方面的问题，一个是让存在者站出来转到有限的本质存在对面而面向人而立的对象的生成过程，以及在这个过程中形成的超越论境域。另一个是让对象生成的过程中让对象能够站到人的对面而立的纯粹主体的能力。对于前者的分析，即"对可能客体的客观性进行分析就是演绎的'客观'方面"。② 而对后者的分析，即"对超越着的主体本身的主体性进行发问。这就是演绎的'主观'方面"。③

海德格尔指出，超越论演绎的这两个方面——即主观演绎和客观演绎——对于超越论演绎的任务，即澄清和展示超越的可能性来说同等重要。超越论演绎因为自身的性质必然兼具这两方面，必须将这两方面都纳

---

① 海德格尔，《康德与形而上学疑难》，第 152 页；Heidegger, *Kantbuch*, S.160，译文根据德文本有改动。

② 同上，第 156 页。

③ 同上，第 156 页。

入自身之中，缺一不可。对于提供客体的客观性的分析和超越论境域的分析是重要的，但同时对主体的主体性进行解释更为重要，因为如果没有后者，前者是无法成形的，超越也就是不可能的。"超越论演绎在自身中必然同时是既客观又主观的。因为他是超越之展露，它将有限主观性中本质性的、朝着客观性之一般的转向形象出来。因此，超越论演绎的主观方面绝对是不可缺少的。"①

但是，对主体的主体性进行说明，却不是康德的兴趣所在，一方面在于对主体的主体性的说明有可能引发未知的后果。而这一后果是他不愿意看到或无法掌控的。另一方面在于，能为主体的主体性提供说明的只能是想象力。但康德认为强调想象力的作用有可能动摇知识的客观有效性的地位，比如他的先验哲学有可能被误解为经验心理学或发生心理学。所以，康德就只能弱化想象力的作用。

那么，如果从现象学的视角来看，过于强调超越论想象力的作用有可能会带来什么样的后果呢？其后果就在于，本来是通过对"纯粹理性"进行批判进而去解决"先天综合判断"如何可能问题的《纯粹理性批判》，结果却可能在这个进程中取消了"纯粹理性"的位置和地位，而用"超越论想象力"取代"纯粹理性"的位置和地位。那这不就意味着"纯粹理性批判"变成了"超越论想象力批判"么？如果这样的话，康德就将在自己的批判哲学之中消解了对理性进行批判的哲学"主旨"。这是强调超越论想象力可能带来的一个后果。而更严重的后果在于第二个方面，如果超越论想象力变成了《纯粹理性批判》乃至于整个批判哲学的"根柢"或"根源"，那么，它打开的将是一个对于康德来说全然陌生的领域。因为作为感性和知性、纯粹直观和纯粹思维的根源的超越论想象力，它自身形象出了时间，这种时间是一种源初的时间，它具有三重维度：曾在、当前化和将来。这三者之间是彼此相互缠绕、共属一体、相互连结的而从将来统一地到时的。这种源初的时间和近代以来的线性时间观是全然不同的类型。后者是现在序列的时间，是前后相继、彼此衔接、从过去流淌到现在再到未来的时间。它是可计算可测量的时间。这种时间只有奠立在源初的时间之中才为可能。但康德秉持的是现在序列意义上的时间。

这样，当康德把为形而上学奠基的工作带到超越论想象力面前时，他面对了如此多的不确定和陌生的东西，因此他势必会退缩。此外，海德格尔还指出，超越论想象力在康德为形而上学提供奠基的工作中，之所以具

---

① 同上，第157页。

有如此关键性的地位和作用，主要是因为它源于主体的有限性。恰恰是因为作为主体的人是有限的，所以才会有超越这回事儿，同时也才会有纯粹综合活动和作为纯粹综合活动的发起者的超越论想象力的关键性作用。因此，如果给予超越论想象力以足够的注意力和重视度的话，也意味着必须要能够对主体的主体性的有限性进行进一步详细的探究。但这同样是康德不太感兴趣的。此外康德在为形而上学提供奠基的这个过程中也开始逐渐地更加重视纯粹理性的作用了。正是因为这些多重的原因叠加在一起，才导致了康德在"超越论想象力"面前的退缩。"康德把形而上学的'可能性'带到了这道深渊面前，他看见了未知的东西，他不得不退缩。因为不仅仅是超越论想象力让他胆怯，而且，在这中间，作为理性的纯粹理性也越来越多地让他痴迷。"①

因为康德的这一退缩，海德格尔指出，在感性和理性之间的统一成为了难题，同时他也就放弃了进一步地去对主体的主体性进行追问的可能性。在这种意义上，主体的主体性问题就不再得到敞露、揭示和澄明。康德本来曾经向着这条路上前进了一程，但从超越论想象力中泄露出的幽暗却让康德感到恐惧，于是，他便从对超越论想象力的揭示的思路上撤回，而向着光明的纯粹理性前进了。然而，在海德格尔看来，尽管康德退缩了，但他向着形而上学奠基之基源行进的努力、进路和历程毕竟将这一"源头"和形而上学奠基的问题之问题性展示了出来。这就是对"人是什么"的问题的追问和解答。

不过，对"人是什么"这个问题的追问和解答，向来又总有各种心理主义的、经验主义的、实证主义的、科学主义的等人类学的进路。但在海德格尔看来，这些对"人是什么"的问题的人类学解答进路尚缺乏一个存在论根基，那就是，在人们能够确切地对回答这些问题之前，首先需要对它们提出问题的合法性或正当性进行追问。这也就是说，就它们对人进行提问的问题之问题性进行一番研究和梳理。海德格尔认为，这是康德在《纯粹理性批判》中在尝试为形而上学奠基时所真正昭示给我们的东西，尽管他在这个问题面前退缩了，不过却把这个问题真正地抛掷在了世人面前。"值得寻求的不是关于'人是什么'的问题的答案，而是首先要去追问，在形而上学之一般的奠基活动中，人究竟如何才能和必然地被发问？"②"对人进行发问的问题性，这就是在康德的形而上学奠基的发生过

---

① 同上，第158页。
② 同上，第204页。

程中被曝光出来的疑难所问（Problematik）。"① 海德格尔指出，对于这个问题的解答，必须和人的有限性关联起来，而且，康德也认识到了这一点。

① 同上，第204页。

第5章 "在—世界—之中—存在"的时间

——从康德哲学走向《存在与时间》之路

在海德格尔看来，康德在《纯粹理性批判》中尝试为形而上学提供奠基的时候，对主体的主体性亦即人的有限性有着清醒的意识。康德在他的三大批判中致力于解决三个问题，分别是："我能够认识什么"，"我应当做什么"以及"我可以希望什么"。当康德提出这几个问题时，当他在自己的提问中谈论"能够"（Koennen）、"应当"（Sollen）和"可以"（Duerfen）时，在他对问题的提法以及对它们提供的可能的回答中，就已经充分暴露并展现出了人类理性的有限性。恰恰因为人的理性是有限的，所以在人类知识的形成过程中，纯粹思维总要依存于纯粹直观。因此，人的理性的有限性是康德提出他的哲学主导问题的基础和关键。但是，当康德通过提出这几个问题把人类理性的有限性充分暴露了出来之后，目的却并不是要克服这一有限性，情况毋宁倒恰恰相反，他认为，在提出形而上学问题和为形而上学提供奠基的过程中，要充分地把人类理性的这一有限性纳入视界并保存于为形而上学提供奠基的这一事业中。这就走向了康德哲学的第四个问题即"人是什么"的问题上。这第四个问题，将会引导我们由人类理性的有限性过渡到人的有限性上来。人的有限性并不单纯是一种认识结构上的有限性，同时更表现为在生存结构上的有限性，是"能够—有所终结的—存在"（Endlich-sein-koennen）。

在海德格尔看来，虽然从康德解决这几个问题的顺序来看，"人是什么"这个问题是最后才被处理的，但事实上这个问题在位序上却应该最靠前。因为前三个问题无论哪一个都首先必须关联于这个问题，要从这个问题中得到理解和说明，得到释放和解说。因此，康德为形而上学奠基的工作，从结论上来说就走到了"人是什么"更确切地说是走到了"作为有限性的人是什么"这个问题面前。因此，形而上学奠基工作必须立足于人的有限性之中而就人的有限性进行发问，并着眼于在解决这个问题的过程中将它与形而上学的主导问题"存在"联系起来。

然而，尽管康德已经走到了这些问题面前，将它们揭露并展示了出来，但鉴于他在对形而上学奠基来说具有决定性的超越论想象力面前，亦即作为主体的主体性面前的决定性的"退缩"，他便将自己在形而上学奠基事业中曾一度赢得的东西丢掉了。因此，对于为形而上学奠基的事业来说，把康德没有说出的，并且作为他哲学中的"前提"展示、提供出来，就具有重要意义。事实上，说出康德意欲说但实际又没能说出的东西，是海德格尔去解释康德的目标。他认为，与严格地遵循历史语文学的阐释原则并以其为指导去把康德文本和康德所曾说过的东西解释出来相比，去把康德的意图解释出来更为重要，因为只有通过这种方式，才能真正弄清楚康德哲学的本意。因此，与历史语文学的解释原则比起来，海德格尔更为重视在思想家之间的对话。

那么，既然康德在对形而上学奠基的源头的揭示，显示出了作为主体的主体性的人的有限性，并展示了人的这一有限性对于形而上学奠基来说的关键意义，那么，形而上学在自身的奠基活动中就该把这一思想纳入自身之中，并将其作为一个难题的疑难性保持下来。

鉴于传统的形而上学分为"特殊形而上学"和"一般形而上学"，前者又必须以后者为基础，所以就必须探究"一般形而上学"与人的有限性之间的关联。揭示二者之间的内在勾连并在这一视野下敞露追问存在意义的视野以及重新追问存在的意义，这一步工作在海德格尔看来其实无疑只是沿着康德为形而上学提供的奠基之路的步伐前进而已。

海德格尔指出，对于"一般形而上学"来说，通常人们会认为它的研究主题是"存在者本身和存在者整体的根本性知识"[①]。"存在者本身"（τὸ ὂν ἡ ὄν）和"存在者整体"（θεῖον）是对形而上学的根本问题 τί τὸ ὄν（什么是存在［者］）的两个不同方向上的回答。但海德格尔对传统形而上学提供的这两种答案都不满意，因为它们真正的意思始终都没有得到真切地追问和透彻的理解：问题始终处在悬而未决之中。此外，试图在这两个方向的回答之间寻找某种统一性也是非常困难的。"'形而上学'这一名称就标明，这是个问题概念，在这一概念中，不仅仅对存在者追问的两种基本方向是有问题的，而且同时，它们之间可能的统一性也是成问题的。"[②] 因此，还需要源本地提出 τί τὸ ὄν 问题。而就他对康德哲学作为一次为形而上学奠基的任务的现象学解释所得到的结果来看，对这个问题

---

① 海德格尔，《康德与形而上学疑难》，第4页。
② 同上，第210页。

的解答必须要能够和人的有限性结合起来思考。也就是说，要能够通过形而上学的康德奠基，弄清楚，在存在本身与人的有限性之间到底有什么样的关系。"从根本上来说就是：必须要阐明存在本身（而非存在者）与人的有限性之间的本质关联。"①

海德格尔指出，对于 τί τὸ ὄν 这个问题，无论人们将它的答案界定为"存在者本身"还是界定为"存在者整体"，都不是最源本的。在这个问题之中，那真正最源本的是，当人们提出 τί τὸ ὄν 这个问题的时候，总已经存在了对"存在"的先行理解和先行领会，人们恰恰是依据这个对"存在"的先行理解，才能具体而微地提出这个 τί τὸ ὄν 问题，进而才能给出对它的可能解答。因此，对于形而上学奠基来说，这个得到先行理解和先行领会的"存在"才是最要紧的。

但是，要正确地回答这个问题，却必须让它首先能够进入到人们的视域之中。否则，无论它多么源始，和人有什么干系！海德格尔指出，只有当这个存在问题成为人的本质，并且人们在从事哲思这项活动时，才会碰上这个问题。在这种意义上，海德格尔的意思也就是说，只有当人们从事哲思活动时，并在这个哲思活动中就哲学的本质进行哲思时，才会真正地遭遇存在问题。唯有如此，在人们遭遇这个存在问题时，才会对它有一个先行的理解和领会。不过，这种对存在的先行理解和先行领会势必不是理论化、客观化的，否则，人们就会丧失掉对它本真的领会，而将其源初的、涌动性的、生成性的特征消解掉。惟有解释学的现象学，才能真正地对此有所作为。

因此，海德格尔的意思是，对形而上学奠基的任务的追溯，也就来到了存在之领悟或存在领会面前，形而上学奠基就是要获得对"存在之领会的内在可能性的澄清"②。这种存在之领会总是在人的各种各样的人生之心境情调（Stimmung）中前来现身。在存在的这种现身方式和出场方式中，在存在的这种现身和出场中，各种存在者都前来和人照面。因此，人的存在方式和其他存在者的存在方式是不同的。海德格尔把人的这种存在方式称作"生存"（Existenz）。

因此，一方面，在人的"生存"中，存在在此；通过在人的"生存"中对存在的领会，"存在"被昭示出来。另一方面，在人的"生存"对存在的领会中，"生存"的有限性及基于这种有限性的存在方式被充分地揭示出来。在这种意义上，存在在人的生存中的这个"此"（Da）的境域中

---

① 同上，第211页。译文根据德文本有改动。
② 海德格尔，《康德与形而上学疑难》，第216页。译文根据德文本有改动。

存在出来，这就是人的生存的基本生存论规定。更明确地说，"存在在此存在出来"就是"此在"（Dasein）。就 Dasein 取的只是人的生存的存在论含义而言，我们需要铭记，尽管"此在"实质上就是人，但它却没有人类学意义上的人的人格性、肉身性、精神性等含义。因此，我们要将"此在"与作为某种哲学人类学的主题意义上的"人"区别开来。"此在"之所以可能，"此在"在自己的生存中对存在的领会之所以可能，归根到底还是在于此在的有限性。因此，形而上学归根到底是对此在的有限性存在进行发问。"对存在者的存在所进行的每一次发问，尤其是对那种存在者的存在——这一存在者的存在建制中含有作为存在之领会的有限性——进行发问就是形而上学。"①

而这也就意味着，形而上学的奠基，需要追问此在的有限性存在的存在建制（Seinsverfassung），海德格尔指出，对存在的存在建制进行追问就是存在论的任务，而如果对它的追问必须奠基在此在的有限性的基础上，那么，这也就叫作基始存在论。

在海德格尔看来，康德在自己的哲学中，尤其是《纯粹理性批判》中对形而上学奠基的研究向着这一基始存在论走了一程，如果向前推进一步就来到了《存在与时间》中提供的基始存在论面前。因此，康德通过自己的工作就将形而上学奠基的关键是展示人的有限性并在此基础上去呈现人的有限性的存在与作为存在论的核心问题——存在之间的关系这一点表明出来了。甚至可以说，人的有限性的存在即此在，和作为存在论的核心问题的存在之间毋宁说是内在契合的关系。要追问存在，要澄清存在问题，首先需要触碰并展现此在的有限性，而追问和展现此在的有限性，最终是为了为形而上学奠基，是为了构建一种存在论。这样，康德哲学的主题潜在地就和海德格尔的《存在与时间》是一样的。此乃其一。

其二，在康德哲学中，既然此在是有限的、是生存着的，所以生存着的此在便具有超越性。这种超越性奠基于存在论综合以及作为它的提供者的超越论想象力那里。

康德在《纯粹理性批判》的先验演绎部分，通过先验想象力给出的先验图型来勾连感性提供的显像和知性提供的范畴，在海德格尔的现象学视野中，康德的这部分工作也已经向着《存在与时间》之中的时间性思想走了一程。在康德的《纯粹理性批判》中，真正要紧的，既不是感性，也不是理性，既不是纯粹直观，也不是纯粹思维，而是将它们勾连和契合在一

---

① 海德格尔，《康德与形而上学疑难》，第 220 页；Heidegger, *Kantbuch*, S.230。译文根据德文本有改动。

起的存在论综合以及超越论想象力。恰恰是在超越论想象力给出的先验图型即时间的基础之上，存在论综合才能将感性提供的现像和知性提供的范畴"契合"在一起。超越论想象力作为感性和知性的"根柢"形成了源生性的时间，这种时间是"后象"、"映象"与"前象"的共属一体式结构，并且在这三者之中，作为对将来成像的"前象"更具有优先性。海德格尔指出，和"后象"对应的是此在的曾在，和"映象"对应的是此在的当前化，和"前象"对应的是此在的将在。因此，源生性的时间就是人亦即此在的曾在、当前化和将在的共属一体式地从将来发端的绽出式到时。因此，此在的这种超越就植根于这种源生性的时间之中。而无论是人的超越，还是源生性时间，其根源都在此在的有限性存在那里。

因此，有限性的此在的生存是超越的，它在这种超越之中对自己的存在有所领会，海德格尔指出，恰恰是因为人能够超越，所以此在才会在自己的存在中关心自己的存在，他将这一点称作"操心"。但又鉴于此在未必都真正关切自身的有限性存在，这就是说，此在在自己的生存中有可能遗忘自己本真的存在，遗忘形而上学的存在问题，因此，便需要把此在抛回到形而上学奠基之源头的时间性那里，能够具备这种力量的，就是作为形而上学奠基源头处的作为超越之境域的"虚无"，进入这种虚无，便开启出"畏"。从而也便将形而上学奠基的源头开敞出来，让此在于时间性之中领会、筹划自己的能在。

以这种方式，海德格尔认为，康德那里的有限性论题、超越论题以及作为超越之关键和依据的作为存在论综合之发动者的超越论想象力，以及由它所开放出来的源始的时间，便是基始存在论的先驱。从康德哲学，尤其是《纯粹理性批判》之为一次为形而上学奠基的任务开始，进一步向前走，就会走到《存在与时间》之中将"存在"尤其是此在的存在和时间联系在一起思考的基始存在论。当然，在这个过程中，超越论想象力及由它产生出来的源生性的时间，是关键中的关键。只是很可惜，海德格尔认为康德在面对超越论想象力以及作为它活动结果的源生性时间的未知力量面前退缩了。然而，除了这一点之外，在康德那里，还有没有什么别的局限导致他没能进一步向前突破呢？康德视角中有哪些实质性的缺陷呢？

5.1 海德格尔现象学视角中的康德哲学的不足

事实上，在海德格尔看来，康德虽然是"曾经向时间性这一度探索了一程的第一人与唯一一人"①，但他却最终没能走到《存在与时间》中的时间性思想和基始存在论那里，康德退缩了。海德格尔认为，康德之所以退缩，在于他一方面对超越论想象力和源始的时间的力量感到惧怕，另一方面在于它对纯粹理性产生了更浓厚的兴趣。由此，康德才从超越论想象力那里退缩了。"在其问题不断被推向极端的过程中，康德把形而上学的'可能性'带到了这道深渊面前，他看见了未知的东西，他不得不退缩。"②然而，康德毕竟是一位伟大、勇敢而又极富挑战精神的哲学家，对于他来说，难道仅仅面对一道"深渊"就能轻易地被吓退么？特别是如果我们想一想他的三大批判和道德神学，便会更加地激起我们的疑问。如果康德是一位能轻易被困难"吓退"的人，那根本就不太可能有三大批判和《纯然理性界限内的宗教》的问世。所以，康德之所以没能向基始存在论和时间性思想迈进，必然不是因为他缺乏直面这道"深渊"的勇气，必然也不是因为他没有能力去找到度过这道深渊的手段，毋宁在于他的视域中存在一些根本性的局限，从而限制了他的视界，进而使他没能从超越论想象力这里继续向前突破。那么，如果从海德格尔的现象学的视角来看，康德哲学中的不足之处究竟在哪里呢？

在海德格尔看来，康德哲学的根本性不足主要体现在如下几点：1.康德对"我"的看法始终受制于近代哲学尤其是笛卡尔的"我思"（cogito）思路的限制。因而始终从"主体"的进路去理解"我"，没能对"我"有一种本真的生存论上的领会。2.康德忽视了"世界现象"，没有意识到，"世界"是作为主体的"我"的生存论建制的重要组成部分。"我"首先不是作为认识着的主体存在，毋宁首先是"在—世界—之中—存在"。3.康德对"超越"的看法也没能取得相应的突破。按照海德格尔的思路，康德的"超越"解决的只是"让对象化"问题，然而，真正的超越却是向"在—世界—之中—存在"的超越。4.康德对时间的看法依然受制于近代以来的线性时间观，没有意识到源本的时间是"绽出—境域"式的。所以，恰恰是这四重不足或缺陷，才导致了康德在超越论想象力和源始的时间性面前的"退缩"。

5.1.1 康德没有从存在论层面追问"我思"

海德格尔指出，当康德在思考"我"的自身性的问题的时候，他尝试用"我思"（Ich denke）来把握"我"的现象，甚至他认为，作为实

---

① 海德格尔，《存在与时间》（修订译本），第27页。
② 海德格尔，《康德与形而上学疑难》，第158页。

践着的、行动着的"我"也可以被归入这个"我思"之中。在"我思"(Ich denke)之中,"康德尝试把'我'的现象内容确定为能思想的东西(*res cogitans*)",① 因此,在"我思"之中,总意味着"我"可以维系着一些东西。海德格尔指出,"'我思'(Ich denke)等于说'我维系'(Ich verbinde)。"② 在"我维系"中,一切关系、关联或联系被关联、保持和扭结起来,作为它们依据的,则是"我维系"中的这个"我"。海德格尔指出,这种作为联系之依据的"我"就是古希腊意义上的 ὑποκείμενον,这个词的基本意思是"站在……下面的东西",通常被翻译成"基质"或"载体",后来在拉丁化的过程中它变成了 subjectus,海德格尔指出,从这个词变化而来的 Subjectum 就慢慢地具有了让通过表象活动所表象出来的表像聚拢在一起的承载者的意思,这被海德格尔称作"意识本身"(Bewusstsein an sich)。不过,这个作为"意识本身"的 Subjectum 却并不是表像本身,而是表像的形式结构,是那让表像之所以可能的东西。而康德那里的"我思"(Ich denke)就是这样的 Subjectum,"我思不是被表像的东西,而是表像活动之为表像活动的形式结构,诸如被表像的东西之类唯通过这种形式结构才成为可能的。"③ 于是,康德在理解"我"和"我思"(Ich denke)的时候,把它理解成了那已经现成事物保持同一性和持存性的依据,甚至就是那自一性或同一性以及持存性本身。这种意义上的"我"和"我思"(Ich denke)始终就是"主体"(Subjekt)。因而海德格尔认为,康德这里的"我"和"我思"(Ich denke)就始终保持了笛卡尔对主体的理解,亦即"我思"(*cogito*)。所以,在这种意义上,康德的"我"的存在就始终只能在笛卡尔的"*res cogitans*"(能思想的东西)意义上被理解。

在康德那里,他关于"我"和"我思"(Ich denke)的表述,最知名的命题就是"我思伴随着我的一切表像"。海德格尔指出,这个命题"对康德来说,这些表像却是由'我'所'伴随'的'经验事物',是有'我''依附'于其上的现象。"④ 不过,海德格尔认为,康德却从来没有真正指出过"我"究竟是以什么样的方式"伴随"那些经验的。因此,海德格尔进一步指出,鉴于康德还没有把"我思"的全部内容与"我""思"的方式联系起来进行论述,因此,他没有能够从"我思"的"我思某某"

---

① Heidegger, *Sein und Zeit*, Max Niemeyer Verlag Tuebingen,1967,S.319;海德格尔,《存在与时间》(修订译本),第 364 页,译文根据德文本有改动。

② Heidegger, *Sein und Zeit*, S.319;海德格尔,《存在与时间》(修订译本),第 364 页。

③ Heidegger, *Sein und Zeit*, S.319;海德格尔,《存在与时间》(修订译本),第 364 页。译文根据德文本有改动。

④ 海德格尔,《存在与时间》(修订译本),第 365 页。

这种方式来考察"我思",进而就没有能够对"我思"的"我思某某"的这种方式的基本规定性及其存在论前提进行追溯。所以,在海德格尔看来,康德就没能看到"我思某某"实质上也是有存在论前提的,那就是"世界"。

5.1.2 康德没有从存在论层面追索"世界"

其次,恰恰是因为康德没能看到作为"我思某某"的存在论前提——世界,因此,他就没能看到"世界现象"以及"世界"对于"我"的存在论意义。因此这又导致他对"我"和"我思"的看法无法取得存在论突破,而只能停留在笛卡尔在"我思"(cogito)意义上对主体的设定和理解。"康德没看到世界现象,于是势所当然地把'表像'同'我思'的先天内涵划得泾渭分明。但这样一来,'我'又被推回到一个绝缘的主体,以在存在论上全无规定的方式伴随着种种表像。"①

实际上,在海德格尔看来,作为认识主体的"我"并不是人最源初的存在方式,它有着存在论上的前提,作为"我"的人首先是存在着的,是生存着的。因此,"我"首先是"此在"(Dasein)。对于"此在"来说,它的"existentia"对于它的"essentia"具有优先地位。"此在"基本的存在特质有二:一方面此在的生存总是一种"去存在"(zu sein),另一方面此在的这种生存总具有"向来我属性"(Jemeinigkeit)。而此在在它的存在或者说生存中,以一种对自己的存在有所领会的方式去理解自己的存在,去筹划自己的能在。在这个过程中,此在以操劳(Besorge)的方式与其他的存在者打交道,以操持(Fuersorge)的方式与其他此在式的存在者打交道。此在以这样的操心(Sorge)的方式将其他的此在和非此在式的存在者带入此在通过生存的方式而组建起来的世界之中。因此,"世界"是此在基本的生存论环节,而此在基本的生存论建制就是"在—世界—之中—存在"。鉴于康德没有看到世界现象,并且还依然在主体意义上去理解"我",因此便自然无法走到对"我"进行生存论上的理解,自然也就无法领会和把握此在的"在—世界—之中—存在"这一最基本的生存论建制了。

---

① 海德格尔,《存在与时间》(修订译本),第366页。译文根据德文本有改动。

5.1.3 康德没有把握到此在的"超越"是向"在—世界—之中—存在"的超越

与上述两点相关，海德格尔认为，虽然康德那里已经有了"超越"论题，但他却由于没能从"此在"的角度把握主体，没能看到世界现象，从而没能把握住此在"在—世界—之中—存在"的基本生存论建制，因此便没能把握住"超越"的真意，因为超越总是向"世界"的超越，总是向"在—世界—之中—存在"的超越。虽然海德格尔在《康德书》中认为，康德的《纯粹理性批判》在为形而上学提供一次奠基的任务时，致力于去解决超越问题。比如他的超越论演绎就是在论证超越的可能性与不可能性的。更进一步地，"康德的整部《纯粹理性批判》都在围绕超越问题打转"。[①] 然而，这种意义上的"超越"却还停留在"让对象化"活动的意义上。它还不是源始的超越。

海德格尔指出，超越并不是内在领域与外在领域之间的一种关系，并不是说在内在领域和外在领域之间存在着某种类似于物自体和现象界之间的区隔那样必须被跨越不可的障碍。"超越源初地既不是主体对一个客体拥有的认知关系，这种关系属于主体，附加于主体的主体性上，同样也不仅仅只是一个用来表达那超越的东西的术语，好像这个东西对于有限的知识无法通达似的。"[②] 这也就是说，在海德格尔看来，超越既不是一个认识论意义上的概念，也不是一个神学意义上的概念，这两种意义上的超越概念对超越的理解都不够源始。真正源始的超越有如下几重规定：1）"超越毋宁是主体的主体性的源始建制。"[③] 这也就是说，成为主体就意味着去超越，而源初的主体就是此在，因此此在生存就是去超越。超越是此在基本的生存论建制，恰恰是在超越之中，此在与其他的存在者发生关联行止，此在才能与其他的存在者和其他的此在打交道，才能对自身的存在有所交道、有所作为。而此在之所以能够超越，主要原因在于此在生存在一个世界之中。2）在此在的超越行为中，被超越的并不是在主体和客体之间的一个"鸿沟"、"裂隙"或"障碍"这样的东西。"那被超越的是存在自身，它可以在主体的超越行为的基础上对主体显明出来。"[④]3）主体——亦即此在——作为一个超越着的主体，它所朝向超越的对象不是认识论意义上的认识对象，而是"世界"。4）超越是此在的基本存在建制，海德格尔指

---

① Heidegger,*The Metaphysical Foundations of Logic*, p.165.

② Ibid, p.165.

③ Idid, p.165.

④ Ibid, p.166.

出，对于此在的这个基本的超越建制可以用"在—世界—之中—存在"来表达。所以，在这种意义上，超越一方面是向世界的超越，另一方面它和此在的"在—世界—之中—存在"是同义的。当然，就此在的生存向来就是"在—世界—之中—存在"的意义上而言，我们也可以把超越定义成是向"在—世界—之中—存在"的超越。

5.1.4. 康德时间观中的关键性缺陷

恰恰是因为康德没能把握到以上三点，所以当他论述时间的时候，没能取得向现象学意义上的时间观的突破。不过，康德的时间观之中也有一些关键性的局限，决定了他无法走到《存在与时间》之中的时间性思想面前，这主要表现在如下几个方面：1）海德格尔指出，尽管康德已经将时间归属于主体方面了，但却没能看到在时间和"我思"之间的决定性关联，所以尽管在他的哲学中，尤其在《纯粹理性批判》中已经潜在地想把二者联系起来进行思考，但他由于自己视域的局限，并没能分析或展现出"我思"的内在时间性质。"时间和'我思'之间的决定性的联系就仍然隐藏在一团幽暗之中，这种联系根本就没有形成为问题。"①2）海德格尔认为，康德的时间观仍然受制于近代哲学以来的时间观，尤其是牛顿物理学的时间观的影响，他依然在流俗意义上来理解时间。这也导致了他没能前进到现象学的视角中去。"尽管康德已经把时间现象划归到主体方面，但他对时间的分析仍然以流传下来的对时间的流俗领会为准，这使得康德终究不能把'超越论的时间规定'这一现象就其自身的结构与功能清理出来。"②3）海德格尔指出，因为康德依然在笛卡尔的意义上去理解主体，所以，忽视了主体的主体性，亦即主体如何存在的存在论问题。所以也便没能将时间与存在联系起来进行思考。4）就对时间的样式而言，因为康德对时间的看法依然保留在近代哲学的视界内，所以这也就意味着时间在他看来是前后相继、彼此相连，均匀地、连续地由过去到现在继而到未来的样式。这种意义上的时间是可计算、可分割的时间。不过，在海德格尔看来，这种意义上的时间并不是源始的时间，康德在《纯粹理性批判》中通过超越论想象力以及纯粹综合的活动实质上已经给出了源始的时间。源始的时间是曾在、当前化以及将来的相互缠绕、彼此勾连、共属一体地从将来到时（zeitigen）。

---

① 海德格尔，《存在与时间》（修订译本），第 28 页。
② 海德格尔，《存在与时间》（修订译本），第 28 页。译文参照德文本有改动。

5.2 从康德的时间学说走向《存在与时间》之路

在海德格尔的现象学的视域中，时间总是时间性的到时，而这种到时总是"绽出—境域"式的。海德格尔指出，时间向来是与此在、此在的超越以及世界关联在一起的。"如果从一种更为本源的意义加以理解，时间现象是同世界概念，因而也就同此在结构自身联系在一起的。"① 因此，超越的时间就始终包含着一种敞开性，而所谓的超越的时间就是指时间性的到时。我们知道，在海德格尔那里，时间是时间性的到时，而时间性的到时向来是曾在、当前化和将来共属一体式地从将来到时，这种到时的基本样式是"绽出"。海德格尔指出，恰恰是在这种"绽出"中就充分地展示出了敞开性。"每一绽出在其自身之中以某种方式向之敞开之所，我们称之为绽出之境域。境域乃是绽出本身向之外于自己的敞开幅员。出离敞开，且将此境域保持为敞开的。作为将来、曾在与当前的统一，时间性拥有一个通过绽出得到规定的境域。作为将来、曾在与当前的本源统一，时间性在其自身之中便是绽出的—境域的。"② 而这种绽出的—境域的规定其实是此在从它的超越性，即"在—世界—之中—存在"赢获得。

因此，恰恰在这些关键点上，康德并没能取得现象学的视角，没有依据现象学的视角而向存在论取得突破，在这种意义上，当康德在《纯粹理性批判》中走到超越论想象力面前，必定就来到了一个对自己全然陌生的"深渊"面前，根据他既有的视角和观念，一方面将无法理解超越论想象力以及从它产生的源始的时间的存在论力量，另一方面正如海德格尔说的，康德会对这种未知的力量感到惊扰，所以他才会在超越论想象力这道幽暗的"深渊"面前"退缩"。

如果我们依照海德格尔的思路，对康德《纯粹理性批判》中的基本思路进行一个存在论的转换，沿着康德的思路向前推进一步，就会走到《存在与时间》中的时间性分析之路上。所以，海德格尔才认为康德的《纯粹理性批判》是《存在与时间》的"历史性引论"，才会认为："曾经向时间性这一度探索了一程的第一人与唯一一人，或者说，曾经让自己被现象本身所迫而走到这条道路上的第一人与唯一一人，是康德。"③ 那么，我们在本节中将尝试从思想运作的内在逻辑和内在脉络中描述从《纯粹理性批判》

---

① 海德格尔，《现象学之基本问题》，第 348 页。

② 同上，第 366 页。

③ 海德格尔，《存在与时间》（修订译本），第 27 页。

到《存在与时间》之路，从而完整地展现在《存在与时间》与海德格尔对康德时间学说的现象学解释之间的"解释学循环"。

5.2.1. 从认识论的"超越"走向存在论的"超越"

康德在《纯粹理性批判》中，通过"哥白尼式的革命"要将近代经验论和唯理论那里的主体与客体、意识与对象之间的关系扭转过来，不是让主体去符合客体、认识去符合对象，毋宁是让对象去符合人类主体的先天认识形式和先天认识能力，以此来研究"先天综合判断"如何可能，进而讨论作为科学的形而上学如何可能。在这一过程中，问题的本质便在于主体与客体、意识与对象之间的"关系"。这一关系很显然是一个"超越"问题，它事关双重"超越"，一种是认识切中对象的可能性，另一种是认识如何能够向感性经验界限范围之外亦即存在者进行超越的问题。尽管康德已经明确意识到了，要通过这些工作来去判定形而上学的内在可能性并为之提供奠基，然而，康德由于视角上的缺陷，认为超越只能是第一层次上亦即认识如何能够切中对象意义上的超越，但这种超越始终只是一种限定在意识内部领域的超越，而意识向着经验界限范围之外即主体之外的存在者——上帝、灵魂和世界的超越被判定为不可能。

因此康德只是在主体的主体性内部来解决认识如何能够切中对象这一超越问题。在康德看来，对象通过刺激人类感官、激发感性的运作之后才在主体的心灵内部留下印象，亦即显像。在显像的基础上人类的认识对象才得以可能。我们所有的知识都是关于认识对象的知识。但认识对象却不是物自体，它自身内部的统一性也不是由物自体保证的，而是来自于先验统觉即先验我思的先天统一性，"我思伴随着我的一切表象"。这也就意味着在康德的框架之内，我们的知识都是关于由认识主体的自我意识的先天统一性所确保的认识对象的知识。就认识要符合认识对象这一点来说，它具有超越性，但这种超越之可能性却是由来自认识主体的先验我思保证的，也就是由主体的主体性确保的。因此恰恰在主体的主体性内部，康德解决了认识主体向认识对象之超越的超越性问题，所以这种超越始终只是一种内在的超越性。

所以，在康德这里，超越如果可能，就只能是在主体之内的内在超越，主体的外在超越是不可能的，如果主体要做超越感性经验界限范围之外的超越，其运用就是非法的。如果按照西方哲学的传统，我们可以将康德对超越的理解归入两种类型，即"认识理论上的"超越和"神学意义上的"超越。在海德格尔看来，康德尝试从这两种超越的相互纠缠中走出来，但是他没能取得完全的成功，因为归根到底他"并没有把超越问题当作他的核心问题"。①

在康德之后，对超越的理解也都是在沿着康德所指引的方向行进的，即是在认识论、在主体—客体关系之中去把握超越，这既包括康德之后从费希特、谢林到黑格尔的德国古典哲学发展之路，也适用于黑格尔去世后一直延续到胡塞尔的德国哲学。海德格尔认为，胡塞尔自觉地将近代肇始于笛卡尔的也被康德采纳为先验哲学之主导问题的认识论问题——意识如何能够切中对象的问题变成自己的主导问题，并提出了"意识的意向性"理论。对于胡塞尔来说，"意识如何能够切中对象"这个问题仍然也是一个超越问题。去追问这个问题也就是去追问超越之超越性的根据问题。但是胡塞尔在这个问题上依然失败了，因为他只是停留在意识的意向性的内在层面，意识的意向性只是意识的一种"意指活动"，一种指向在意识中被给予的对象的意识活动，因此归根到底做的还是认识论的工作。

因此，按照海德格尔的观点，胡塞尔对"超越"的理解和处理归根到底依然停留在由康德开启并划定的思想疆域之内。而从康德出发到胡塞尔对超越的理解，归根到底并没有真正地把握到超越现象，因为问题在于："根本性地说，超越既不是内在领域与外在领域之间的某种关系，以至于在其中是要被逾越的，是一种从属于主体的界限，它把主体从外在领域分隔开。超越同样不首先是某个主体与某个客体的认识着的关系，作为其主体性的附加物，为主体所持有。"②

于是，超越依然处于悬而未决之中！在海德格尔看来，康德之所以没有真正把握到超越，是因为"他一般地耽搁了存在问题"③，同时，康德不仅遗忘了真正的存在论题，而且连主体的主体性自身具有的存在性质和存在特征也被他遗忘了。"没有先行对主体之主体性进行存在论分析。"④于是，在康德这里，就产生了双重遗忘，但这种情况的出现也不是偶然的，存在问题和主体之主体性之所以对康德来说不成问题，在于他并没有真得将主体概念和存在者之存在把握为一个问题，也就是说主体概念和存在者之存在还没有真正地进入康德发问之视域，它们对于康德来说并未成为一个有待追问的问题，依然处于晦蔽之中。"首先表露为主体概念之不明确

---

① 同上，第229页。
② 海德格尔著，赵卫国译，《从莱布尼茨出发的逻辑学的形而上学始基》，西安：西北大学出版社，2015年，第232页。
③ 海德格尔，《存在与时间》（修订译本），第28页。
④ 同上，第28页。

性，另一方面，则表露为关于存在者之存在的幼稚性和不成问题性。"① 这又是由于康德并没有真正地对意识与对象之间的关系之关系性进行认真思考。"康德及后来者，尤其是当今的追随者，都同样太过仓促地追问意识与对象关系之可能性根据，而没有一个事先充分地弄清楚这种关系——其可能性本应得到说明——究竟一意指什么，这种关系居于什么之间，怎样的存在方式与之相适应。"②

康德的缺陷同时也是胡塞尔的缺陷，意向性的超越活动同样首先不应是知识论层面的超越，它首先也是与存在者相关，是存在者层次上的超越着的行为，它所具有的指向性是"与……相关"，这一"与……相关"的基础是"在……存在者—近旁"，我们不能从认识论层面上来把握它，而必须从基于对存在者尤其是人这一存在者的存在理解基础上来把握它，因为"这种在—近旁依其内在可能性又基于生存"。③ 所以，在海德格尔看来，胡塞尔的意向性分析尽管与近代认识论相比已经更为源始，但依然还没有进展到对源始的"超越"的把握，而仍然停留在流俗的"超越"理解之中。

这样，我们便得到了两种"超越"，一种是源始的超越，另一种是流俗的超越，我们也可以将它称为派生的超越。第一种超越是存在论意义上的超越，而第二种超越是认识论意义上的超越。对于主体和客体之间的关系，依据于不同的超越理解，会得到不同的产物和结果。并且，自近代哲学以来，之所以主体和客体之间的关系，会出现各种问题，也要从这两种意义上的超越得到理解。"迄今为止全部'主体'与'客体'之关系的困境，都无可争议地以超越问题为基础。"④ 在康德那里，他尽管是在存在论的基地上去开展自己为形而上学提供奠基的工作，但他的超越理解依然停留在认识论层次上，并且在认识论层次上只认为主体的内在超越是可能的，而外在超越是不可能的。康德没有从存在论上去理解超越，因此就没能真正地把握主体之主体性。在此基础上，海德格尔将康德对超越的认识论理解向前推进了一步，走向了对超越的存在论理解。这是真正去理解和把握主体之主体性的需要。接下来，在具体展示存在论的超越理解即本源的超越理解之前，既然本源的超越理解真正地与主体的主体性内在相关，我们就有必要来对海德格尔视域中康德对主体之主体性的规定的解读以及他对

---

① 海德格尔，《从莱布尼茨出发的逻辑学的形而上学始基》，第 183 页。
② 同上，第 183 页。
③ 同上，第 188 页。
④ 同上，第 189 页。

之实现的存在论转换进行一番考察。超越与主体之主体性是内在相互规定、相互制约的。

5.2.2 超越与主体之主体性以及主体之有限性

康德的超越理解，在一方面进一步规定了他的批判哲学的具体论证亦即论证具有普遍必然性的知识如何可能和人的自由如何可能的同时，另一方面也直接关联到他对主体的主体性的理解。这又具有双重效果，一方面，康德在《纯粹理性批判》中的工作总是在对主体的先天认识能力进行分析的基础上展开，另一方面他对现像的理解也总是关联于主体之主体性，这对于海德格尔来说，就具有了极其重要的意义：因为现像总是存在的现像，而主体之主体性的最根本体现就是作为图型的时间，所以海德格尔才在康德的图型说中看到了存在与时间之间的隐蔽的联系。

不过，康德仍然没有走向海德格尔的基始存在论以及时间性思想。除了他在认识论层面上理解超越之外，他错失了主体之主体性的存在论意义也是原因之一。"没有对主体之主体性进行存在论分析。"① 于是，从康德走向海德格尔之路也便包含了从康德对主体之主体性的分析中向前推进一步而走向对它的存在论解读。

海德格尔指出，近代哲学从自己的开端笛卡尔那里就已经走上了与古代哲学不同的道路，主体性被凸显出来，成为了近代认识论的哲学基础、起点和主要原则。"主体是直接可通达的，是决然确实可通达的，它比任何客体都更被 [我们所] 熟知。"② 在海德格尔看来，康德对主体的理解和规定，追随了笛卡尔的思路，在笛卡尔那里，他区分了 res cogitans（能思维的东西）和 res extensa（有广延的东西），所以，康德那里的主体显然也是 res cogitans。这种"能思维的东西"是一种 cogitare（我思）着的 res(东西，某物)，就思维是一种意识类型来说，它就是人的意识活动，比如直观、表象、判断、想象以及爱恨等情感活动。人的每一种意识活动，总是具有我直观、我表象、我判断、我想象、我爱、我恨的结构，亦即具有"我—思"（Ich-denken）的结构。所以，康德恰恰在这种意义上指出"我思伴随着我的一切表象"③，海德格尔因此指出，"自我是这样的，其规定就是完全的 repraesentatio(表象、再现) 意义上的表象。"④

① 海德格尔，《存在与时间》（修订译本），第 28 页。
② 海德格尔，《现象学之基本问题》，第 161 页。
③ 康德，《纯粹理性批判》，B132。
④ 海德格尔，《现象学之基本问题》，第 165 页。

这个具有"我—思"结构的意识、这个自我就是"主体"。这个自我的自我性，也就构成了主体的主体性，自我性也就是主体性。那么，康德的自我就起到了一个综合的作用，当我在思维的时候，它通过自我的先验统一性为与它相伴随的杂多表象带去了统一性，这一自我的先验统一性是先验自我或者说先验我思或者说先验统觉提供的，它自身对自我的自我性提供了规定。"统觉之本源的综合统一乃是在存在论上突出主体的特性描述。"[①] 那这就意味着统觉所具有的源始统一功能所提供的源始统一活动，是知性活动的依据，因为只有它才能让对象被主体认识。在海德格尔看来，"自我是一切行表象、一切行知觉的根据，这就是说，自我是存在者之被知觉性的根据，亦即一切存在之根据。"[②] 在海德格尔的视域中，在康德那里，对知性的对象也就是各种存在者进行规定，是靠知性提供的范畴进行的，但是我们却不能运用范畴自身去对自我进行规定，因为自我是"我思"的根据，而我思通过自己提供的综合统一规定去对表象进行联结，在这一过程中，综合统一功能对表象进行联结所借助的工具就是范畴。所以在海德格尔看来，自我是范畴行使综合统一之联结活动的依据和前提，所以就不能再将范畴运用到作为自己的根据和前提的自我上，去对它进行规定了。"作为统觉之本源的综合统一的自我，是无法借助以它为条件的东西得到规定的。"[③] 这是一个方面。另一方面，范畴的运用所指向的对象是经验，所以鉴于范畴无法被运用到自我身上去规定自我，这也就意味着自我不是经验性的，不能通过经验进行规定，反过来，自我毋宁倒是经验得以可能的依据。

当自我应用范畴去行使联结的综合统一功能时，它总要有能加以联结的对象，因为范畴不能被运用于自我，所以范畴的对象就不能是自我，也不能是由自我预先创造出来的，那它就只能是预先被给予我们的。"某物被预先给予或者给予我们，只能通过激发性（Affektion）的方式；这就是说，只能通过我们被我们自身所不是的他物所切中、所击中的方式。"[④] 在康德那里，自我是主动性的，是自发性的，因此，被激发就不是自我的特征，也就说明预先被给予我们的某物需要依赖于非自我的其他存在者对人类主体发生作用，在康德的《纯粹理性批判》中，这就是感性通过时间和空间接受物自体的刺激时所发挥的作用，由于先验自我无法通过时间和空

① 同上，第 168 页。
② 同上，第 169 页。
③ 海德格尔，《现象学之基本问题》，第 192 页。
④ 同上，第 192 页。

间而在直观中被给予，而范畴只能作用于感性通过时间和空间提供的内容之上，所以在这种意义上，范畴也同样无法对先验自我进行规定。

这样，在康德的哲学中，"康德完全正确地说明了，作为自然之基本概念的范畴并不适用于规定自我。"[1] 海德格尔指出，康德的纯粹自我又可以被划分出"理论自我"和"实践自我"，理论自我无法在认识论上被范畴规定，不过实践自我却可以得到规定，康德在存在论上对实践自我进行了规定。但是，海德格尔认为康德却并没能对这两种自我做一个综合性的、统一的、一贯性的考虑。"康德那里有着一个特别的疏忽，他未能本源地规定理论自我与实践自我之统一性。"[2] 康德没能去从整体上对自我进行思索，也就错失了完整意义上的自我，没去对自我之存在予以考察。因此，归根结底，康德并没有追问自我的存在方式。"在他那里没有以此在为专题的存在论。"[3]

与此同时，知性范畴的运用需要以某种预先被给予的并非由先验自我提供的内容作为前提，这一事实就恰恰说明了主体的有限性：主体对对象的认识需要借助于感性，需要存在者激发感性而使感性运作起来，这说明人的直观是派生的直观而不是源始的直观，所以人的直观需要以存在者的存在为前提，需要存在者与人发生关联行止为前提。这一切充分地说明，不仅在康德意义上的包含了感性与知性在自身之内的理性是有限的，而且作为主体之主体性也是有限的，有限性是人之此在的内在规定。恰恰基于主体的这一有限性，它才能够超越，更明确地说，主体的超越活动就植根于主体的主体性亦即此在的有限性之中。

5.2.3. 走向此在的超越论建制：在—世界—之中—存在

惟有主体或者自我首先要遭遇到存在者，然后才能与之发生关联行止。关于主体与存在者之间的这一"遭遇"活动，对它的可能性、它的现实性的把握，必须从存在论上来实行，因为这一"遭遇"活动总是人类此在在自身的生存之中的遭遇活动，它自身就已经是"超越"活动了，它的根基就在于此在的生存论建制之中。所以，在此基础上，要在康德哲学未能澄清的晦暗处继续前行，就需要将"遭遇"活动这种超越活动之可能性、就需要将它的存在论依据揭示出来。

既然与存在者的遭遇活动是此在的存在方式，因此遭遇之为可能，就

---

① 同上，第193页。

② 同上，第194页。

③ 海德格尔，《存在与时间》（修订译本），第28页。

必须着眼于此在的存在方式、着眼于此在自身的超越来予以解说。"那本源地超越的东西，亦即，那行超越的东西，并非与此在相对的诸物；严格意义上的超越者乃是此在自身。"①"此在的超越是核心问题。"② 不仅康德意义上的认识论的超越要从此在的超越这一源始的超越现象中得到理解，而且胡塞尔对意识的意向性分析、胡塞尔那里意识之意向性的超越性也要从此在的超越性中发端、得到说明和解释，"意向性植根于此在之超越性，且仅在此基础上才可能，不能反过来从意向性出发来阐明超越性。"③

此在的超越性具有如下本己的特征：首先，超越是此在的超越，超越植根于此在的生存之中。它自身就是此在生存的内在规定，不是此在首先生存，然后才能超越，或者此在首先超越，然后才能生存，真实情况是，此在之生存就是超越着的生存，此在之超越就是生存着的超越。"生存活动就意味着原始的逾越，此在本身就是逾越。"④ 其次，恰恰是此在的超越活动，让此在与存在者的"遭遇"活动成为可能，恰恰是通过此在的超越，各种各样的存在者前来与此在"遭遇"，才使康德的"让遭遇"活动和"让对象化"活动得以可能，此在的超越是康德感性和知性活动的根据。第三，此在的超越，总要有超越的方向，亦即它超越的"之所向"。海德格尔指出，此在的超越活动的"之所向"，不是各种各样的存在者，而是"世界"。"存在者，是被逾越的东西，不是超越之所向。主体超越之所向，是我们称之为世界的东西。"⑤ 第四，此在之超越的生存论建制就是"在—世界—之中—存在"。在详细考察此在的"在—世界—之中—存在"之前，我们需要先来考察一下何为世界以及世界的生存论规定。

海德格尔对世界的分析，最早追述到了古希腊和《保罗书信》处。他认为，在古希腊哲学家和《保罗书信》中，κόσμος 就是世界，它表明存在的某种"状态"（Zustand），一种去存在的方式和状态。因此它表达的是某种关联行止的实行、带有某种朝向的方向和趋势。"我们用'世界化'（welten）这个词本身，以便表达存在的这种如何。"⑥κόσμος οὗτος, 这一个世界，在古希腊是指一个存在者的世界总是具有自身同一性，而在《保罗书信》中，则与每一个此在自身的存在密切相关，不仅是此在存在的方式，同时也构成了此在与自然打交道、与自身打交道、与其他此在打交道的方

---

① 海德格尔，《现象学之基本问题》，第 216 页。
② 海德格尔，《从莱布尼茨出发的逻辑学的形而上学始基》，第 189 页。
③ 海德格尔，《现象学之基本问题》，第 216 页。
④ 海德格尔，《从莱布尼茨出发的逻辑学的形而上学始基》，第 233 页。
⑤ 同上，第 234 页。
⑥ 同上，第 240 页。

式。"κόσμος 直接就是人之此在存在之方式，其思想或思想方式。"①

在海德格尔的理解中，在古希腊人那里和以《保罗书信》为代表的原始基督教信仰经验中，对 κόσμος 亦即世界的理解的共同之处在于：世界不能从自然存在者的角度去理解，毋宁一方面代表去存在的存在方式，另一方面代表此在与存在者之间的关联行止。"世界是'如何'，而不是'什么'"②，也就是不能从现成性的、事实性的作为本质确定的存在者意义上去理解世界，而要从它与此在的存在方式之关联去把握它，此时显然它是动态性、生成性、指向性的，也就是我们要从关联意义和实行意义上去把握世界。

但是，对世界的这一理解经过中世纪到了近代哲学，经过笛卡尔的工作，却让古代对世界的特殊理解消失了。笛卡尔把 res cogitans（能思想的东西）即 cogito（我思）和 res corporea（肉身或物质）区分开来，并且从 substantia 的原则出发来理解 cogito 和 res corporea。但他对 substantia 的理解并非遵循亚里士多德对 οὐσία（在场）的理解，而是遵循了 οὐσία 的另一涵义而把它们理解成实体。

对于 res corporea 来说，"构成 res corporea 的存在的，是 extensio，即 omnimodo divisibile, figurabile et mobile，其各边配置、形相与运动能够以各种方式进行变化的东西。"这里所说的 extensio 也就是广延，res corporea 也就成为了 res extensa（有广延的东西）。③ 当笛卡尔用 res extensa 来规定 res corporea 的时候，归根到底，他遗忘了存在者的存在，也遗忘了在古代哲学中通过最初的思索从 κόσμος 那里赢得的东西。

不过，笛卡尔的这一思考还有另外一层含义。当他从 substantia 即实体的角度去理解 res cogitans 和 res corporea，而实体又意味着"无需其他存在者即能存在"④，此时，绝对的实体也就是绝对不依赖于其他存在者而自身就能存在，只能是 ens perfectissimum（完善的存在者），也就是上帝。这样，ens perfectissimum（完善的存在者）与作为 res extensa 的 res corporea 也就被区分了开来。按照海德格尔的看法，笛卡尔的这一重工作也并非他的原创，毋宁在中世纪哲学中有其根源。在阿奎那那里，他就已经将世界性的存在者与神性的存在者区分开来。"Mundanus（世界的）与

---

① 同上，第 243 页。
② 同上，第 244 页。
③ 参见，海德格尔，《存在与时间》（修订译本），第十九节到第二十一节，拉丁文译名有改动。
④ 海德格尔，《存在与时间》（修订译本），第 108 页。

saecularis: (世间的) 同义, 与 spiritualis (神灵的) 对立。"① 海德格尔指出, 这种意义上的世界概念, 被从中世纪保留到近代形而上学处, 一直作为特殊形而上学研究的对象之一而被保留到鲍姆嘉登处。

在海德格尔看来, 康德在对近代形而上学的批判性的考察中, 在为科学的形而上学提供奠基的过程中, 意识到了古代哲学对世界理解的意义以及肇始于中世纪并保留到了近代形而上学中的世界理解的缺陷, "康德非常清楚地将世界理解为如何, 存在论 - 形而上学意义上的整体性。"② 在海德格尔的视野中, 康德对世界的理解可以从二个层次予以把握。

首先, 康德对世界的理解, 超越了存在者层次上, 超出了感性经验的界限范围之外, 同时也就超出了 "作为 series actualium finitorum (有限现实事物之序列) 的世界概念而走向了先验的概念, 这同样也是康德先验辨证论的积极工作和形而上学的内容"③。康德的这种世界理解很显然是将世界作为一个整体而从观念上对它加以把握, 因此它不是作为自然的东西之整体的整体性和实质内容而被把握的, 康德没有赋予这种世界以实在, "这个作为数学的整体性的世界概念, 作为先验的理想, 恰恰没有将 existentia (存在) 一道包括在内。"④

其次, 康德对世界的理解还有另外一层意义。这层理解与康德对哲学的本性和目标的理解相关。海德格尔认为, 康德对哲学的理解具有双重性, 一方面哲学作为形而上学要去为科学的形而上学奠定基础, 另一方面, 这一奠定基础的工作又是和对人的理解关联在一起的, 因为康德提出的 "我能够认识什么"、"我应该做什么" 以及 "我可以希望什么" 最终都汇聚到 "人是什么" 这一问题上。海德格尔在《纯粹理性批判》B867 的注释中在世界概念和人之间已经建立起了关联, "世界概念, 在这里意味着那涉及每个人都必然关注的东西的概念"⑤, 因此, 世界与人内在相关, 与人的本质内在相关, 但人的本质向来要在其生存 - 存在活动中得以理解和把握, 所以 "真正的形而上学……恰恰与自然无关, 而是和人相关, 更确切地说, 恰恰与其生存及其本质相关。"⑥

依据这两种理解, 世界一方面指作为存在者之整体, 另一方面与人之生存关联在一起。而此在的生存, 自身是超越性的, 这一超越性就体现在

---

① 海德格尔, 《从莱布尼茨出发的逻辑学的形而上学始基》, 第 244 页。
② 同上, 第 245 页。
③ 同上, 第 246 页。
④ 同上, 第 250 页。
⑤ 同上, 第 251 页。
⑥ 同上, 第 251 页。

此在在其生存活动中能够"遭遇"其他的存在者，世界在这一超越性的"让遭遇"活动中与此在和其他的存在者缔结出一种生存论的关系。世界是此在超越的方向所在，在世界之中具有着此在超越的"为之故"，"世界的根本特性，由以维持其特殊的先验构造形式之整体性的特性，就是为之故。世界作为此在超越之所向，首先通过为之故来规定。"① "为之故"因此就也成为了此在生存的存在论建构要素，恰恰是这一"为之故"决定了作为超越者的此在的超越活动的"何所向"（Woraufzu）。因此，此在的超越活动就是向着世界的超越，这一世界是此在通过自己的生存活动组建起来的，其他的存在者只有首先进入此在的世界，才能具有被遭遇的可能性。

此在和世界的关系，是一种"在之中"的关系，这种"在之中"不是物理空间意义上的在之中，从生存论上来理解，此在在"世界"之中，也就是此在通过自己的生存消散于世界，消散于"在之中"的各种方式之中。此在消散于他自己的周围世界（Umwelt）的周围性（Um）之周遭（Umherum）之中。此在通过"寻视"（Umsicht）在这一"周遭"之中进行操劳活动。在此在的操劳活动中，各种存在者会循着"寻视"的"为了作某某之用"（Um-zu）的指引因其"何所用"而前来与此在"遭遇"、前来与此在照面，它们因此便具有了"上手性"，它们的本真的存在状态便是"上手状态"（Zuhandenheit）。于是，前来与此在遭遇的存在者因其的"上手状态"就处于一种被"指引"状态之中。这一"指引"关系组建了此在的世界，"指引与指引的整体性在某种意义上对世界之为世界能具有组建作用。"② 如果我们反过来从此在的角度来看，此在让存在者作为用具前来遭遇，是因为已经通过自己的生存活动预先让这一遭遇在生存论上具有可能性与现实性，此在在朝向作为用具的存在者时就具有了一种作为指引的"何所向"的结构，恰恰是从此在出发的这一"何所向"以及从作为用具的存在者因其"何所用"而发生的"何所向"，一起让世界世界化，让世界本身得以可能。"作为让存在者以因缘存在方式来照面的'何所向'，自我指引着的领会的'何所在'，就是世界现象。而此在向之指引自身的'何所向'的结构，也就是构成世界之为世界的东西。"③ 由此，此在的存在向来是"在一世界一之中一存在"，此在的超越活动和此在的世界化是合二为一的，要从此在的"在一世界一之中一存在"这一存在论结构也就是生存论建制之中得到领会。"在一世界一之中一存在"的此在，在它向世

---

① 同上，第259页。

② 海德格尔，《存在与时间》（修订译本），第90页。

③ 同上，第101页。

界的超越活动中，总是通过"操劳"活动与作为用具的存在者打交道，而通过"操持"活动与其他此在"共同在此"。

5.2.4 从康德的时间学说走向"在—世界—之中—存在"的时间

海德格尔认为康德在自己的《纯粹理性批判》中，被自己在超越论演绎和超越论想象力面前的决定性的发现吓到了，因为这一新的发现对康德本人来说全然是陌生的，所以康德发生了退缩。按照海德格尔的思路，在康德退缩处如果勇敢地再向前走进一程，也就会来到他《存在与时间》之中的思路。为了完成我们的工作，我们接下来就从康德退缩处继续前行，看康德的时间学说如何成为《存在与时间》的"历史性导引"，以及如何从康德的时间学说走向海德格尔的时间性思想。

在海德格尔看来，康德在超越论演绎和存在论综合环节已经窥见到了源始的时间的堂奥了，那这是如何可能的呢？

康德秉持理性是有限的，因此不具有源始的直观，知识的形成需要感性和知性的共同作用，感性通过先天感性直观形式时间和空间提供作为知识的内容的显像，知性通过范畴为知识提供它的形式。但二者的结合却需要先验想象力提供的先验图型即时间才能让感性经验和知性范畴的结合成为可能。在海德格尔的现象学视角中，康德做的这一切都是存在论工作，因此在康德那里的认识论层面的主体的内在超越在海德格尔这里就演变成了存在论意义上的超越。于是康德的工作就要从两个角度加以把握。首先是作为先验图型的时间，其次是主体的超越之可能性。

在海德格尔看来，当康德通过作为时间的图式来勾连感性经验和知性范畴时，是因为以超越论想象力为核心发起的三重纯粹综合的结果。第一重纯粹综合即纯粹统握中的纯粹综合把握到的图像是"映象"（Abbildung），它对应的是"现在"。第二重纯粹综合即纯粹再生中的综合形象出的图像是"后象"（Nachbildung），它关联的是"曾在"。第三重纯粹综合即纯粹认定的纯粹综合形象出的图像是"前象"（Vorbildung）。海德格尔指出，这三重综合中，第三重综合即纯粹认定的纯粹综合最为重要，因为纯粹认定的纯粹综合在综合活动中预先将未来的境域形象出来，因此，"映象"、"后象"和"前象"三者在超越论想象力的纯粹综合活动中以"前象"为预先引导而彼此共属一体。

同时，在超越论演绎中，由于人类此在的有限性，所以必须要有存在者前来与人类此在遭遇，在存在者的这种前来遭遇活动中，存在者能够站出来并转到有限的本质存在对面而立，这就是"让对象化"活动。"让对象化"活动是有限的人类此在作用的结果，让对象化活动中，前来被遭遇的存在者与有限的本质存在之间形成了一个源始的境域，它实质上包含了两个方面，一个是"让……站到对面"，另一个是"使……得到获悉"。让对象化活动也是源始的成象活动。

但是康德由于他视角的缺陷，没能从存在论上去理解主体之主体性，因此就没有把握到此在的超越活动是向世界的超越，此在最基本的存在论建制是"在—世界—之中—存在"，因此也就没有发现"我思"即自我在根本上具有的时间特质。此外，康德对时间的理解还受制于传统时间观的影响，因此也没把握到时间的绽出式本性。但如果我们将这些因素与康德的时间学说结合起来，也就走向了《存在与时间》之中的时间性思想。

生存着的此在，具有超越的本性，这一超越是向着世界的超越，此在的存在是"在—世界—之中—存在"，唯有在这种超越中，存在者的前来遭遇和世界才是可能的，此在也才通过操劳活动和操持活动而消散于世界之中。"要学会看到此在如何基于其形而上学的基本状况，基于在—世界—之中—存在，始终已经按照可能性超出了一切存在者——而在这种超过—之上中并不会遭受绝对的虚无，相反恰恰是在这种超出—之上中，约束性作为世界而呈现出来，通过这种对峙，存在者才首先或恰恰可能或必然得到维持。"①

此在的超越，是朝着可能性的超越，在这种意义上已经超过了此在的现成性。此在的超越总是植根于对自身的存在有所领会之基础上有所筹划的超越。此在的筹划有着它的"何所向"。"保持住别具一格的可能性而在这种可能性中让自身来到自身，这就是将来的源始现象。"②此在的这一着眼于自身的可能性而对自身的筹划是"先行于自身"。但同时，生存的此在的这一筹划要可能又必须立足于此在的生存活动中对自身的存在有所领会、有所作为，这又要求此在在当前的生存活动中有所操劳地让周围世界的东西前来与此在照面。只有植根于此在生存的当前化的当前之中，下定去存在的决心才能是它本身。"从将来回到自身来，决心就有所当前化地把自身带入处境。"③同时，此在依其将来生存之可能性来筹划此在的存在，但此在的存在的各种可能性之中，有一种最切身也是最本己的存在可能性，那就是此在要从自己的将来回到此在的存在本身，此在最现实的存在本身就是此在的曾在，此在的曾在对此在的将来有限定和约束作用，"只有当

<hr>

① 海德格尔，《从莱布尼茨出发的逻辑学的形而上学始基》，第275页。
② 海德格尔，《存在与时间》（修订译本），第370页。
③ 同上，第372页。

此在如'我是所曾在'那样存在，此在才能以回来的方式从将来来到自己本身。此在本真地从将来而曾在。"① 同时，此在的现在是一种悬而未决的状态，在现在的此在的存在的存在规定是开放的、敞开的，是生成着的，因此是趋于在场的存在，它拥有当下，所以是一种"当前化"活动。此在的当前化一方面与此在对未来存在之筹划紧密相关，恰恰是通过此在的这种筹划活动，将自身的存在带向当下，另一方面，此在的当前化总是受到此在的曾在的约束。因此，"曾在的（更好的说法是：曾在着的）将来从自身放出当前。"②

此在的曾在、当前化和将来就构成了海德格尔的时间性的三维，时间性的这三维之中，很显然它们是彼此紧紧勾连在一起，将来这一维度是最为重要的。海德格尔对时间性的定义也突出了这一点，"我们把如此这般作为曾在着的有所当前化的将来而统一起来的现象称作时间性。"③ 因此我们可以看到海德格尔由此便将康德的时间分析推进到了自己的时间性分析。就海德格尔的时间性分析总是基于此在的生存活动而获得这一点意义而言，他的时间性总是此在的时间性，恰恰是本源于时间性，此在的超越性才得以可能。超越性就植根于时间性之中。"时间之绽出特性使此在之特殊的超出特性得以可能，使超越性得以可能。"④

对于海德格尔的时间性来说，它还尤其具有如下几方面的特征：首先，源始的时间的特性不是均匀地由过去流向现在、由现在流向将来的线性时间，毋宁具有"绽出的"（ekstatischer）特性。"时间性的本质即是在诸种绽出的统一中到时。"⑤ 其次，恰恰是因为时间具有"绽出"的特征，而"绽出"就是"出离到……"，具有了"出离之何所至"的形式结构，它自身具有指引性，从而形成绽出的境域，它具有"图式"的特征，亦即像康德那里所说的时间的"映象"、"后象"、"前象"所构成的图式结构，当然在海德格尔这里则是由此在的"曾在"、"当前化"和"将来"所组成的图式结构。"我们把这个'绽出之何所至'标为绽出之境域，或者更确切地说，绽出之境域性图式。……正如绽出在其自身之内构建了时间性之统一，

---

① 同上，第 371 页。

② 同上，第 372 页。

③ 同上，第 372 页。海德格尔在《从莱布尼茨出发的逻辑学的形而上学始基》中，对时间性的分析没有采用如此复杂又晦涩的词语，而是采用"当时""现在""随后"这样的表示时间的词汇，与它们相对应的此在存在状态是"保留""当前化"和"期待"。参见海德格尔，《从莱布尼茨出发的逻辑学的形而上学始基》，第 281—283 页。

④ 海德格尔，《现象学之基本问题》，第 413 页。

⑤ 海德格尔，《存在与时间》（修订译本），第 375 页。

此类绽出之诸境域图式每每也就对应了时间性之绽出统一。"① 所以源始的时间的绽出特性就绽出了它自身的境域，时间性具有境域性的特征。第三，时间性的本质不是存在，而是到时。时间性作为源始的时间，既不流逝，也不消失，而是通过绽出来规定自身，依据不同源始性的绽出，到时就具有了不同的种类，得到了不同的规定。"时间性不是通过诸绽出的积累与嬗递才发生的，而是向来就在诸绽出的同等的源始性中到时的。但是在这种同等的源始性中，到时的诸样式复又有别。差别在于：到时可以首要地借不同的绽出来规定自身。"② 由此，恰恰是因为源始的时间也就是时间性具有绽出的、境域性的、到时的特性，所以此在的生存论建制亦即具有消散于世界之中的特性的此在的超越性以及此在的"在—世界—之中—存在"才能从中得到规定，也就是说，作为向世界超越的此在的"在—世界—之中—存在"就植根于源始的时间即时间性之中，"在其特殊整体性之中的'在—世界—之中—存在'之超越性植根于时间性之本源的绽出—境域性统一之中。"③

这样，我们也就通过本节展示了海德格尔在他对康德的《纯粹理性批判》中的时间学说进行现象学解读的基础上，是如何继续将康德的思路向前推进而走到他本人的时间性学说的，我们展示了海德格尔的具体思路和逻辑推演过程。

---

① 海德格尔，《现象学之基本问题》，第 414 页。译文有改动。

② 海德格尔，《存在与时间》（修订译本），第 375 页。

③ 海德格尔，《现象学之基本问题》，第 414 页。关于海德格尔对时间性的如上特征的分析，除了在《存在与时间》和《现象学之基本问题》的有关章节中读到之外，他还在《从莱布尼茨出发的逻辑学的形而上学始基》中有着相关论述，参见海德格尔，《从莱布尼茨出发的逻辑学的形而上学始基》，第 273—296 页。

第6章 海德格尔对康德的现象学解释与 他的思想转向之路

综上所述，本文以海德格尔对以时间学说为核心的康德哲学的现象学解释为研究对象，具体梳理并展示了海德格尔对康德哲学的现象学解释的思路和进程。通过这些详细甚至显得有些琐碎的分析，我们把海德格尔对《纯粹理性批判》的现象学解释中的几个紧要节点——作为纯粹知识之本质要素的纯粹直观和纯粹思维、作为将纯粹直观和纯粹思维契合（fuegen）在一起的纯粹综合和纯粹图式，以及作为纯粹综合和纯粹图式的发动者的超越论的想象力——的分析过程充分展示了出来。我们认为，海德格尔恰恰是通过对这几个关键性节点的分析，表明了或展示了康德的《纯粹理性批判》甚至是全部康德哲学为什么是一次为形而上学奠基的尝试：康德在《纯粹理性批判》中的全部工作最终深入到了超越论想象力这里。通过对作为感性和知性、直观和思维的"结构性中点"、纯粹图式和纯粹综合活动的发动者的超越论想象力的分析，康德意图解决的是超越如何可能的存在论问题。尽管康德在超越论想象力这个深渊面前退缩了，但他却走到了形而上学奠基的源头处并曾一度把这个源头揭示了出来。海德格尔指出，超越论想象力在形而上学奠基事业中之所以关键，是因为它充分展现了人类此在的有限性和超越性，它形象出了源始的时间而且自身就植根于这种源始的时间之中。

因此，通过超越论想象力，海德格尔以《存在与时间》中赢获的视域的指引之下，对康德时间学说的解读最终抵达了他对康德哲学进行现象学解释的终点或者说目的地，那就是对源始的时间的揭露。海德格尔不仅把康德那里的纯粹直观、纯粹图式归结到时间，而且甚至还把康德的"我思"或"先验统觉"归结到时间，认为它们自身内在地就具有时间性质。这样，康德哲学作为一次为形而上学提供奠基的尝试，在追问存在论问题的可能性的同时，实质上总围绕着人类此在的超越性、有限性来推进和展开自己的工作，并在这一工作进程中最终将时间性与对存在之领会结合在了一起。

不过，海德格尔指出，尽管康德向着基始存在论，确切地说是向着将存在和时间结合起来进行思考的这条道路上走了一程，但他最终还是没能走到基始存在论和《存在与时间》之中的时间性思想面前。之所以如此，主要是因为康德在超越论想象力这道"深渊"面前决定性地退缩了。正如我们前文所述，海德格尔认为，康德之所以"退缩"了，一方面是因为康德隐约意识到了超越论想象力的力量，这种力量很强大，但与此同时却很神秘和幽暗，所以让他惊扰不安。另一方面是因为在这个过程中他越来越对纯粹理性感到着迷，受它所吸引，因此便在第二版演绎中弱化了超越论想象力的力量和作用而突出和强化了纯粹理性的地位和作用。因此，海德格尔认为，康德在《纯粹理性批判》中的工作，向着他的基始存在论走了一程，因此可以被看作他的基始存在论的"历史性引论"。我们在本书的第五章中具体地展示了海德格尔究竟是怎样在康德的退缩之处继续向前推进而走到他本人的时间性思想的，展示了他的具体思路和逻辑进程。

然而，如果按照海德格尔的观点，康德在超越论想象力和源始的时间面前"退缩"了，那导致康德退缩的，只是因为他无法识别源始的时间的力量吗？如果我们立足于现象学的视角来看的话，除了我们在前文中论述的那些康德视角中的缺陷之外，康德哲学中是否还有其他一些导致他"退缩"从而无法完成现象学突破的决定性的局限？

另外，就海德格尔自己的思想发展历程而言，正如我们在导论中已经指出的那样，他的《现象学之基本问题》、《对康德〈纯粹理性批判〉的现象学解释》、《从莱布尼茨出发的逻辑学的形而上学始基》、《康德书》是在完成既有的已经出版了的《存在与时间》之后的作品。正如众所周知的那样，已经出版的《存在与时间》并不是一个全本，它只完成了海德格尔当初宣告的计划的三分之一左右。显然，他在《存在与时间》之后对康德哲学的解读，是为了完成《存在与时间》中已然宣告但尚未完成的计划亦即从时间走向存在以及解构存在论的历史做准备的。他自己也明确指出了这一点。然而，就在完成《康德书》之后不久，大约在30年代初的时候，他的思想发生了"转向"。他后期不再坚持从对此在的生存—存在论分析入手而得到的基始存在论的角度亦即不再坚持以时间为视野去追问存在的意义问题了。那么，海德格尔思想的这一明显转向与他的康德解释，特别是与他对康德的时间学说的现象学解释之间是否有关系？如果有关系的话，那必定是他在解释康德哲学的过程中遇到了困难，这困难是什么？这一困难与他的思想转向之间又有着怎样的内在关联？以上的这几个层面的问题就是本章尝试解决的问题。

6.1 海德格尔对康德的现象学解释中的"得"与"失"

我们在导论中曾经介绍过，海德格尔在 1927 年出版了《存在与时间》之后，在接下来的一系列讲座课程、作品和讲座中，不断地对康德哲学进行着现象学的解释。让我们再来回顾一下他的这些作品。他在《存在与时间》之后对康德哲学进行现象学解释的作品主要有：1）讲座课程作品：1927 年暑季学期的《现象学之基本问题》（GA24）、1927—1928 年冬季学期的《对康德〈纯粹理性批判〉的现象学解释》（GA25），1928 年暑季学期的《以莱布尼兹为起点的逻辑学的形而上学始基》（GA26），1928—1929 年冬季学期的《哲学导论》（GA27），1930 年暑季学期的《论人的自由的本质——哲学导论》（GA31）。2）专著：1929 年出版的《康德与形而上学问题》。3）演讲：1927 年 1 月 26 日在科隆康德协会地方小组的演讲："康德的图式学说与存在意义的追问"，1927 年 12 月 1 日在波恩康德协会地方小组的演讲："康德与形而上学问题"，1927 年 12 月 5—9 日在科隆与马克思·舍勒合开的讲座："康德的图式论与存在的意义问题"，1928 年中旬，在里加赫尔德协会假期高校培训班中的系列演讲："关于康德与形而上学"，1929 年 1 月 24 日在法兰克福康德协会的演讲："哲学人类学与此在形而上学"，1929 年 3 月 17 日—4 月 6 日在瑞士的达沃斯的演讲："康德的《纯粹理性批判》与为形而上学奠基的任务"。4）讨论班：1928—1929 年冬季学期的"现象学初级练习：康德的《道德形而上学基础》"，1931 年夏季学期的"初级练习，康德《论形而上学的进步》"。当然，我们其实也可以把 1925—1926 年冬季学期的讲座课程"逻辑学：关于真理之追问"以及同学期的讨论班"初级现象学练习，康德的《纯粹理性批判》"也纳入到这个范围中来。

通过我们上文的说明，我们可以看到，在海德格尔出版《存在与时间》之后到 30 年代初思想逐渐发生转向之间的这段时期，他如此频繁地研究、讲授、讨论康德哲学，并不是他偶意为之的结果，毋宁其背后是有着他深刻的思想背景和学理考虑的。在上述他对康德哲学进行现象学解释的作品中，我们认为《康德与形而上学疑难》亦即《康德书》以及它的原型《对康德〈纯粹理性批判〉的现象学解释》又是重中之重。海德格尔在这些年间之所以不厌其烦地对康德进行解释和研究，是符合他自己的思想逻辑的。如前所述，根据海德格尔在《存在与时间》第八节的构思，他在完成现有的《存在与时间》，给出了关于此在的生存—存在论即基始存在论，得到了追问存在的意义的视域——时间之后，接下来他要以此为线索去解构存在论的历史，从而一方面对传统中的哲学概念、体系进行解构，将被它们掩盖和遮蔽的源始经验松动、释放出来，另一方面要通过这个过程完成从时间到存在的思路，进而从基始存在论进入到一般存在论。而在他解构存在论历史的计划中，首先就需要对康德进行解构。因此，我们看到，他这些年对康德的解释工作实质上都是为了完成《存在与时间》中提出的计划而准备的。海德格尔也在《康德书》的第一版序言中明确地说道："对《纯粹理性批判》的这一阐释与最初拟写的《存在与时间》第二部分紧密相关。"①

那么，在这种意义上，我们是否可以把海德格尔1929年出版的《康德书》就看作《存在与时间》中的第二部的第一篇即"康德的图式说和时间学说——提出时间状态问题的先导"呢？严格意义上来说是不可以的，因为同样在康德书的第一版序言中，海德格尔说，"在《存在与时间》的第二部分中，本书研究的主题将在一个更为宽泛的提问基础上得到探讨。……目前的这本书应当成为其准备性的补充。"②因此，这也就意味着，海德格尔在《存在与时间》之后以《康德书》为核心的一系列康德研究都是在为完成《存在与时间》中的计划在做准备。我们在阅读海德格尔的《康德书》以及他这一时期的其他康德解释作品时一定要始终铭记此点。

不过，除此之外，海德格尔在写作《康德书》时还有一个目标，那就是为他的《存在与时间》正名。因为在《存在与时间》出版后，虽然立即就产生了巨大影响，但误解却也相伴而生，很多人认为《存在与时间》是

---

① 海德格尔，《康德与形而上学疑难》，第一版序言。
② 同上。

一本哲学人类学①著作。（甚至胡塞尔在30年代重读《存在与时间》时也持有这样的看法，认为海德格尔和舍勒一起堕入哲学人类学的窠臼之中去了，他们的工作几乎和他的现象学没什么关系。）面对这种局面，海德格尔当然一方面很委屈，另一方面很不满。因为他一直认为自己致力于从事的是存在论工作。所以，为了澄清此点，他也走到了对康德哲学，尤其是对《纯粹理性批判》进行现象学解释这里来。同样是在《康德书》的第一版序言中，海德格尔说："本书作为'历史性'的导论会使得《存在与时间》第一部分中所处理的疑难所问（Problematik）更加清晰可见。"②在这里，我们要尤其强调一下，《康德书》的第一版前言写于1929年，这时他的思想仍然处于《存在与时间》之中的思路的笼罩下。

因此，海德格尔在《存在与时间》之后到思想在30年代发生转向之前的以《康德书》为核心而对康德哲学进行的现象学解释工作，就有了两幅面孔。一方面，它是《存在与时间》中计划的一部分，另一方面，它又构成了《存在与时间》的"历史性导论"，因此，海德格尔在以《康德书》为核心的对康德进行的现象学解释的作品与《存在与时间》之间便有了一种"解释学循环"的关系。如果按照海德格尔的看法，对"解释学循环"的恰切理解就是正确地进入这个"解释学循环"。不过，从海德格尔已经出版的《康德书》及其后续的著作来看，他把《纯粹理性批判》作为《存在与时间》的"历史性导论"的这一点的确是阐释清楚了。但另一方面，

① 其实，如果客观地说，别人对《存在与时间》会产生"哲学人类学"的误解也是有道理的，因为从出版的《存在与时间》来看，它只完成了计划中的三分之一。因此，海德格尔在《存在与时间》中并没能把他完整的思路表达出来。他完整的思路应该是，首先指出存在论的主导问题应该是追问存在的意义问题，而在对这个问题的追问中，此在在存在论层面和存在者层面均具有优先地位。因此要通过对此在的生存—存在论分析敞露出时间性。这是从存在到此在，再由此在到时间性（Zeitlichkeit）和时间（Zeit）的思路。在此基础上，他要以时间状态（Temporalitaet）为线索去解构存在论的历史，进而从时间走到揭示存在的意义的思路上。但由于他的计划没能完成，从已经出版了的《存在与时间》的内容来看，毋宁改称《此在与时间性》反倒更为恰切些。就海德格尔的"此在"（Dasein）就是"人"来说，《存在与时间》就完全有可能被人误解为一种哲学人类学。但海德格尔对此却十分不满，他认为自己进行的工作不是哲学人类学的工作，他从事的是存在论的奠基工作，这种工作要比哲学人类学源始和深刻得多。哲学人类许毋宁要在存在论的基础上才有可能。其实，海德格尔的Dasein虽然就是人，但二者并不能简单等同。因为海德格尔用Dasein这个词实质上取得时"存在在此"的意思。它取得只是人的生存—存在论意义上的规定，它并没有人类学意义上的人格性和肉身形等属性。海德格尔自然不愿意自己的工作被别人误解，所以在《存在与时间》之后，他出版《康德书》，有一个很重要的目的就是要表明，康德从事的工作实际上是自己的基始存在论事业的先导，他和康德一样，致力于解决的是形而上学奠基问题，而不是要构建一种哲学人类学。

② 海德格尔，《康德与形而上学疑难》，第一版序言。

他在以《康德书》为核心的对康德的现象学解释的作品中却没能完成《存在与时间》之中的计划，即他并没能在康德的"图式"论那里真正地建立起时间和存在之间的关系。

那么，这也就意味着，海德格尔在对《纯粹理性批判》的现象学解释中有"得"有"失"。就其"得"亦即成功的一面来说，即他通过对《纯粹理性批判》的逐步分析和解读表明，康德哲学的主旨是提供一次为形而上学奠基的工作，因此康德的第一批判，乃至他的全部哲学致力于解决的是存在论如何可能的问题。而在他解决这个问题的过程中，通过把形而上学的奠基置放在超越论想象力之上，而后者又形象出了源始的时间，因此康德哲学便凸显出了人类存在的有限性、超越性以及时间性。尽管康德在超越论想象力和时间性这个突破性的发现面前决定性地退缩了，但他依然是向着《存在与时间》中将时间和存在联系起来思考的第一人也是唯一一人。所以，海德格尔通过这种解读就意图表明，他的《存在与时间》并不是前无古人、横空出世的，康德就是他的先驱！他自己的工作无非是将康德在《纯粹理性批判》中已经意欲说出但最终却没能说出的意思极端化、表达了出来而已，因此他们俩一样，从事的其实都是存在论的工作，都是在处理形而上学奠基的问题。这样，他的《存在与时间》根本就不是什么哲学人类学。

然而，海德格尔对康德哲学的现象学解释，有"得"的同时也有"失"。就后者而言，它主要体现在，海德格尔对康德哲学进行现象学解释，以为完成《存在与时间》中解构存在论历史作准备的工作并没能开花结果：从严格意义上来说他并没能在康德的图式论中解构出时间与存在之间的联系。① 他得到的无非是《存在与时间》的前身亦即一个"历史性的导论"而已。这是问题的一个方面，问题的另一方面在于，在他完成《康德书》后不久，居然以发表《论真理的本质》的演讲（1930 年）为标志，思想发生了"转向"。他竟然放弃了《存在与时间》中的思路！那么这就自然意味着他同时放弃了以时间为视野去解构存在论历史的计划。鉴于海德格尔发表《论真理的本质》的演讲与他的《康德书》为代表（包括《现象学之基本问题》、《对康德〈纯粹理性批判〉的现象学解释》、《从莱布尼

---

① 不过，虽然海德格尔在《康德书》中将注意力和重心更多地放在了超越论想象力和它产生的源始的时间性上，但并不意味着海德格尔对康德的图式论不重视。恰恰相反，他在《康德书》中给予了图式论相当重要的地位。我们只是说他并没能像《存在与时间》中计划的那样去解构图式中时间和存在之间的关系而已。不过，海德格尔在《现象学的基本问题》中曾经向着这个目标走了一程。详情参见海德格尔，《现象学之基本问题》，第 403—414 页，"在—世界—之中—存在、超越与时间性绽出的时间性之境域性图式"。

茨出发的逻辑学的形而上学始基》、《形而上学的基本概念——世界、有限性、孤独性》和《论人的自由的本质——哲学导论》）的对康德的现象学解释的作品之间在时间上如此接近，那么，在这个表面的看似偶然的联系背后，是否有更深层次的原因呢？海德格尔的思想"转向"与他的康德解释之间是否有什么关系呢？莫非是他在解读康德哲学的过程中遇到了什么困难，这一困难使他的思想面对一种窘境，从而不得不进行"转向"？的确如此，我们认为，海德格尔在对康德进行现象学解释的过程中，尤其是在《康德书》中遇到了困难，为了应对和回答这些困难，他的思想不得不发生一些变化。海德格尔说康德在超越论想象力这道深渊面前遇到了困难，所以不得不"退缩"。其实，海德格尔在对康德哲学的解读过程中又何尝不是也遇到了类似的"深渊"？那么，他遇到的难题是什么呢？

6.2 海德格尔的康德解释与他的思想转向之路

6.2.1 海德格尔在《康德书》中遭遇的困难

我们认为，海德格尔在《康德书》中对《纯粹理性批判》进行现象学解释时，主要思路是很清楚的。即从将纯粹知识的构成要素拆解成纯粹直观和纯粹思维两个要素，进而引出将它们"契合"在一起的纯粹综合和图式论，然后通过纯粹综合和图式论引出作为它们根基的超越论想象力。而在超越论想象力的活动中给出源始的时间，进而在这个过程中展示出人的有限性、超越性以及由超越论想象力而来的时间性。最后指出，康德以这种方式向着《存在与时间》和基始存在论走了一程。在海德格尔看来，尽管康德在《纯粹理性批判》中意欲通过解决"先天综合判断如何可能"的问题提供一次为形而上学奠基的工作，但却在他能达到的形而上学奠基的"源头"处，即超越论想象力和源始的时间这里，因为缺乏一些根本性的视角突破，譬如没有意识到作为主体的人首先不是认识着的人，而是在—世界—之中—存在的人，依然停留在近代以来的时间观的立场上而没有看到源始的时间是绽出式的时间等，从而导致他在超越论想象力和源始的时间——其实也就是在基始存在论面前的退缩了。但在他具体地解读康德的《纯粹理性批判》时，却至少遇到了两个困难，这两个困难在某种意义上对他的思想转向十分关键。我们认为，这两个困难一个来自于他对康德的"超越的对象=X"的解读所引出的"虚无"问题，一个来自于他对康德的

"超越论幻相"的解读所引出的"非真理"问题。接下来，我们将尝试把海德格尔遇到的这两重困难呈现出来。

关于第一重困难。这一重困难出现于海德格尔谈论康德的"超越"论题中。海德格尔指出，"超越"是康德哲学中的重要论题。康德的超越论演绎就是为了揭示或者展现有限性的人的有限理性的超越问题的。正是因为人是有限性的，所以人无法像神那样通过源始的直观一方面创生作为认识对象的存在者，一方面形成知识。人的直观是派生的、有限性的直观，所以人的知识的形成必须一方面依赖于事先已经存在了的存在者，另一方面依赖于直观和思维的共同作用。这样，就涉及认识对象的形成问题。海德格尔指出，形成认识对象的过程就是超越的过程，在有限的本质存在（Wesen）的这种超越活动中，一方面产生"让对象化"活动，另一方面产生这一"让对象化"活动能够活动于其中或运作于其中的境域。

我们先来看"让对象化"活动，在所谓的"让对象化"活动中，实质上又包含两个方面的内容，一方面是让存在者站出来并转到有限的本质存在即人对面而面对人站立。另一方面是人也要能够从自身出发转过来面向那对面而立的存在者。在双方之间都存在着这样的"转过来面向……"（Zuwendung-zu……）的活动。不过，这两方面都是人的活动的产物。都依赖于主体的主体性。其中，人从自身出发"转过来面向……"的这一活动更具有主导性或者说优先性。不过，海德格尔关于这一点说了一段匪夷所思的话，"我们让其从我们出发来对象化的那个东西是什么？它不能够是存在者。但如果不是存在者，那就是虚无。只有'让对象化'延伸自己一直到虚无之中，表像活动，而不是虚无，才能够让某种并非虚无的东西（ein nicht-Nichts），即不是虚无，而是让像存在者那样的东西——假设它正好也经验地显现自己——来相遇，而且是在虚无中来相遇。这个虚无完全不是 *nihil absolutum*〈绝对的虚无〉，它和那'让对象化'有怎样的因缘关系，值得讨论。"[①] 海德格尔的这段话说得比较晦涩，不免让人有费解之感。但恰恰是在这些让人觉得"晦涩"和"费解"之处，悄悄地隐藏着困难。海德格尔在这里指明，"让对象化"活动要能够延伸到虚无之中，才能让表像在虚无之中让存在者在这种虚无中来相遇。那这也就是说，让对象化的活动最终必须要以虚无为背景，并活动于这个虚无之中，唯有如此，有限的此在的表像活动才能让存在者前来遭遇。但海德格尔为什么要如此费力呢？主要原因还在于他必须要能够揭示超越现象。因为只有在超越活

①　海德格尔，《康德与形而上学疑难》，第 67 页。

动中，作为对象的存在者才能前来遭遇。海德格尔指出，在这个过程中会形成经验性的图像和纯粹图像亦即图式。超越这种"让对象化活动"会在图像和图式的形象（bilden）活动中充分地体现出来。而在"图像"和"图式"的形成过程中，"图式"也就是纯粹图像更为基本。正如我们在前文中所曾介绍过的，纯粹图像的形成和纯粹综合活动紧密联系在一起，是"时间性地形象着"（zeitbildend），是后象、映象和前象的共属一体性结构。这也就是海德格尔说的源始的时间，而形成源始的时间的是超越论的想象力。就超越论的想象力体现了主体的主体性并形成了源始的时间和纯粹综合活动而言，它就具有了一定的创生性。作为超越的"让对象化"活动只有追溯到超越论想象力这里才能得到真切的理解。然而，超越论想象力的这种具有一定的创生性的超越活动，它的活动需要一定的境域，而这个境域不能是存在者，而只能是虚无。但这个"虚无"与作为"让对象化"的超越活动之间，究竟有着怎样的关联，海德格尔此刻却并不很明晰，它依然处于有待研究和澄清的阶段。"这个虚无……它和那'让对象化'有怎样的因缘关系，值得讨论。"[①] 甚至关于这个虚无本身该如何理解，在存在论上又该给予它什么样的说明海德格尔此时实际上也是不清楚的。

我们上一段集中讨论了在"让对象化"活动中的主体性面向的这一面，亦即是从人的主体性能力这个角度来考察的。但作为超越的"让对象化"活动，还涉及人的在先的"转过来面向"所要面向的东西，亦即对象性面向的一面。海德格尔指出，这个在自身中站出并转到有限的本质存在对面而面向人而立的、作为人在先的"转过来面向"所要面向的东西，就是"超越论的对象 =X"，"这个在先的'转过来面向'中所向的东西，因此就可以'被称为非经验的……对象 =X'"。[②] 那这个 X 是什么呢？"康德将这一 X 称为'超越论的对象'，亦即在超越中并通过作为其境域的超越而可得以一瞥的对举者。……在存在论的知识中得到知悉的 X，依其本质就是境域。"[③] 海德格尔指出，这个 X 是不可认识的，它只是一个纯粹的境域，在这种意义上，它是"虚无"（Nichts）。因此，超越活动，作为与这种"超越的对象 =X"的关联活动，它的基本工作就是把"虚无"这种境域形象出来，也就是让它保持开放、保持敞开，从而能让存在者能够在这个敞开的境域中被遭遇。"超越之形象活动不是别的什么，而是境域的

---

① 海德格尔，《康德与形而上学疑难》，第 67 页。
② 海德格尔，《康德与形而上学疑难》，第 116 页。
③ 同上，第 117 页。

保持开放（Offenhalten），在这里，存在者的存在可先行地得以瞥见。"① 海德格尔因此把超越称作"源生性的真理"。在这种源生性的真理中，存在得以敞开和揭露，存在者得到公开。"超越就是源生性的真理。但是，真理自身必须分身为存在的展露与存在者的公开。"② 不过，虽然超越这种源生性的真理是让存在和存在者展示、揭露和公开出来，但当海德格尔遭遇到康德的先验幻相（在海德格尔眼中是"超越论幻相"）时就遇到了另一重困难。

"超越论幻相"在海德格尔的《康德书》中最后出场（全书的倒数第二页）。其实，如果不是因为这个"超越论幻相"，我们几乎可以说海德格尔对康德的《纯粹理性批判》的现象学解释的思路几乎是全然通顺的：他以现象学的"现象"思路消解了康德那里的物自体，以追踪形而上学奠基的基源的方式追踪到超越论想象力，认为超越论想象力是康德全部哲学的关键，超越论想象力产生了源始的时间，不仅纯粹直观和纯粹图式是时间性的，就连自我和"我思"都内在地具有时间性质，源始的时间是曾在、当前化和将来共属一体式地从将来绽出性地到时，因此，作为主体的"我"是有限性的、超越的、具有时间性。如果在这个思路中能补足"世界"这个维度，那么，就会达到海德格尔的《存在与时间》中的思路了。然而，康德那里还有一个"先验幻相"（海德格尔现象学视角中是"超越论幻相"）！

如何处理这个超越论幻相呢？可以把它绕过去么？事实上康德在《纯粹理性批判》中之所以要解决先天综合判断如何可能的问题，就是要一方面要为知识的普遍必然性做论证，另一方面就是防止人类的认识做超验的运用，就是为了要防止先验幻相的产生。所以，即使海德格尔对康德的《纯粹理性批判》做了现象学的解读，将物自体变成了现象学视野中显现着的现象，但却无法绕过这个"超越论幻相"。海德格尔把超越论幻相定义为"超越论的非真理"，并指明它与超越论真理是统一的，而且认为它与超越论真理均来自人的有限的本质。但海德格尔对这种超越论的非真理却并没有给出进一步的论述。只是以一系列开放性的疑问结束了整部康德书。

海德格尔在《康德书》中为什么不对作为超越论幻相的超越论的非真理进行进一步的描述和说明？在我们看来，海德格尔在这个问题面前实质上遇到了困难。主要是因为，正如我们前文所指明的，海德格尔在《康德

---

① 同上，第118页。
② 同上，第118页。

书》中认为，康德在《纯粹理性批判》中提供了有关超越的超越论真理，而有关超越的这种超越论真理亦即源生性的真理主要是说，人亦即此在在自己的超越活动亦即"让对象化"活动中让存在和存在者公开、显示出来。而如果我们结合海德格尔在《存在与时间》中的真理思想来看的话，会发现《康德书》中的作为"源生性的真理"的超越论真理与《存在与时间》中的真理观是一脉相承的。它们都有着让敞开、让显示、让公开出来的意思。然而，作为超越论幻相的超越论的非真理与这两者却显得格格不入。因为超越论的非真理显然具有的是负面、否定的意味。而海德格尔又说这种超越论的非真理与超越论真理是内在统一于人的有限性的本质之中。然而，这种统一又如何可能？什么是超越论的非真理？超越论的非真理与超越论的真理之间究竟又有着怎样的统一关系？这些问题都是海德格尔在《康德书》中已然面对然而却没能解决的问题。

　　而返回头来我们再看，前文中所说的虚无（Nichts）问题，对于海德格尔来说同样是一个需要解决的问题。因为尽管他在《存在与时间》中，通过对此在的生存—存在论分析，特别是对此在的"畏"的现象学分析，曾经讨论过这个"无"的问题，但实际上这两种"无"并非全然相同的"无"。因为他在这里谈论的"无"更多的是在存在论层面上的更为源始的"无"，在某种意义上，它是比此在在生存中所能遭遇的无更为源始的无。单纯从《存在与时间》中的视角出发，并不能全然把握这里的这个"无"。恰恰是这个"无"以及上文谈到的"超越论的非真理"，是海德格尔在《康德书》中遭遇的，然而却并未能梳理清楚的"难题"，而恰恰是这两个问题，成为了海德格尔在《康德书》之后不断讨论的问题，我们认为，也恰恰和对这两个问题的思索相关，海德格尔的思想转向了后期。

6.2.2 海德格尔的思想转向之路

　　海德格尔在《康德书》中遭遇的这个"无"的问题和"超越论的非真理"的问题，成为了他在《康德书》之后的几份作品中的研究主题。这些作品主要有：1929 年 7 月 24 日于弗莱堡大学做的教授就职讲座作品《形而上学是什么？》，为胡塞尔 70 寿辰所做的文章《论根据的本质》以及1930 年的讲座作品《论真理的本质》。如果结合海德格尔终生的思想发展情况，我们可以把他这段时期的思想看作是他由前期向后期转变的关键性过渡阶段。因为海德格尔在《关于人道主义的书信》中明言，以《论真理的本质》为标志性的开端，他的思想发生了转向。"我的演讲《论真理的本质》是在 1930 年思得的，……这个演讲对那个从'存在与时间'到'时间与存在'的转向之思想作了某种洞察。这个转向并非一种对《存在与时间》的观点的改变，不如说，在此转向中，我所尝试的思想才通达那个维度的地方，而《存在与时间》正是由此维度而来才被经验的，而且是根据存在之被遗忘状态的基本经验而被经验的。"① 所以，我们认为，他在这段时期思考的主题对于我们理解他的思想转向之路具有十分重要的意义。

在《形而上学是什么？》之中，海德格尔对"无"进行了思考，在《论根据的本质》中，海德格尔探讨了超越、世界、根据和自由之间的关系，而在《论真理的本质》中则主要讨论了作为解蔽的真理与作为遮蔽的非真理之间的关系，并在此基础上指出二者实质上是统一在一起的。由此，他的这几篇文章所探讨的问题实质上是接续我们上文所述的、他在《康德书》中遇到的那两个问题而进行的探讨。恰恰是通过对这几个问题的思考，海德格尔逐渐走出了《存在与时间》中设计好的以时间为视野去追问存在的意义问题的思路，也就是说他走出了对此在的生存—存在论分析的思路，鉴于他对此在的生存—存在论分析向来就是他的解释学的现象学的研究内容，所以他后期也不再坚持声称自己的哲学是"现象学的"，甚至在他后期的作品中（一些回顾性的作品除外），"现象学"这个词出现的频率也越来越低。

为了更好地看清楚海德格尔的思想转向之路，我们接下来将首先大致地展示海德格尔在这几篇文献中是如何思考《康德书》中遗留下来的这两个问题即"无"和"超越论的非真理"的，继而结合他后期的代表作《哲学论稿——从本有而来》中的基本思想来进一步展示这两个问题对他的思想转向之路的影响。

海德格尔在《形而上学是什么？》和《论根据的本质》这两篇文章中，从不同的角度对"无"进行了思索，海德格尔本人也指出，《形而上学是什么？》这篇文章中是从对存在者的角度对"不"（das Nicht）的探讨，而《论根据的本质》则是从存在论差异亦即存在与存在者之间的区别的角度对"不"（das Nicht）的探讨。而这两种对"不"（das Nicht）的探讨其实是"同一者"。② 这两种"不"实质上都和"无"（das Nichts）的问题紧密关联在一起。但这个"无"则又和"超越"问题内在勾连。在《论根据的本质》中，海德格尔将超越理解为此在的"在—世界—之中—存在"，这

---

① 海德格尔，《关于人道主义的书信》，载于海德格尔，《路标》，孙周兴译，北京：商务印书馆，2011年，第385页。

② 参见海德格尔，《论根据的本质》，载于海德格尔，《路标》，孙周兴译，北京：商务印书馆，2011年，第142页。

个思路承接了他先前的思路。而在《形而上学是什么？》中，他则把"超越"和"无"联系在一起进行思考，把"超越"称为，"超出存在者之外的存在状态"。① 而这种"超出存在者之外的存在状态"，则是此在将自身与"无"关联起来时才能达到的状态，显然，海德格尔这里的意思就是我们在上一节讨论《康德书》中他谈到"让对象化"活动时谈到的"让对象化"活动要让自己延伸到虚无之中时，所要表达的意思。海德格尔指出，"此在"的存在向来是存在在此，在此在的存在在此的生存活动中有"此"存在，而"此之在意谓：嵌入到无中的状态"。② 只有此在将自身嵌入到无，"超越"才得以发生。"把自身嵌入无中时，此在向来已经超出存在者整体之外而存在了。"③ 如果此在没有能够将自身嵌入无中，那么，超越就是不可能的，进而此在与存在者相遇、打交道这种事情就是不可能的，从而，此在自身的存在的敞开状态也是不可能的。

不过，这种意义上的"无"是由谁开启出来的呢？海德格尔指出，理智在这件事情上是无能为力的。靠逻辑和推理的方式始终无法给出源始的"无"，而只能靠人生之基本情调（Stimmung）才能够做到这件事。海德格尔指出，这样的基本情调或基本情绪（Stimmung）就是"畏"（Angst）。"我们所畏和为之而畏的东西的不确定性却并不是缺乏确定性，而是根本不可能有确定性。"④ "畏把无敞开出来"（Die Angst offenbart das Nichts）。⑤ 然而，值得我们注意的是，海德格尔在这里所说的"畏"和"无"与他在《存在与时间》中所谈论的"畏"和"无"并不完全相同，已经有所区别了。在《存在与时间》中，海德格尔谈到的"畏"（Angst）是当此在面对"死亡"这种无可逃避的、确知会来但又不确定何时降临的不可能的可能性时的基本情绪，因此，只有此在面临"死亡"这种本己的不可能的可能性时才会开启出来。然而，在《形而上学是什么？》中谈论"畏"时，海德格尔却并没有谈到"死亡"的作用，反而说源始的畏是随时都会苏醒的，它的发动并不需要某个特别的事件。"源始的畏在任何时刻都能够在此在中苏醒。为此它无需通过非同寻常的事件来唤醒。"⑥

鉴于超越就是形而上学的主题，而超越由"无"开启，所以，"无"就应该成为形而上学的主题。海德格尔指出，哲学和形而上学是一体的，

① 海德格尔，《形而上学是什么？》，载于《路标》，孙周兴译，第 133 页。
② 同上，第 133 页。
③ 同上，第 133 页。
④ 同上，第 129 页。
⑤ 同上，第 129 页。
⑥ 海德格尔，《路标》，第 136 页。

就哲学的首要意思是个动词即"哲思"而言，哲学让形而上学得以发动和运转起来，而就形而上学是哲学的主题而言，形而上学的活动让哲学得以被规定、获得自己的内容。所以，无论是哲学还是形而上学都有赖于通过哲思的发动者，这就是此在的"本己的生存"，但如何发动这本己的生存呢？海德格尔不再强调死亡对于此在的本己的生存的组建性意义，而开始强调一种"独特的跳跃"，这种"独特的跳跃"是面向此在的整体可能性的起跳，是向此在生存的本己可能性的整体之中的跳跃。海德格尔指出，只有完成这种跳跃，哲学才能发动起来。然而，为了准备这种跳跃，却有几件关键性的事情需要得到先行处理："首先，赋予存在者整体以空间；其次，自行解脱而进入无中，也就是说，摆脱那些人人皆有并且往往暗中皈依的偶像；最后，让这种飘摇渐渐消失，使得它持续不断地回荡入那个为无本身所趋迫的形而上学的基本问题之中：为什么竟是存在者存在而无倒不在？（Warum ist ueberhaupt Seiendes und nicht vielemehr Nichts?）"[①] 在这里，海德格尔说的"跳跃"、"无"以及"为什么竟是存在者存在而无倒不在"这个形而上学的基本问题，都是《存在与时间》乃至《康德书》中未曾展现出来的思想。但为了更好地看清楚海德格尔的思想转向之路，我们接下来要转而探究海德格尔在《论真理的本质》（1930）中对《康德书》中遗留的另外一个问题即"超越论的非真理"的探讨，然后再结合这两方面的因素来探讨海德格尔向后期思想的"转向"。

在《论真理的本质》中，海德格尔对"真理"问题进行了解释。正如他在《存在与时间》中所坚持的那样，他认为真理不应该从符合论意义上来理解，即真理不应该是符合论意义上的真理。而应该从 ἀλήθεια（真理）这个词的源始意思——"去除遮蔽"——来理解。但是，用"去除遮蔽"这种让存在者存在或者说让存在者敞开的意思无法解释《康德书》中提出的超越论幻相。他将称超越论幻相称为超越论的非真理。不过，海德格尔曾指出，超越论的非真理与超越论的真理亦即源始的真理之间并不是矛盾关系，毋宁二者在本质上相互统一在一起。然而，这个非真理与作为"去蔽"意义上的真理之间的关系，恰恰是有待解决的。因此，他在《论真理的本质》中来讨论这个问题。

海德格尔指出，真理是"解蔽"，是"去除遮蔽"，它指的是去除存在者身上的遮蔽，从而让存在者的存在呈现出来或敞开出来，即让存在者存在，就让存在者存在就是自由而言，真理就是自由。"真理的本质揭示自

---

① 同上，第 141 页。

身为自由。自由乃是绽出的、解蔽着的让存在者存在。"①然而,海德格尔又指出,在真理运作过程中,即它在去除存在者身上的遮蔽、让存在者存在的过程中,却总产生了遮蔽。"让存在"在去蔽的过程中也在制造着遮蔽。甚至在某种意义上,这种遮蔽状态要比去蔽状态来得更为源始、更为古老。海德格尔将这种对存在者整体的遮蔽状态称为"根本性的非真理"。"存在者整体之遮蔽状态,即根本性的非真理,比此一存在者或彼一存在者的任何一种可敞开状态更为古老。它也比'让存在'本身更为古老,这种'让存在'在解蔽之际已然保持遮蔽了,并且向遮蔽过程有所动作了。"②而这个"被遮蔽者之遮蔽",则被海德格尔称为"神秘"(das Geheimnis)。尽管在《论真理的本质》中,他还将"对存在者的遮蔽"称非真理,但他此时已经将这种"遮蔽"与作为真理的"解蔽"紧密联系在一起,并认为二者本质上是内在统一的。对这个真理问题的进一步思索,就必然要求进一步地追问这二者之间的本质性关联。

这样,随着对《康德书》中所遭遇的两个问题,即"无"和"非真理"的思考,海德格尔来到了一个对于他的《存在与时间》中的思想来说全然陌生的领域了。然而,来自问题和思想的压迫促使他必须进一步地向前走,以便去解决这些问题。于是,随着对这些问题的深入思考,海德格尔的思想"转向"便不可避免地发生了。首先,关于"无"的问题的思索,使得海德格尔面对这样一个问题,它对于形而上学来说十分关键,即,"为什么竟是存在者存在而无倒不在?"(Warum ist ueberhaupt Seiendes und nicht vielemehr Nichts?)在这个问题面前,此在具有优先性吗?没有!作为人的此在不过和其他的存在者一样,微不足道而已。"如果想要就'为什么竟是存在者存在而无倒不在?'这个问题的本来意义展开这个问题的话,我们必须摒弃所有任何特殊的个别的存在者的优越地位,包括人在内。因为这个存在者有什么希奇?……在千百万年的时间长河中,人类生命的延续才有几何?不过是瞬间须臾而已。存在者整体中,我们没有丝毫的理由说恰是人们称之为人以及我们自身碰巧成为的那种存在者占据着优越地位。"③由此,对这个问题的追问要求人们放弃此在的优先性地位,而去追问那让基始存在论得以可能的东西,即要去追问比那基始存在论更为源始的东西,毋宁是这一更为源初的东西,让基始存在论成为可能。其次,关于"非真理"的思索,使得他将作为"非真理"的"遮蔽"和作为"真理"

---

① 海德格尔,《论真理的本质》,载于《路标》,孙周兴译,第 221 页。
② 海德格尔,《路标》,第 223 页。
③ 海德格尔,《形而上学导论》,熊伟、王庆节译,北京:商务印书馆,2010 年,第 6 页。

的"去除遮蔽"并置在一起进行思考，并进一步地去探究它们之间的本质关系的思路上去了。而对于这个问题的思考，最终使他对真理的看法发生了转变，由前期认为真理是"去除遮蔽"而转向了认为真理是这二者的共同运作，真理变成了"有所遮蔽的澄明"。海德格尔开始去探讨"存有之真理"（die Wahrheit des Seyns）的问题。和这两者相关，海德格尔的思想就转向了"后期"。而追问"存有之真理"以及要将《存在与时间》中的思想进一步引向深入的工作，就是他在后期思想中尤其是《哲学论稿》中要解决的问题。

海德格尔在《康德与形而上学问题》的第四版序言中，清楚地点明了从《康德书》到后期思想转变的这条道路。他在第四版序言中首先引述了一张他自己写于1930年代中期的小纸条。这张小纸条中描述了他的《康德书》和《存在与时间》的关系，即要把《康德书》当作《存在与时间》的"避难出路"，不过与此同时它也记录下了《康德书》的问题，以及解决这些问题的出路。在这张小纸条的最后几行写着这样的话："但同时：本己的道已被遮断，/曲径丛生。/参见第4章。/《论稿》—新的开端之开端—反思概念。"①这就意味着，对于《康德书》的成就也好，问题也罢，需要结合《哲学论稿》来看，才能充分评估出它的意义和价值。

在《哲学论稿》中，海德格尔要做的工作是从形而上学的主导问题——即通过存在者的存在来追问存在问题——转向形而上学的基础问题——即追问作为本有（Ereignis）的存有（Seyn）②和作为存有（Seyn）之真理（Wahrheit）。在这种"转变"中，要实现思想从形而上学的"第一开端"向"另一个开端"的过渡。在这个过程中，海德格尔认为，哲学、存有、思想都是历史性的。在海德格尔看来，《存在与时间》中的工作，对存在的思索尚不够源始，它还需要向《哲学论稿》中有关作为本有的存有和存有之真理的思想前进。

海德格尔在《康德书》的第四版前言中所引用的那张小纸条是有道理的，因为他在《哲学论稿》中不仅回应了我们前文所述的他自己在《康德书》中遇到的困难，而且也多次在行文中讨论康德哲学以及他的《康德书》，也曾讨论过他的《康德书》中遇到的困难。他认为，康德对"我"的思考依然秉持的是一种主体主义的立场，但尽管如此，对康德的解释依然无法绕过"离基深渊"（Abgrunden）。他认为，康德的"图式和超越论

---

① 海德格尔，《康德与形而上学疑难》，第四版前言，第2页。

② 海德格尔在思想转向后，逐渐地放弃了为形而上学奠基的想法，他认为形而上学思得不够源始，因此需要被克服。所以他试图用 Seyn 来取代传统形而上学中的 Sein 这个范畴。

想象力"就构成了这样的"离基深渊"。而真正要紧之事是要充分重视这一"离基深渊",把它当作一种"存有之开抛"。把握这一点之所以重要,是因为它是把握存有之真理的需要。"思想跃'入'存有之真理中,必定同时也使真理之本质现身跃起,在一种开抛之抛投中确定自身并且成为内立的。"①

但是,要想做到这一点,却必须有思路上的转变,即不能"主观地"阅读康德,而必须要依据"此—在"来阅读康德时才行。这么做是为了进入有关存有之真理的思想的一个步骤。"这种思想不再把开抛理解为表像之条件,而是把它理解为此—在(Da-sein),理解为一种已经得到实现的澄明的被抛状态——这种澄明的首要之事依然是允诺遮蔽、因而使拒予敞开出来。"② 显然,海德格尔在这里所说的"允诺遮蔽的澄明",就是存有之真理。

海德格尔指出,在"此—在"(Da-sein)和存有(Seyn)之间有一关联。这就是"此在"向来对"存有"有着一种"存在理解"。然而,在《哲学论稿》中,海德格尔的理解相比《存在与时间》中却有了不小的变化,他认为,"此—在"本身已经克服了一切主体的主体性。已经不再能从"人"的角度予以把握,而必须从"在之此"的角度来把握了。这是有道理的,因为在他的《存在与时间》中他要通过对此在的生存—存在论分析赢获时间性,进而从时间走向存在,但他的时间性始终和此在的生存紧密联系在一起,即使他在康德的图式论中看到了存在与时间之间的关联,他对康德时间学说进行现象学解释的结果依然还是此在的时间性。然而就像他在存在论差异中指出的存在不等于存在者一样,存在也不等于此在的存在。此在的存在始终与人的存在联系在一起,就势必具有主体性的特征。为此,要真正地把握存在,就要从此在的存在走向存在。同时,他在《哲学论稿》中把"理解"领会为"开抛"。这种开抛作为一种被抛的开抛,属于本—有(Er-eignis)。③ 在他看来,通过对康德的超越论想象力和超越论筹划(transzendental Entwurf)进行一种暴力解释,可以向着将"此—在"和"存有"结合起来之近处走上一程。然而,尽管如此,在他看来,由于康德依然受制于古希腊和笛卡尔的思想传统,他把存在者当成了对象,因此便无法真正地向"此—在"突破,无法去追问和展现作为有所澄明的

---

① 海德格尔,《哲学论稿(从本有而来)》,孙周兴译,北京:商务印书馆,2012年,第470页。

② 同上,第472页。

③ 参见海德格尔,《哲学论稿(从本有而来)》,第265页。

遮蔽的存有之真理。"因此，思想便不可能达到一种对此—在的建基，亦即说，关于存有之真理的问题在这里是不可追问的。"①

恰恰是因为这些困难，海德格尔思想不得不走上一条从《存在与时间》到《哲学论稿》的转向之路。在思想的这一"转向"之路中，海德格尔尝试着把思想向更深一个层次或者说更源初的一个层次推进，是从此在之存在走向存在本身的过程，也是从存在的意义走向存在的真理的过程，并在这个过程中，他试图从与思想的"第一个开端"的争执中开启出"另一个开端"。

① 海德格尔，《哲学论稿（从本有而来）》，第267页。

结　论

　　在我们经过了一个漫长的，甚至多少显得有些繁琐的思想之旅后，如今终于要抵达终点了。在结尾处，再次对我们的本次研究进行一次回顾和总结是必要的。因为这样不仅一方面可以将我们的思路更好地端呈出来，另一方面亦可以将我们的问题更好地展现出来。

　　本研究以海德格尔的《康德与形而上学问题》亦即《康德书》为核心，集中于海德格尔对康德哲学进行现象学解读的作品，主要兴趣在于探讨海德格尔对康德时间学说的现象学解读的基本思路及其在海德格尔本人思想发展中的地位和作用。

　　在我们看来，海德格尔以《康德书》为核心而对康德哲学展开的现象学解读之所以重要是因为它事关两个方面：一方面在于海德格尔把它当作《存在与时间》的历史性的导论，他试图通过解读《纯粹理性批判》表明康德的超越论哲学是《存在与时间》的先驱，他们共同致力于解决的是存在论问题，他们的哲学目标在于为形而上学奠定基础，而不是建设一门哲学人类学。另一方面在于海德格尔也把它当作完成《存在与时间》之中所制定的解构存在论历史的准备。因此，在海德格尔的以《康德书》为代表的一系列对康德哲学进行现象学解释的作品与《存在与时间》之间就体现了一种解释学的循环。

　　具体来说，海德格尔首先将康德的《纯粹理性批判》看作是一次为形而上学奠基的工作。继而便运用自己的现象学方法对康德的第一批判进行了解构。首先他将康德那里的纯粹知识拆解成两个因素——纯直观和纯思维，进而指出将纯直观和纯思维契合起来的关键是纯粹综合和纯粹图式，最后指出提供纯粹综合和纯粹图式的是超越论想象力。因此，超越论想象力便是形而上学奠基的源头和关键。海德格尔指出，超越论想象力就是源始的时间，它形象出了曾在、当前化和将来，而这三者作为时间的三个要素彼此勾连在一起，统一地由将来绽出式地到时。海德格尔指出，康德在为形而上学提供奠基的过程中，充分体现并展示了人的有限性、超越性和时间性，因此实质上便向着《存在与时间》中的时间性思想和基始存在论前进了一程。这样，海德格尔就通过《康德书》表明了康德的《纯粹理性批判》何以是他的《存在与时间》的历史性导论。

但与此同时，海德格尔也指出，因为康德依然在近代哲学的"主体"意义上来理解"我"，没能正确地理解"世界现象"和"超越"，以及依然秉持近代的线性时间观，因此当他面对超越论想象力这道深渊时，被他自己的发现吓退了。所以康德没能进一步前进到《存在与时间》之中。但他依然是将时间和存在联系起来进行思考的唯一一人。

不过，海德格尔写作《康德书》的另外一个目的，即通过《康德书》来为完成《存在与时间》中计划的解构存在论的历史做准备。他解构存在论的历史之所以没能如他计划的那样推进下去或完成，主要原因在于在他在对康德思想进行现象学解释的过程中遇到了困难，我们认为这种困难来自于"让对象化"的超越活动所展示出的"虚无"问题，以及由超越论幻相所带来的超越论非真理的问题。通过对这两个问题的解决，海德格尔的思想被带到了比《存在与时间》中的思想更为源初的境域，于是，他的思想转向了后期，即去追问存有之真理和作为本有的存有。

由此，我们在本研究中便一方面具体地梳理了海德格尔对康德的《纯粹理性批判》进行现象学解释的具体思路和步骤，展示了他是怎样一步步地将作为形而上学奠基之关键的源始的时间呈现出来的，另一方面也呈现了他对康德的现象学解释在他思想转向之中的重要作用。

或许，有人认为，海德格尔对康德的现象学解释，强暴性的因素太多。事实也的确如此，海德格尔本人也承认这一点。但也正如他本人所说的那样，在思想之间的对话，往往可能会有违反历史语文学规则的风险。然而，"运思者从错失中学得更为恒久。"

我们自然也期待，通过本次研究，能够真正地踏上那哲思之路。

参考文献

一、中文专著

1.（法）阿尔弗雷德·登克尔、（德）汉斯-赫尔穆德·甘德、（德）霍尔格·察博罗夫斯基主编，靳希平等译，《海德格尔与其思想的开端》，北京：商务印书馆，2009 年。

2.（德）安东尼娅·格鲁嫩贝格著，陈春文译，《阿伦特与海德格尔——爱和思的故事》，北京：商务印书馆，2010 年。

3.（德）比梅尔著，刘鑫、刘英译，《海德格尔》，北京：商务印书馆，1996 年。

4.（美）布鲁斯·考德威尔著，冯克利译，《哈耶克评传》，北京：商务印书馆，2007 年。

5.（德）弗里德里希·梅尼克著，陆月宏译，《历史主义的兴起》，南京：译林出版社，2009 年。

6.（美）格奥尔格·G·伊格尔斯著，彭刚、顾杭译，《德国的历史观》，南京：译林出版社，2006 年。

7.宫睿著，《康德的想象力理论》，北京：中国政法大学出版社，2012 年。

8.（德）伽达默尔著，陈春文译，《哲学生涯》，北京：商务印书馆，2003 年。

9.（日）高田珠树著，刘文柱译，《海德格尔：存在的历史》（现代思想的冒险家们系列丛书），石家庄：河北教育出版社，2001 年。

10.（德）贡特·奈斯克、埃米尔·克特琳编著，陈春文译，《回答——马丁·海德格尔说话了》，南京：江苏教育出版社，2005 年。

11.（美）理查德·沃林著，张国清、王大林译，《海德格尔的弟子：

阿伦特、勒维特、约纳斯和马尔库塞》，南京：江苏教育出版社，2005 年。

12. 刘小枫选编，孙周兴等译，《海德格尔与有限性思想》，北京：华夏出版社，2007 年。

13. （德）吕迪格尔·萨弗兰斯基著，靳希平译，《海德格尔传》，北京：商务印书馆，1999 年。

14. （德）海德格尔著，何卫平译，《存在论：实际性的解释学》，北京：人民出版社，2009 年。

15. （德）海德格尔著，欧东明译，《时间概念史导论》，北京：商务印书馆，2009 年。

16. （德）海德格尔著，孙周兴译，《路标》，北京：商务印书馆，2011 年。

17. （德）海德格尔著，熊伟、王庆节译，《形而上学导论》，北京：商务印书馆，2010 年。

18. （德）海德格尔著，孙周兴译，《哲学论稿（从本有而来)》，北京：商务印书馆，2012 年。

19. （德）海德格尔著，丁耘译，《现象学之基本问题》，上海：上海译文出版社，2008 年。

20. （德）海德格尔著，王庆节译，《康德与形而上学疑难》，上海：上海译文出版社，2011 年。

21. （德）海德格尔著，陈嘉映、王庆节合译，熊伟校，《存在与时间》（修订译本），陈嘉映修订，北京：三联书店，2006 年。

22. （德）海德格尔著，孙周兴译，《在通向语言的途中》，北京：商务印书馆，2004 年。

23. （德）海德格尔著，陈小文、孙周兴译，《面向思的事情》，北京：商务印书馆，2010 年。

24. （德）海德格尔著，孙周兴编译，《海德格尔选集》，上海：上海三联书店，1996 年。

25. （德）海德格尔著，孙周兴译，《林中路》，上海：上海译文出版社，2004 年。

26. （德）海德格尔著，孙周兴译，《尼采》（上、下），北京：商务印书馆，2002 年。

27. （德）海德格尔著，孙周兴编译，《形式显示的现象学——海德格尔早期弗莱堡文选》，上海：同济大学出版社，2004 年。

28. （德）胡塞尔著，倪梁康译，《哲学作为严格的科学》，北京：商务印书馆，2002年。

29.（德）胡塞尔著，倪梁康译，《现象学的观念》，北京：人民出版社，2007年。

30.（德）胡塞尔著，克劳斯·黑尔德编，倪梁康译，《现象学的方法》，上海：上海译文出版社，2007年。

31.黄裕生著，《时间与永恒——论海德格尔哲学中的时间问题》，北京：社会科学文献出版社，2002年。

32.（意）卡洛·安东尼著，黄艳红译，《历史主义》，上海：格致出版社、上海人民出版社，2010年。

33.（德）卡西尔著，甘阳译，《人论》，北京：西苑出版社，2003年。

34.（德）卡西尔著，关子尹译，《人文科学的逻辑》，上海：上海译文出版社，2005年。

35.马琳著，《海德格尔论东西方对话》，北京：中国人民大学出版社，2010年。

36.（美）迈克尔·弗里德曼著，张卜天译，南星校，《分道而行：卡尔纳普、卡西尔和海德格尔》，北京：北京大学出版社，2010年。

37.倪梁康著，《胡塞尔现象学概念通释》，北京：三联书店，2007年。

38.倪梁康著，《现象学及其效应》，北京：三联书店，1996年。

39.（美）尼古拉斯·布宁、余纪元编著，王柯平等译，《西方哲学英汉对照辞典》，北京：人民出版社，2001年。

40.彭富春著，《论海德格尔》，北京：人民出版社，2012年。

41.潘卫红著，《康德的先验想象力研究》，北京：中国社会科学出版社，2007年。

42.（美）斯皮伯格伯著，王炳文、张金言译，《现象学运动》，北京：商务印书馆，1995年。

43.孙冠臣著，《海德格尔的康德解释研究》，北京：中国社会科学出版社，2008年。

44.孙周兴著，《后哲学的哲学问题》，北京：商务印书馆，2009年。

45.孙周兴、陈家琪主编，《德意志思想评论》（第一卷），上海：同济大学出版社，2003年。

46.宋继杰主编，《Being与西方哲学传统》，保定：河北大学出版社，2002年。

47.王恒著，《时间性：自身与他者——从胡塞尔、海德格尔到列维纳斯》，南京：江苏人民出版社，2006年。

48. 王庆节著，《解释学、海德格尔与儒道今释》，北京：中国人民大学出版社，2009 年。

49. 汪子嵩著，《亚里士多德关于本体的学说》，北京：人民出版社，1997 年。

50. 汪子嵩、范明生、陈村富、姚介厚著，《希腊哲学史 3》，北京：人民出版社，2003 年。

51. 熊伟著，《自由的真谛——熊伟文选》，北京：中央编译出版社，1997 年。

52. （古希腊）亚里士多德著，廖申白译，《尼各马可伦理学》，北京：商务印书馆，2010 年。

53. （古希腊）亚里士多德著，苗力田译，《亚里士多德全集》（第七卷），北京：中国人民大学出版社，1993 年。

54. （德）伊曼努尔·康德著，李秋零译，《纯粹理性批判》，北京：中国人民大学出版社，2004 年。

55. 余纪元著，《亚里士多德伦理学》，北京：中国人民大学出版社，2011 年。

56. （美）约瑟夫·科克尔曼斯著，陈小文、李超杰、刘宗坤译，《海德格尔的〈存在与时间〉——对作为基本存在论的此在的分析》，北京：商务印书馆，2003 年。

57. 张汝伦著，《二十世纪德国哲学》，北京：人民出版社，2008 年。

58. 张祥龙著，《从现象学到孔夫子》，北京：商务印书馆，2001 年。

59. 张祥龙著，《海德格尔传》，北京：商务印书馆，2008 年。

60. 张祥龙著，《海德格尔思想与中国天道——终极视域的开启与交融》，北京：三联书店，1997 年。

61. 张祥龙著，《朝向事情本身——现象学导论七讲》，北京：团结出版社，2003 年。

62. 张祥龙著，《德国哲学、德国文化与中国哲理》，上海：上海外语教育出版社，2012 年。

63. 张志伟、冯俊、李秋零、欧阳谦著，《西方哲学问题研究》，北京：中国人民大学出版社，1999 年。

64. 张志伟主编，《西方哲学史》，北京：中国人民大学出版社，2002 年。

65. 张志伟主编，《形而上学读本》，北京：中国人民大学出版社，2010 年。

66. 赵敦华著，《西方哲学通史——古代中世纪部分》，北京：北京大学出版社，1996年。

67. 赵卫国著，《海德格尔的时间与时·间性问题研究》，北京：中国社会科学出版社，2006年。

二、外文专著

（一）德文文献

1. M.Heidegger, *Fruehe Schriften*, Frankfurt am Main, Vittorio Klostermann, 1978.

2. M.Heidegger, *Kant und das Problem der Metaphysik*, Frankfurt am Main, Vittorio Klostermann, 1998.

3. M.Heidegger, *Metaphysische Anfangsgruende der Logik im Ausgang von Leibniz*, Frankfurt am Main, Vittorio Klostermann, 1978.

4. M.Heidegger, *Phaenomenologie des religioesen Lebens*, Frankfurt am Main, Vittobio Klostermannn ,1995.

5. M.Heidegger,*Sein und Zeit*,Frankfurt am Main,Vittorio Klostermann, 1976.

6.M.Heidegger, *Beitraege zur Philosophie (Vom Ereignis)*，Frankfurt am Main,Vittorio Klostermann,1989.

（二）英文文献

1. Andrew Barash, *Martin Heidegger and the Problem of Historical meaning*, revised and expanded edition,New York:Fordham University Press, 2003.

2. Aristotle, *The complete Works of Aristotle*, edited by Jonathan Barnes the revised Oxford translation, volumetwo, Princeton University Press,1985.

3. Aristotle, *Nicomachean Ethics*, trans by Terence Irwin, second edition, Indianapolis:Hackett Publishing Company, 1999.

4. Frank Schalow, *The Renewal of The Heidegger-Kant Dialogue Action, Thought, and Responsibility*, State University of New York Press,1992.

5. Geogrios Anagnostopoulos ed., *A Companion to Aristotle*, Blackwell

Publishing Ltd,2009.

6. Hubert L.Drefus and Mark A.Wrathall ed., *A Companion to Heidegger*, Blackwell Publishing,2005.

7. John van Burenr, *The Yong Heidegger—Rumor of the Hidden King*, Blooming and Indianapolis, Indiana University Press,1994.

8.M.Heidegger, *Becoming Heidegger—On the Trail of His Early Occasional Writings, 1910-1927*, edited by Theodore Kisiel and Thomas Sheehan, Illinois, Northwestern University Press, Evanston, 2007.

9. M.Heidegger,*Introduction to Phenomenological Research*, trans by Daniel O. Dahlstrom,Bloomington and Indianapolis, Indiana University Press,2005.

10. M.Heidegger, *Kant and the Problem of Metaphysics*, fifth edition, trans by Richard Taft, Bloomington and Indianapolis, Indiana University Press, 1997.

11. M.Heidegger, *Logic: The Question of Truth*, trans by Thomas Sheehan, Bloomington and Indianapolis, Indiana University Press, 2010.

12. M.Heidegger, *Phenomenological Interpretation of Kant's Critique of Pure Reason*, trans by Parvis Emad and Kenneth Maly, Bloomington & Indianapolis, Indiana University Press, 1997.

13. M.Heidegger, *Phenomenological Interpretations of Aristotle:Initiation into Phenomenological Research*, trans by Richard Rojcewicz, Bloomington and Indianapolis, Indiana University Press,2001.

14. M.Heidegger, *Phenomenology of Intuition and Expression,* trans by Tracy Colony, Continuum International Publishing Group, 2010.

15. M.Heidegger, *The Essence of Human Freedom—An Introduction to Philosophy*, trans by Ted Sadler, London & New York, Continuum, 2002.

16. M.Heidegger, *The Metaphysical Foundations of Logic*, trans by Michael Heim, Bloomington, Indiana University Press,1984.

17. M.Heidegger, K.Jaspers, *The Heidegger-Jaspers Correspondence (1920– 1963)*, Walter Biemel and Hans Sancer, ed., trans by Gary E.Aylesworth, New York, Humanity Books, 59, John Glenn Drive, 2003.

18. M.Heidegger, *The Phenomenology of Religious Life,* trans by Matthias Fritsch and Jennifer Anna Gosetti-Ferencei, Indiana University Press, 2004.

19. M.Heidegger, *Towards the Definition of Philosophy*, trans by Ted Sadler, The Athlone Press, London and New Brunswick, NJ, 2000.

20. M.Weatherston, *Heidegger's Interpretation of Kant—Categories, Imagination and Temporality*, Palgrave Macmillan, 2002.

21. Kant, *Lectures on Metaphysics*, trans by Karl Ameriks and Steve Naragon, Cambridge University Press, 1997.

22. Peter E.Gordon, *Continental Divide—Heidegger, Cassirer, Davos*, Cambridge, Massachusetts, and London, England, Harvard University Press, 2010.

23. Theodore Kisiel and John van Buren ed., *Reading Heidegger from the Start*, State University of New York Press, 1994.

24. Theodore Kisiel，*The Genesis of Heidegger's Being and Time*, London：University of California Press, 1993.

三、参考论文

1. 毕游塞,《论牟宗三对海德格尔的康德解释的质疑》, 潘兆云译, 载于成中英、冯俊主编,《康德与中国哲学智慧》, 中国人民大学国际中国哲学与比较哲学研究中心译, 北京：中国人民大学出版社, 2009 年, 180—201 页。

2. 陈嘉映,《也谈海德格尔哲学的翻译》, 载于《中国现象学与哲学评论》(第二辑), 上海：上海译文出版社, 1998 年, 290—293 页。

3. 邓晓芒,《康德的"先验"与"超验"之辩》,《同济大学学报》(社会科学版), 2005 年, 第五期, 1—12 页。

4. 靳希平,《海德格尔的康德解读初探》, 载于孙周兴、陈家琪主编,《德意志思想评论》(第一辑), 上海：同济大学出版社, 2003 年, 45—60 页。

5. 靳希平,《海德格尔对胡塞尔现象学还原方法的批判》,《北京大学学报》(哲学社会科学版), 1986 年第一期, 90—101 页。

6. 李朝东,《现象学的哲学观——兼论胡塞尔与海德格尔哲学观的差异》,《哲学研究》, 2009 年第八期, 84—92 页。

7. 陆丁,《先验论证的逻辑分析》,《世界哲学》, 2005 年, 第四期, 60—68 页。

8. 倪梁康,《Transcendental: 含义与中译》,《南京大学学报》2004 年, 第三期, 72—77 页。

9. 倪梁康，《再次被误解的 transcendental——赵汀阳"先验论证"读后记》，《世界哲学》，2005 年，第五期，97—98 页、106 页。

10. 倪梁康，《历史现象学与历史主义》，《西北师大学报》（社会科学版），2008 年 7 月刊（第 45 卷第四期），1—8 页。

11. 倪梁康，《胡塞尔与海德格尔的哲学概念》，《浙江学刊》，1993 年第二期，64—68 页。

12. 倪梁康，《胡塞尔与海德格尔的存在问题》，《哲学研究》，1999 年第六期，45—53 页。

13. 倪梁康，《再论胡塞尔与海德格尔的存在问题》，《江苏社会科学》，1999 年第六期，94—98 页。

14. 聂敏里，《论巴门尼德的"存在"》，《中国人民大学学报》，2002 年第一期，45—52 页。

15. 孙周兴，《超越·先验·超验——海德格尔与形而上学问题》，载于孙周兴、陈家琪主编，《德意志思想评论》（第一卷），上海：同济大学出版社，2003 年，82—101 页。

16. 孙周兴，《为什么我们需要一种低沉的情绪？——海德格尔对哲学基本情绪的存在历史分析》，《江苏社会科学》，2004 年第六期，7—13 页。

17. 孙周兴，《我们如何得体地描述生活世界——早期海德格尔与意向性问题》，《学术月刊》，2006 年第六期，53—56 页。

18. 孙周兴，《形而上学问题》，《江苏社会科学》，2003 年第五期，7—12 页。

19. 孙周兴，《形式显示的现象学——海德格尔早期弗莱堡讲座研究》，《现代哲学》，2002 年第四期，85—95 页。

20. 孙周兴，《在现象学与解释学之间——早期弗莱堡时期海德格尔哲学》，《江苏社会科学》，1999 年第六期，87—93 页。

21. 汪子嵩、王太庆，《关于"存在"与"是"》，载于宋继杰主编，《Being 与西方哲学传统》（上），保定：河北大学出版社，2002 年，12—47 页。

22. 王路，《对希腊文动词"*einai*"的理解》，载于宋继杰主编，《Being 与西方哲学传统》（上），保定：河北大学出版社，2002 年，182—211 页。

23. 王庆节，《亲在与中国情怀——怀念熊伟教授》，载于熊伟，《自由的真谛——熊伟文选》，北京：中央编译出版社，1997 年，397—399 页。

24. 王庆节，《亲临存在与存在的亲临——试论海德格尔思想道路的出发点》，载于王庆节，《解释学、海德格尔与儒道今释》，北京：中国人民大学出版社，2009 年，88—91 页。

25. 王庆节，《"Transzendental" 概念的三重定义与超越论现象学的康德批判——兼谈 "transzendental" 的汉语译名之争》，《世界哲学》，2012 年第四期，5—23 页。

26. 王太庆，《我们怎样认识西方人的 "是"？》，载于宋继杰主编，《Being 与西方哲学传统》（上），保定：河北大学出版社，2002 年，55—70 页。

27. 谢亚洲，《康德先验哲学中的时间与 "我思" 问题》，《世界哲学》，2008 年第五期，104—107 页。

28. 叶秀山，《海德格尔如何推进康德哲学》，《中国社会科学》，1999 年第三期，118—129 页。

29. 余纪元，《亚里士多德论 on》，《哲学研究》1995 年第 4 期，63—73 页。

30. 张浩军，《Transzendental："先验的" 抑或 "超越论的"——基于康德与胡塞尔的思考》，《哲学动态》，2010 年，第十一期，78—83 页。

31. 张汝伦，《论海德格尔哲学的起点》，《复旦学报》（社会科学版），2005 年第二期，36—44 页。

32. 张祥龙，《Dasein 的含义与译名——理解海德格〈存在与时间〉的线索》，《普门学报》第七期，2002 年 1 月，93—117 页。

33. 张祥龙、陈岸瑛，《解释学理性与信仰的相遇——海德格尔早期宗教 现象学的方法论》，《哲学研究》，1997 年第六期，61—68 页。

34. 张志伟，《〈纯粹理性批判〉中的本体概念》，《中山大学学报》（社会科学版），2005 年 6 月，61—67 页。

35. 张志伟，《〈纯粹理性批判〉中的 "内在形而上学"》，《哲学动态》，2011 年第五期，29—36 页。

36. 张志伟，《〈纯粹理性批判〉对形而上学的贡献》，《中国人民大学学报》，2010 年第四期，26—28 页。

37. 张志伟，《"白天看星星"——海德格尔对老庄的读解》，《中国人民大学学报》，2002 年第四期，40—46 页。

38. 张志伟，《向终结存在——〈存在与时间〉关于死亡的生存论分析》，《中国现象学与哲学评论》（第七辑《现象学与伦理》），131—155 页。

39. 赵汀阳，《先验论证》，《世界哲学》，2005 年第三期，97—100 页。

40. 赵汀阳，《再论先验论证》，《世界哲学》，2006 年第三期，99—102 页。

41. 赵敦华，《"是"、"在"、"有"的形而上学之辨》，载于宋继杰主编，《Being 与西方哲学传统》（上），保定：河北大学出版社，2002 年，104—128 页。

42. 朱刚，《理念、历史与交互意向性——试论胡塞尔的历史现象学》，《哲学研究》，2010 年 12 期，66—73 页。

43. 朱松峰，《狄尔泰为海德格尔"指示"了什么——关于生活体验问题》，《江苏社会科学》，2006 年第三期，31—36 页。

44.（匈）M. 费赫，《现象学、解释学、生命哲学——海德格尔与胡塞尔、狄尔泰及雅斯贝尔斯遭遇》，朱松峰译，《世界哲学》，2005 年第三期，75—86 页。

45. B.Han-Pile, *Early Heidegger's Appropriation of Kant*, in *A Companion to Heidegger*,edited by Hubert L.Drefus and Mark A.Wrathall, Blackwell Publishing, 2005, pp.80-101.

46. Frank Schalow，*The Kantian Schema of Heidegger's Late Marburg Period*, in *Reading Heidegger from the Start: Essays in His Earliest Thought*, edited by Theodore Kisiel and John van Buren, State University of New York Press, 1994, pp.309-326.

后 记

本研究将海德格尔在 1925—1930 年间对康德哲学的现象学解释当作一个整体来看待，并且把它置放于前期海德格尔的思想背景中来加以理解，从而说明海德格尔的《存在与时间》与他对康德哲学尤其是康德时间学说的现象学解释之间存在一种"解释学循环"的关系：一方面他认为康德的工作是他的基始存在论的"历史性导论"，另一方面他在《存在与时间》之后去集中解释康德也是在为完成他《存在与时间》中已然宣告但尚未完成的解构存在论历史的工作做准备。因此本文一方面以《存在与时间》为背景，以基始存在论为视野探讨海德格尔对康德哲学进行现象学解释的具体步骤、思路和论证过程。另一方面反过来，从康德哲学这一"历史性导论"出发，探讨从康德哲学出发怎样才能推进到海德格尔的生存—存在论。同时，在此基础上，本文尝试评估海德格尔对康德哲学的这一现象学解释工作对他思想转向的影响。

本文是在本人的博士论文基础上经过修改而完成。首先我要感谢我的导师张志伟教授，每次向张老师请教问题，都会有醍醐灌顶、茅塞顿开之感，对于理论工作者来说，这种感觉无疑是一种非常宝贵而又非常幸福的体验。同时，张老师治学严谨，无论是在本人撰写博士论文期间，还是在本文的修改、完成过程中，张老师都为我提出了很多宝贵的意见，但由于各种各样的原因，有些意见在文章中还没能得到采纳和体现，但为本人接下来的研究工作提供了指导、指明了方向。我也要感谢为本文提出了许多宝贵的批评意见、修改意见和建议的五位项目匿名评审专家。他们的意见或者为本文的修改、完成提供了指导，或者为本人接下来的研究工作提供了指点。

我要感谢中国人民大学外国哲学教研室的各位老师，在人大求学期间，他们在学习上和生活中都为我提供了很多帮助；我还要感谢余纪元老师，他在担任人大特聘讲座教授期间，我一直在担任他的助手，余老师如今已经离开了我们，但他对后辈的照顾、提携和帮助，我会永远铭记在心间；我还要尤其感谢王庆节教授，他在 2009 年于人民大学开设了关于《康德书》的系列讲座，我不仅从这个系列讲座中受益良多，而且当时王庆节教授还慨允我使用他的《康德书》未刊译稿，这对我的研究帮助巨大。此外，我还要感谢内蒙古大学哲学学院的各位领导和同事，感谢他们在各方面对我的帮助和照顾；感谢我的好友杨山木博士，从大学时期开始，我们就时常在一起讨论哲学问题，有时甚至会争论得比较激烈，但这毫无疑问同时也是充满乐趣的。

同时，我要感谢九州出版社的周春女士和本书的责任编辑王文湛先生。正是因为有了他们的帮助和辛勤的付出，才有本书的出版。

最后，我要感谢我的家人，在我的求学过程中，恰恰是我的父母和姐姐们的无私付出，才能让我心无旁骛地完成学业。

作　者

2018 年 10 月 15 日